U0831189

新能源发电作业危险点分析及控制

分布式光伏分册

华能（浙江）能源开发有限公司清洁能源分公司　编

中国电力出版社
CHINA ELECTRIC POWER PRESS

内容提要

为进一步提高新能源发电公司员工的安全作业水平，华能（浙江）能源开发有限公司清洁能源分公司组织编写了《新能源发电作业危险点分析及控制》丛书，分为分布式光伏、集中式光伏、陆上风电和海上风电等四个分册。

本书为分布式光伏分册，共收录典型作业113项，对每项作业的步骤进行分解，详细分析每个步骤的危险因素以及可能导致的后果，从发生事故的可能性、暴露于风险环境的频繁程度、发生事故产生的后果三个方面进行量化，评判出风险等级，在此基础上给出相应的控制措施。

本书内容来源于生产实际，具有较强的针对性、实用性和操作性。可用于指导现场作业的危险点查勘，操作票、工作票编制，安全交底等工作，适合从事光伏、风电专业安全、运行、维护、检修等工作的管理、技术人员阅读使用。

图书在版编目（CIP）数据

新能源发电作业危险点分析及控制．分布式光伏分册/华能（浙江）能源开发有限公司清洁能源分公司编．—北京：中国电力出版社，2023.10（2025.2重印）

ISBN 978-7-5198-7443-8

Ⅰ.①新…　Ⅱ.①华…　Ⅲ.①新能源—发电—安全生产②光伏电站—安全生产　Ⅳ.①TM62②TM615

中国国家版本馆CIP数据核字（2023）第085424号

出版发行：中国电力出版社	印　　刷：北京世纪东方数印科技有限公司
地　　址：北京市东城区北京站西街19号	版　　次：2023年10月第一版
邮政编码：100005	印　　次：2025年2月北京第二次印刷
网　　址：http://www.cepp.sgcc.com.cn	开　　本：787毫米×1092毫米　16开本
责任编辑：赵鸣志（010-63412385）	印　　张：15.5
责任校对：黄　蓓　朱丽芳　郝军燕	字　　数：830千字
装帧设计：王红柳	印　　数：1001—1500册
责任印制：吴　迪	定　　价：80.00元

版权专有　侵权必究

本书如有印装质量问题，我社营销中心负责退换

《新能源发电作业危险点分析及控制》
编　委　会

主　　任　刘艳贵　张晓辉

副 主 任　白壮志　杜伟安　韩　项　傅望安　郑　海　王　瓒　冷　鹏

委　　员　翟大海　王海明　林建平　胡彦涛　张　震　刘　恒　高　峰

主　　编　傅望安

副 主 编　翟大海　王海明　胡雪琛　兰连军　郑建飞

参编人员　沈伟文　张育钧　夏春辉　苏人奇　周军军　钱瑜波　刘述鹏
　　　　　朱宇晨　关建越　陈朝晖　汤浩然　项灵文　忻一豪　张万雄
　　　　　李家山　刘　磊　胥勤力　孔梓豪

前 言

为进一步推进和完善安全、健康、环境管理机制的形成，实现“零事故、零伤害、零污染”的目标，不断提升和转变员工的风险控制意识，华能（浙江）能源开发有限公司清洁能源分公司按照本质安全工作要求，从运行操作、维护检修作业、巡回检查等方面组织开展作业安全危险点分析工作。对光伏、风电场（站）典型作业进行安全、职业健康和环境等因素的分析，挖掘每一项作业潜在的危险因素，采取风险控制措施，消除或最大限度地减少事故的发生概率，预防事故发生。在管理、技术、安全、运维等人员的共同努力下，共完成了分布式、集中式光伏电站和陆上、海上风电场作业的危险点分析，涵盖了光伏、风电场（站）生产运维的各个环节，并在公司内全面推行，有效地提高了作业现场安全管理技能和管理水平，丰富了管理手段和方法、转变了员工安全行为，为建设“竞争力一流的江南能源创新示范窗口”提供了有力的安全支撑。

针对目前新能源企业生产事故时有发生的情况，华能（浙江）能源开发有限公司清洁能源分公司组织安监、运维、工程等技术人员，对作业危险点分析工作进行整理、分类，编写了这套《新能源发电作业危险点分析及控制》丛书，分为分布式光伏、集中式光伏、陆上风电、海上风电等四个分册。本书为分布式光伏分册，共收录典型作业 113 项，编写人员对每项作业的步骤进行分解，详细分析每个步骤危险因素以及可能导致的后果，从发生事故的可能性、暴露于风险环境的频繁程度、发生事故产生的后果三个方面进行量化、评判出风险等级，在纯基础上给出相应的控制措施。

本书内容来源于生产实际，具有较强的针对性、实用性和操作性。可用于指导现场作业的危险点查勘，操作票、工作票编制，安全交底等工作，确保危险点分析全面、控制措施得当，提高一线员工的安全作业水平，提升清洁能源企业的整体安全管理水平。

由于编者水平有限，书中难免有疏漏或不足之处，敬请广大专家和读者不吝指正。

编者

2022 年 11 月

目录

风险等级划分表

序号	发生事故的可能性（L）		暴露于风险环境的频繁程度（E）		发生事故产生的后果（C）	
	可能性	分值	频繁程度	分值	产生的后果	分值
1	完全可以预料（1次/周）	10	连续暴露（>2次/天）	10	10人以上死亡，特大设备故	100
2	相当可能（1次/6个月）	6	每天工作时间内暴露（1次/天）	6	2～9人死亡，重大设备事故	40
3	可能，但不经常（1次/3年）	3	每周一次，或偶尔暴露	3	1人死亡，一般设备事故	15
4	可能性小，完全意外（1次/10年）	1	每月一次暴露	2	伤残（105个损工日以上），一类障碍	7
5	很不可能（1次/20年）	0.5	每年几次暴露	1	重伤（损工事件LWC），二类障碍	3
6	极不可能（1次/大于20年）	0.2	非常罕见地暴露（<1次/年）	0.5	轻伤（医疗事件MTC、限工事件RWC），设备异常	1
7	实际上不可能	0.1				

总风险值（D）$=L\times E\times C$（最大D值为10000，最小D值为0.05）

D值	风险程度	风险等级
$D>320$	重大风险，禁止作业	5
$160<D\leqslant 320$	高度风险，不能继续作业、制定管理方案及应急预案	4
$70<D\leqslant 160$	显著风险，需要整改，编制管理方案	3
$20<D\leqslant 70$	一般风险，需要注意	2
$D\leqslant 20$	稍有风险，可以接受	1

一、光伏组件检修

1. 更换 MC4 插头

部门：			分析日期：					记录编号：
作业地点或分析范围：光伏组件			分析人：					
作业内容描述：更换 MC4 插头								
主要作业风险：（1）因使用不合适的工器具、穿戴不合适的劳动防护用品导致巡检人员受伤害；（2）触电；（3）灼伤；（4）跌倒；（5）车辆伤害；（6）高处坠落								
控制措施：（1）正确穿戴劳动防护用品，正确使用工器具；（2）进入巡检现场检查周围环境；（3）配备防暑药品								
工作执行人签名：		日期：	工作负责人开工前确认签名：					日期：

作业步骤		危害因素	可能导致的后果	风险评价					控制措施
				L	*E*	*C*	*D*	风险程度	
作业环境	雷、雨、雪天气	（1）雷击； （2）道路湿滑、泥泞	（1）触电、火灾灼伤； （2）跌倒	1	3	7	21	2	（1）正确戴安全帽； （2）正确穿绝缘鞋； （3）雷雨天气禁止外出作业
作业环境	高温天气	中暑	人身伤害	1	3	7	21	2	（1）合理安排外出工作，及时规避高温天气； （2）配备防暑药品
检修前准备	安全措施确认	（1）安全措施不全或不正确； （2）走错间隔	（1）触电； （2）设备事故	1	1	7	7	1	（1）工作负责人、工作许可人应认真检查工作票所列安全措施是否正确、完备，是否符合现场实际条件； （2）检修前确认设备间隔位置； （3）戴绝缘手套，穿绝缘鞋和防电弧服； （4）使用合格的验电设备验电
检修前准备	安全交底	（1）扩大工作范围； （2）走错间隔或误碰带电设备	（1）触电； （2）设备事故	1	1	7	7	1	（1）工作前对工作班成员进行工作任务明示； （2）对工作班成员进行安全技术交底
检修前准备	工器具准备	（1）使用的工器具无法达到检修作业要求； （2）工具不全，或工具破损； （3）使用的试验仪器超过检验期	触电	1	1	7	7	1	检修前确认工器具及试验仪器状态，使用合格的工器具及试验仪器
检修前准备	个人防护用品准备	（1）未正确使用安全帽、绝缘手套、绝缘靴； （2）个人防护用品防护等级不符合要求或过期	（1）触电； （2）机械伤害	1	1	15	15	1	（1）正确戴安全帽、绝缘手套，穿绝缘靴； （2）使用合格的个人防护用品

续表

作业步骤		危害因素	可能导致的后果	风险评价					控制措施
				L	E	C	D	风险程度	
检修前准备	工作班成员精神状态确认	（1）无法正常完成指定工作； （2）作业过程中无法清醒判断设备是否带电	（1）触电； （2）机械伤害； （3）设备故障	1	1	15	15	1	合理安排工作班成员，精神状态不佳者禁止工作
	执行安全措施	（1）拉错开关、走错间隔； （2）漏执行安全措施	（1）触电； （2）设备事故	1	1	15	15	1	（1）严格按照工作票执行安全措施； （2）执行安全措施时必须有监护人在场
	环境	（1）道路泥泞、湿滑； （2）雷、雨、雪天气	（1）车辆伤害； （2）跌倒	10	3	3	90	3	（1）提前注意天气变化，有效规避恶劣天气； （2）遇特殊路况，减速慢行； （3）正确使用安全保护用具（安全帽、劳保鞋等）
	车辆	（1）车辆缺陷； （2）超速行驶	人身伤害	6	3	3	54	2	（1）行车前检查车辆状况； （2）系好安全带，减速慢行
检修过程	停运对应控制器或逆变器	走错位置	（1）触电； （2）高处坠落	1	2	15	30	2	（1）戴绝缘手套、安全帽； （2）使用钳形表验电
	拆除故障 MC4 插头	（1）走错位置； （2）误碰其他带电设备； （3）野蛮拆装设备； （4）使用不符合规格的工器具	（1）触电； （2）高处坠落	1	2	15	30	2	（1）戴绝缘手套、安全帽； （2）使用钳形表验电
	更换 MC4 插头	（1）误碰其他带电设备； （2）接线错误； （3）野蛮拆装设备； （4）检修设备控制电源未断开； （5）使用不符合规格的工器具； （6）虚接线路	（1）触电； （2）高处坠落	1	2	15	30	2	（1）戴绝缘手套、安全帽； （2）使用钳形表验电
完工阶段	完工恢复	（1）连接件和紧固件螺栓紧固未达标； （2）检修后设备接线不正确	（1）设备事故； （2）电灼伤	1	1	15	15	1	（1）严格按照工作票执行恢复工作； （2）恢复工作后，经工作负责人最终检查确认，方可办理工作终结手续
	结束工作	（1）遗漏工器具； （2）现场遗留检修杂物； （3）不结束工作票	设备事故	1	1	15	15	1	（1）收齐并检查工器具； （2）清扫检修现场； （3）结束工作票

2. 紧固、更换光伏组件

<table>
<tr><td colspan="6">部门：</td><td colspan="3">分析日期：</td><td>记录编号：</td></tr>
<tr><td colspan="6">作业地点或分析范围：光伏组件</td><td colspan="4">分析人：</td></tr>
<tr><td colspan="10">作业内容描述：紧固、更换光伏组件</td></tr>
<tr><td colspan="10">主要作业风险：(1) 因使用不合适的工器具、穿戴不合适的劳动防护用品导致巡检人员受伤害；(2) 触电；(3) 灼伤；(4) 跌倒；(5) 车辆伤害；(6) 高处坠落</td></tr>
<tr><td colspan="10">控制措施：(1) 正确穿戴劳动防护用品，正确使用工器具；(2) 进入巡检现场检查周围环境；(3) 配备防暑药品</td></tr>
<tr><td colspan="3">工作执行人签名：</td><td>日期：</td><td colspan="5">工作负责人开工前确认签名：</td><td>日期：</td></tr>
<tr><td colspan="2" rowspan="2">作业步骤</td><td rowspan="2">危害因素</td><td rowspan="2">可能导致的后果</td><td colspan="5">风险评价</td><td rowspan="2">控制措施</td></tr>
<tr><td>L</td><td>E</td><td>C</td><td>D</td><td>风险程度</td></tr>
<tr><td rowspan="2">作业环境</td><td>雷、雨、雪天气</td><td>(1) 雷击；
(2) 道路湿滑、泥泞</td><td>(1) 触电、火灾灼伤；
(2) 跌倒</td><td>1</td><td>3</td><td>7</td><td>21</td><td>2</td><td>(1) 正确戴安全帽；
(2) 正确穿绝缘鞋；
(3) 雷雨天气禁止外出作业</td></tr>
<tr><td>高温天气</td><td>中暑</td><td>人身伤害</td><td>1</td><td>3</td><td>7</td><td>21</td><td>2</td><td>(1) 合理安排外出工作，及时规避高温天气；
(2) 配备防暑药品</td></tr>
<tr><td rowspan="4">检修前准备</td><td>安全措施确认</td><td>(1) 安全措施不全或不正确；
(2) 走错间隔</td><td>(1) 触电；
(2) 设备事故</td><td>1</td><td>1</td><td>7</td><td>7</td><td>1</td><td>(1) 工作负责人、工作许可人应认真检查工作票所列安全措施是否正确、完备，是否符合现场实际条件；
(2) 检修前确认设备间隔位置；
(3) 戴绝缘手套，穿绝缘鞋和防电弧服；
(4) 使用合格的验电设备验电</td></tr>
<tr><td>安全交底</td><td>(1) 扩大工作范围；
(2) 走错间隔或误碰带电设备</td><td>(1) 触电；
(2) 设备事故</td><td>1</td><td>1</td><td>7</td><td>7</td><td>1</td><td>(1) 工作前对工作班成员进行工作任务明示；
(2) 对工作班成员进行安全技术交底</td></tr>
<tr><td>工器具准备</td><td>(1) 使用的工器具无法达到检修作业要求；
(2) 工具不全，或工具破损；
(3) 使用的试验仪器超过检验期</td><td>触电</td><td>1</td><td>1</td><td>7</td><td>7</td><td>1</td><td>检修前确认工器具及试验仪器状态，使用合格的工器具及试验仪器</td></tr>
<tr><td>个人防护用品准备</td><td>(1) 未正确使用安全帽、绝缘手套、绝缘靴；
(2) 个人防护用品防护等级不符合要求或过期</td><td>(1) 触电；
(2) 机械伤害</td><td>1</td><td>1</td><td>15</td><td>15</td><td>1</td><td>(1) 正确戴安全帽、绝缘手套，穿绝缘靴；
(2) 使用合格的个人防护用品</td></tr>
</table>

续表

<table>
<tr><th colspan="2" rowspan="2">作业步骤</th><th rowspan="2">危害因素</th><th rowspan="2">可能导致的后果</th><th colspan="5">风险评价</th><th rowspan="2">控制措施</th></tr>
<tr><th>L</th><th>E</th><th>C</th><th>D</th><th>风险程度</th></tr>
<tr><td rowspan="4">检修前准备</td><td>工作班成员精神状态确认</td><td>（1）无法正常完成指定工作；
（2）作业过程中无法清醒判断设备是否带电</td><td>（1）触电；
（2）机械伤害；
（3）设备故障</td><td>1</td><td>1</td><td>15</td><td>15</td><td>1</td><td>合理安排工作班成员，精神状态不佳者禁止工作</td></tr>
<tr><td>执行安全措施</td><td>（1）拉错开关、走错间隔；
（2）漏执行安全措施</td><td>（1）触电；
（2）设备事故</td><td>1</td><td>1</td><td>15</td><td>15</td><td>1</td><td>（1）严格按照工作票执行安全措施；
（2）执行安全措施时必须有监护人在场</td></tr>
<tr><td>环境</td><td>（1）道路泥泞、湿滑；
（2）雷、雨、雪天气</td><td>（1）车辆伤害；
（2）跌倒</td><td>10</td><td>3</td><td>3</td><td>90</td><td>3</td><td>（1）提前注意天气变化，有效规避恶劣天气；
（2）遇特殊路况，减速慢行；
（3）正确使用安全保护用具（安全帽、劳保鞋等）</td></tr>
<tr><td>车辆</td><td>（1）车辆缺陷；
（2）超速行驶</td><td>人身伤害</td><td>6</td><td>3</td><td>3</td><td>54</td><td>2</td><td>（1）行车前检查车辆状况；
（2）系好安全带，减速慢行</td></tr>
<tr><td rowspan="4">检修过程</td><td>停运对应控制器或逆变器</td><td>（1）走错位置；
（2）设备缺陷</td><td>（1）触电；
（2）高处坠落</td><td>1</td><td>2</td><td>15</td><td>30</td><td>2</td><td>（1）戴绝缘手套、安全帽；
（2）使用钳形表验电</td></tr>
<tr><td>更换光伏组件</td><td>（1）设备缺陷；
（2）高处作业</td><td>（1）触电；
（2）高处坠落</td><td>1</td><td>2</td><td>15</td><td>30</td><td>2</td><td>（1）观察组件外观是否存在严重损坏，组件是否有效接地；
（2）断电后，用万用表测量组件边框确无电压；
（3）高处作业前佩戴安全帽、安全带、限位绳</td></tr>
<tr><td>紧固光伏组件</td><td>（1）设备缺陷；
（2）高处作业</td><td>（1）触电；
（2）高处坠落</td><td>1</td><td>2</td><td>15</td><td>30</td><td>2</td><td>（1）观察组件外观是否存在严重损坏，组件是否有效接地；
（2）断电后，用万用表测量组件边框确无电压；
（3）高处作业前佩戴安全帽、安全带、限位绳</td></tr>
<tr><td>安装 MC4 插头</td><td>（1）走错位置；
（2）设备缺陷</td><td>（1）触电；
（2）高处坠落</td><td>1</td><td>2</td><td>15</td><td>30</td><td>2</td><td>（1）戴绝缘手套、安全帽；
（2）使用钳形表验电</td></tr>
<tr><td rowspan="2">完工阶段</td><td>完工恢复</td><td>（1）连接件和紧固件螺栓紧固未达标；
（2）临时短接线、接地线未拆除；
（3）检修后设备接线不正确</td><td>（1）设备事故；
（2）电灼伤</td><td>1</td><td>1</td><td>15</td><td>15</td><td>1</td><td>（1）检查连接件和紧固件螺栓；
（2）严格按照工作票执行恢复工作；
（3）恢复工作后，经工作负责人最终检查确认，方可办理工作终结手续</td></tr>
<tr><td>结束工作</td><td>（1）遗漏工器具；
（2）现场遗留检修杂物；
（3）不结束工作票</td><td>设备事故</td><td>1</td><td>1</td><td>15</td><td>15</td><td>1</td><td>（1）收齐并检查工器具；
（2）清扫检修现场；
（3）结束工作票</td></tr>
</table>

3. 光伏组串接地排查处理

部门：	分析日期：	记录编号：
作业地点或分析范围：光伏组件	分析人：	
作业内容描述：光伏组串接地排查处理		
主要作业风险：(1) 因使用不合适的工器具、穿戴不合适的劳动防护用品导致巡检人员受伤害；(2) 触电；(3) 灼伤；(4) 跌倒；(5) 车辆伤害；(6) 高处坠落		
控制措施：(1) 正确穿戴劳动防护用品，正确使用工器具；(2) 进入巡检现场检查周围环境；(3) 配备防暑药品		
工作执行人签名：　　日期：	工作负责人开工前确认签名：	日期：

作业步骤		危害因素	可能导致的后果	风险评价					控制措施
				L	*E*	*C*	*D*	风险程度	
作业环境	雷、雨、雪天气	(1) 雷击； (2) 道路湿滑、泥泞	(1) 触电、火灾灼伤； (2) 跌倒	1	3	7	21	2	(1) 正确戴安全帽； (2) 正确穿绝缘鞋； (3) 雷雨天气禁止外出作业
	高温天气	中暑	人身伤害	1	3	7	21	2	(1) 合理安排外出工作，及时规避高温天气； (2) 配备防暑药品
检修前准备	安全措施确认	(1) 安全措施不全或不正确； (2) 走错间隔	(1) 触电； (2) 设备事故	1	1	7	7	1	(1) 工作负责人、工作许可人应认真检查工作票所列安全措施是否正确、完备，是否符合现场实际条件； (2) 检修前确认设备间隔位置； (3) 戴绝缘手套，穿绝缘鞋和防电弧服； (4) 使用合格的验电设备验电
	安全交底	(1) 扩大工作范围； (2) 走错间隔或误碰带电设备	(1) 触电； (2) 设备事故	1	1	7	7	1	(1) 工作前对工作班成员进行工作任务明示； (2) 对工作班成员进行安全技术交底
	工器具准备	(1) 使用的工器具无法达到检修作业要求； (2) 工具不全，或工具破损； (3) 使用的试验仪器超过检验期	触电	1	1	7	7	1	检修前确认工器具及试验仪器状态，使用合格的工器具及试验仪器
	个人防护用品准备	(1) 未正确使用安全帽、绝缘手套、绝缘靴； (2) 个人防护用品防护等级不符合要求或过期	(1) 触电； (2) 机械伤害	1	1	15	15	1	(1) 正确戴安全帽、绝缘手套，穿绝缘靴； (2) 使用合格的个人防护用品

续表

作业步骤		危害因素	可能导致的后果	风险评价					控制措施
				L	E	C	D	风险程度	
检修前准备	工作班成员精神状态确认	（1）无法正常完成指定工作； （2）作业过程中无法清醒判断设备是否带电	（1）触电； （2）机械伤害； （3）设备故障	1	1	15	15	1	合理安排工作班成员，精神状态不佳者禁止工作
	执行安全措施	（1）拉错开关、走错间隔； （2）漏执行安全措施	（1）触电； （2）设备事故	1	1	15	15	1	（1）严格按照工作票执行安全措施； （2）执行安全措施时必须有监护人在场
	环境	（1）道路泥泞、湿滑； （2）雷、雨、雪天气	（1）车辆伤害； （2）跌倒	10	3	3	90	3	（1）提前注意天气变化，有效规避恶劣天气； （2）遇特殊路况，减速慢行； （3）正确使用安全保护用具（安全帽、劳保鞋等）
	车辆	（1）车辆缺陷； （2）超速行驶	人身伤害	6	3	3	54	2	（1）行车前检查车辆状况； （2）系好安全带，减速慢行
检修过程	停运对应控制器或逆变器	（1）走错位置； （2）设备缺陷	（1）触电； （2）高处坠落	1	2	15	30	2	（1）戴绝缘手套、安全帽； （2）使用钳形表验电
	排查组串接地	（1）走错位置； （2）设备缺陷	（1）触电； （2）高处坠落	1	2	15	30	2	（1）戴绝缘手套、安全帽； （2）使用钳形表验电
	光伏组串接地处理	（1）走错位置； （2）设备缺陷	（1）触电； （2）高处坠落	1	2	15	30	2	（1）戴绝缘手套、安全帽； （2）使用钳形表验电
完工阶段	完工恢复	检修后设备接线不正确	（1）设备事故； （2）电灼伤	1	1	15	15	1	（1）严格按照工作票执行恢复工作； （2）恢复工作后，经工作负责人最终检查确认，方可办理工作终结手续
	结束工作	（1）遗漏工器具； （2）现场遗留检修杂物； （3）不结束工作票	设备事故	1	1	15	15	1	（1）收齐并检查工器具； （2）清扫检修现场； （3）结束工作票

4. 紧固、更换光伏支架

部门：		分析日期：	记录编号：
作业地点或分析范围：光伏组件		分析人：	
作业内容描述：紧固、更换光伏支架			
主要作业风险：（1）因使用不合适的工器具、穿戴不合适的劳动防护用品导致巡检人员受伤害；（2）触电；（3）灼伤；（4）跌倒；（5）车辆伤害；（6）高处坠落			
控制措施：（1）正确穿戴劳动防护用品，正确使用工器具；（2）进入巡检现场检查周围环境；（3）配备防暑药品			
工作执行人签名：	日期：	工作负责人开工前确认签名：	日期：

作业步骤		危害因素	可能导致的后果	风险评价					控制措施
				L	E	C	D	风险程度	
作业环境	雷、雨、雪天气	（1）雷击； （2）道路湿滑、泥泞	（1）触电、火灾灼伤； （2）跌倒	1	3	7	21	2	（1）正确戴安全帽； （2）正确穿绝缘鞋； （3）雷雨天气禁止外出作业
作业环境	高温天气	中暑	人身伤害	1	3	7	21	2	（1）合理安排外出工作，及时规避高温天气； （2）配备防暑药品
检修前准备	安全措施确认	（1）安全措施不全或不正确； （2）走错间隔	（1）触电； （2）设备事故	1	1	7	7	1	（1）工作负责人、工作许可人应认真检查工作票所列安全措施是否正确、完备，是否符合现场实际条件； （2）检修前确认设备间隔位置； （3）戴绝缘手套，穿绝缘鞋和防电弧服； （4）使用合格的验电设备验电
检修前准备	安全交底	（1）扩大工作范围； （2）走错间隔或误碰带电设备	（1）触电； （2）设备事故	1	1	7	7	1	（1）工作前对工作班成员进行工作任务明示； （2）对工作班成员进行安全技术交底
检修前准备	工器具准备	（1）使用的工器具无法达到检修作业要求； （2）工具不全，或工具破损； （3）使用的试验仪器超过检验期	触电	1	1	7	7	1	检修前确认工器具及试验仪器状态，使用合格的工器具及试验仪器
检修前准备	个人防护用品准备	（1）未正确使用安全帽、绝缘手套、穿绝缘靴； （2）个人防护用品防护等级不符合要求或过期	（1）触电； （2）机械伤害	1	1	15	15	1	（1）正确戴安全帽、绝缘手套，穿绝缘靴； （2）使用合格的个人防护用品

续表

作业步骤		危害因素	可能导致的后果	风险评价					控制措施
				L	E	C	D	风险程度	
检修前准备	工作班成员精神状态确认	（1）无法正常完成指定工作； （2）作业过程中无法清醒判断设备是否带电	（1）触电； （2）机械伤害； （3）设备故障	1	1	15	15	1	合理安排工作班成员，精神状态不佳者禁止工作
	执行安全措施	（1）拉错开关、走错间隔； （2）漏执行安全措施	（1）触电； （2）设备事故	1	1	15	15	1	（1）严格按照工作票执行安全措施； （2）执行安全措施时必须有监护人在场
	环境	（1）道路泥泞、湿滑； （2）雷、雨、雪天气	（1）车辆伤害； （2）跌倒	10	3	3	90	3	（1）提前注意天气变化，有效规避恶劣天气； （2）遇特殊路况，减速慢行； （3）正确使用安全保护用具（安全帽、劳保鞋等）
	车辆	（1）车辆缺陷； （2）超速行驶	人身伤害	6	3	3	54	2	（1）行车前检查车辆状况； （2）系好安全带，减速慢行
检修过程	停运对应控制器隔离开关	（1）走错位置； （2）设备缺陷	（1）触电； （2）高处坠落	1	2	15	30	2	（1）戴绝缘手套、安全帽； （2）使用钳形表验电
	紧固、更换光伏支架	机械伤害	（1）触电； （2）高处坠落	1	1	15	15	1	观察光伏支架外观是否存在严重损坏，严禁在严重损坏的设备下逗留
完工阶段	完工恢复	检修后设备接线不正确	（1）设备事故； （2）电灼伤	1	1	15	15	1	（1）严格按照工作票执行恢复工作； （2）恢复工作后，经工作负责人最终检查确认，方可办理工作终结手续
	结束工作	（1）遗漏工器具； （2）现场遗留检修杂物； （3）不结束工作票	设备事故	1	1	15	15	1	（1）收齐并检查工器具； （2）清扫检修现场； （3）结束工作票

5. 更换光伏组串电缆

<table>
<tr><td colspan="4">部门：</td><td colspan="5">分析日期：</td><td>记录编号：</td></tr>
<tr><td colspan="4">作业地点或分析范围：光伏组件</td><td colspan="6">分析人：</td></tr>
<tr><td colspan="10">作业内容描述：更换光伏组串电缆</td></tr>
<tr><td colspan="10">主要作业风险：(1) 因使用不合适的工器具、穿戴不合适的劳动防护用品导致巡检人员受伤害；(2) 触电；(3) 灼伤；(4) 跌倒；(5) 车辆伤害；(6) 高处坠落</td></tr>
<tr><td colspan="10">控制措施：(1) 正确穿戴劳动防护用品，正确使用工器具；(2) 进入巡检现场检查周围环境；(3) 配备防暑药品</td></tr>
<tr><td colspan="3">工作执行人签名：</td><td>日期</td><td colspan="5">工作负责人开工前确认签名：</td><td>日期：</td></tr>
<tr><td colspan="2" rowspan="2">作业步骤</td><td rowspan="2">危害因素</td><td rowspan="2">可能导致的后果</td><td colspan="5">风险评价</td><td rowspan="2">控制措施</td></tr>
<tr><td>L</td><td>E</td><td>C</td><td>D</td><td>风险程度</td></tr>
<tr><td rowspan="2">作业环境</td><td>雷、雨、雪天气</td><td>(1) 雷击；
(2) 道路湿滑、泥泞</td><td>(1) 触电、火灾灼伤；
(2) 跌倒</td><td>1</td><td>3</td><td>7</td><td>21</td><td>2</td><td>(1) 正确戴安全帽；
(2) 正确穿绝缘鞋；
(3) 雷雨天气禁止外出作业</td></tr>
<tr><td>高温天气</td><td>中暑</td><td>人身伤害</td><td>1</td><td>3</td><td>7</td><td>21</td><td>2</td><td>(1) 合理安排外出工作，及时规避高温天气；
(2) 配备防暑药品</td></tr>
<tr><td rowspan="4">检修前准备</td><td>安全措施确认</td><td>(1) 安全措施不全或不正确；
(2) 走错间隔</td><td>(1) 触电；
(2) 设备事故</td><td>1</td><td>1</td><td>7</td><td>7</td><td>1</td><td>(1) 工作负责人、工作许可人应认真检查工作票所列安全措施是否正确、完备，是否符合现场实际条件；
(2) 检修前确认设备间隔位置；
(3) 戴绝缘手套，穿绝缘鞋和防电弧服；
(4) 使用合格的验电设备验电</td></tr>
<tr><td>安全交底</td><td>(1) 扩大工作范围；
(2) 走错间隔或误碰带电设备</td><td>(1) 触电；
(2) 设备事故</td><td>1</td><td>1</td><td>7</td><td>7</td><td>1</td><td>(1) 工作前对工作班成员进行工作任务明示；
(2) 对工作班成员进行安全技术交底</td></tr>
<tr><td>工器具准备</td><td>(1) 使用的工器具无法达到检修作业要求；
(2) 工具不全，或工具破损；
(3) 使用的试验仪器超过检验期</td><td>触电</td><td>1</td><td>1</td><td>7</td><td>7</td><td>1</td><td>检修前确认工器具及试验仪器状态，使用合格的工器具及试验仪器</td></tr>
<tr><td>个人防护用品准备</td><td>(1) 未正确使用安全帽、绝缘手套、穿绝缘靴；
(2) 个人防护用品防护等级不符合要求或过期</td><td>(1) 触电；
(2) 机械伤害</td><td>1</td><td>1</td><td>15</td><td>15</td><td>1</td><td>(1) 正确戴安全帽、绝缘手套，穿绝缘靴；
(2) 使用合格的个人防护用品</td></tr>
</table>

续表

作业步骤		危害因素	可能导致的后果	风险评价					控制措施
				L	E	C	D	风险程度	
检修前准备	工作班成员精神状态确认	（1）无法正常完成指定工作； （2）作业过程中无法清醒判断设备是否带电	（1）触电； （2）机械伤害； （3）设备故障	1	1	15	15	1	合理安排工作班成员，精神状态不佳者禁止工作
	执行安全措施	（1）拉错开关、走错间隔； （2）漏执行安全措施	（1）触电； （2）设备事故	1	1	15	15	1	（1）严格按照工作票执行安全措施； （2）执行安全措施时必须有监护人在场
	环境	（1）道路泥泞、湿滑； （2）雷、雨、雪天气	（1）车辆伤害； （2）跌倒	10	3	3	90	3	（1）提前注意天气变化，有效规避恶劣天气； （2）遇特殊路况，减速慢行； （3）正确使用安全保护用具（安全帽、劳保鞋等）
	车辆	（1）车辆缺陷； （2）超速行驶	人身伤害	6	3	3	54	2	（1）行车前检查车辆状况； （2）系好安全带，减速慢行
检修过程	停运对应控制器隔离开关	（1）走错位置； （2）设备缺陷	（1）触电； （2）高处坠落	1	2	15	30	2	（1）戴绝缘手套、安全帽； （2）使用钳形表验电
	更换光伏组串电缆	（1）走错位置； （2）设备缺陷	（1）触电； （2）高处坠落	1	2	15	30	2	（1）戴绝缘手套、安全帽； （2）使用钳形表验电
完工阶段	完工恢复	检修后设备接线不正确	（1）设备事故； （2）电灼伤	1	1	15	15	1	（1）严格按照工作票执行恢复工作； （2）恢复工作后，经工作负责人最终检查确认，方可办理工作终结手续
	结束工作	（1）遗漏工器具； （2）现场遗留检修杂物； （3）不结束工作票	设备事故	1	1	15	15	1	（1）收齐并检查工器具； （2）清扫检修现场； （3）结束工作票

二、交流汇流箱检修

1. 更换汇流箱断路器

部门：	分析日期：	记录编号：
作业地点或分析范围：汇流箱	分析人：	
作业内容描述：更换汇流箱断路器		
主要作业风险：（1）人员思想不稳；（2）人员精神状态不佳；（3）走错间隔；（4）高处落物；（5）车辆伤害；（6）环境因素；（7）触电；（8）高处坠落		
控制措施：（1）办理工作票，手动停机并切至维护状态，挂牌；（2）穿戴个人防护用品；（3）设备恢复运行状态前进行全面检查		

工作负责人签名：	日期：	工作票签发人签名：	日期：	工作许可人签名：	日期：

作业步骤		危害因素	可能导致的后果	风险评价					控制措施
				L	*E*	*C*	*D*	风险程度	
作业环境	环境	（1）雷雨天气； （2）冬季覆冰掉落； （3）夏季高温作业； （4）水上巡检	人身伤害	1	6	7	42	2	（1）雷雨天气禁止靠近设备，不得从事巡检工作，突遇雷雨天气时及时撤离； （2）光伏组件上有结冰现象且有覆冰掉落危险时，禁止人员靠近； （3）夏季高温作业时做好防暑措施； （4）合理安排外出工作，及时规避高温天气； （5）水上作业时，正确穿着救生衣
检修前准备	交通	（1）车况异常； （2）驾乘人员未正确系安全带； （3）道路湿滑	（1）人身伤害； （2）车辆事故	10	3	3	90	3	（1）出车前检查车况； （2）行车过程中，驾乘人员正确系好安全带； （3）根据道路情况，车辆减速慢行，并定期对道路进行清理维护
	安全措施确认	（1）拉错开关或误送电导致设备带电或误动； （2）未执行工作票、操作票所列的安全措施	（1）触电； （2）机械伤害； （3）设备故障	1	1	7	7	1	（1）办理工作票，确认执行安全措施； （2）使用个人防护用品； （3）在箱式变压器断路器处悬挂“禁止合闸，有人工作”标示牌
	安全交底	（1）扩大工作范围； （2）走错机位或误碰带电设备	（1）触电； （2）设备故障	1	1	7	7	1	（1）工作前对工作班成员进行工作地点及任务明示； （2）对工作班成员进行安全技术交底
	个人防护用品准备	（1）未正确佩戴安全帽、穿好工作服； （2）个人防护用品防护等级不符合要求或过期； （3）水上作业时未穿着救生衣	（1）触电； （2）其他伤害； （3）人身伤害	1	1	15	15	1	（1）正确穿戴安全帽及工作服； （2）使用在安全使用期内的安全带，并正确佩戴； （3）水上作业时，正确穿着救生衣

续表

作业步骤		危害因素	可能导致的后果	风险评价					控制措施
				L	E	C	D	风险程度	
检修前准备	工器具准备	（1）使用的工器具无法达到工作要求； （2）工具不全，或工具破损； （3）工具未定期检测或检测不合格	（1）机械伤害； （2）触电	1	1	7	7	1	（1）做好工具、消耗材料的准备工作； （2）使用电动工具前要检查其是否合格，电源要有剩余电流动作装置，使用结束立即关掉电源，使用期间如遇停电应立即拔掉电源，防止来电时电动工具突然自行转动，对工作人员或设备造成机械伤害； （3）使用工器具前要进行检查，确认扳手没有裂痕、断口等安全隐患后方可使用，严禁使用活扳手，应使用梅花扳手
	工作班成员精神状态确认	（1）无法正常完成指定工作； （2）作业过程中无法清醒判断带电设备及旋转设备； （3）作业过程中出现昏厥现象	（1）触电； （2）机械伤害； （3）高处坠落； （4）设备故障	1	1	15	15	1	合理安排工作班成员，精神状态不佳者禁止工作
检修过程	更换汇流箱断路器	（1）误碰其他带电设备； （2）接线错误； （3）汇流箱未断电； （4）使用不符合规格的工器具； （5）虚接线路； （6）在高处作业、水上作业时未做安全措施； （7）在高处作业、水上作业时，工具随手乱扔； （8）在高处作业时，工作区域下方未做隔离措施	（1）设备故障； （2）触电； （3）机械伤害； （4）高处坠落	3	1	15	45	2	（1）工作前应停电、验电，检查工作点是否带电，检查安全措施正确、完备后方可开工，工作过程中不得擅自更改安全措施； （2）检查工作点上、下间隔是否带电，工作点与带电负荷或母线安全距离是否足够； （3）更换断路器时，要注意检查汇流箱各路电源是否断开，且接线端子、裸露线头可能从其他回路反送电，工作时应按要求戴好绝缘手套、穿好绝缘鞋、螺丝刀绑好绝缘胶布； （4）严禁错误使用工器具造成设备损坏，如用过大或过小的扳手替代标准尺寸的扳手，用一字螺丝刀替代十字螺丝刀，用十字螺丝刀替代内六角或内梅花螺丝刀等； （5）严禁野蛮拆装、检修设备，造成螺丝过力滑丝、设备开裂、设备变形等； （6）拆卸接线时记录每个接线位置，更换完电气元件后，按记录逐一接线，保证接线正确，并检查接线是否牢固； （7）在高处作业及水上作业时，工具用完应立即放入工具包中

续表

作业步骤		危害因素	可能导致的后果	风险评价					控制措施
				L	*E*	*C*	*D*	风险程度	
恢复检验	结束工作	(1) 遗漏工器具; (2) 现场遗留检修杂物; (3) 不结束工作票; (4) 工作班成员未全部撤离	(1) 人身伤害; (2) 设备故障	1	3	15	45	2	(1) 收齐并检查工器具; (2) 清扫检修现场; (3) 结束工作票

2. 进线开关故障处理

部门：			分析日期：		记录编号：
作业地点或分析范围：交流汇流箱			分析人：		
作业内容描述：进线开关故障处理					
主要作业风险：（1）人员思想不稳；（2）人员精神状态不佳；（3）走错间隔；（4）高处落物；（5）车辆伤害；（6）环境因素；（7）触电					
控制措施：（1）办理工作票，手动停机并切至维护状态，挂牌；（2）穿戴个人防护用品；（3）设备恢复运行状态前进行全面检查					
工作负责人签名：	日期：	工作票签发人签名：	日期：	工作许可人签名：	日期：

作业步骤		危害因素	可能导致的后果	风险评价					控制措施
				L	E	C	D	风险程度	
作业环境	环境	（1）雷雨天气； （2）冬季覆冰掉落； （3）夏季高温作业； （4）水上巡检	人身伤害	1	6	7	42	2	（1）雷雨天气禁止靠近设备，不得从事巡检工作，突遇雷雨天气时及时撤离； （2）光伏组件上有结冰现象且有覆冰掉落危险时，禁止人员靠近； （3）夏季高温作业时做好防暑措施； （4）合理安排外出工作，及时规避高温天气； （5）水上作业时，正确穿着救生衣
检修前准备	交通	（1）车况异常； （2）驾乘人员未正确系安全带； （3）道路湿滑	（1）人身伤害； （2）车辆事故	10	3	3	90	3	（1）出车前检查车况； （2）行车过程中，驾乘人员正确系好安全带； （3）根据道路情况，车辆减速慢行，并定期对道路进行清理维护
	安全措施确认	（1）拉错开关或误送电导致设备带电或误动； （2）未执行工作票、操作票所列的安全措施	（1）触电； （2）机械伤害； （3）设备故障	1	1	7	7	1	（1）办理工作票，确认执行安全措施； （2）使用个人防护用品； （3）在箱式变压器断路器处悬挂“禁止合闸，有人工作”标示牌
	安全交底	（1）扩大工作范围； （2）走错机位或误碰带电设备	（1）触电； （2）设备故障	1	1	7	7	1	（1）工作前对工作班成员进行工作地点及任务明示； （2）对工作班成员进行安全技术交底
	个人防护用品准备	（1）未正确佩戴安全帽及穿好工作服； （2）个人防护用品防护等级不符合要求或过期； （3）水上作业时未穿着救生衣	（1）触电； （2）其他伤害； （3）人身伤害	1	1	15	15	1	（1）正确穿戴安全帽及工作服； （2）使用在安全使用期内的安全带，并正确佩戴； （3）水上作业时，正确穿着救生衣

续表

作业步骤		危害因素	可能导致的后果	风险评价					控制措施
				L	E	C	D	风险程度	
检修前准备	工器具准备	（1）使用的工器具无法达到工作要求； （2）工具不全，或工具破损； （3）工具未定期检测或检测不合格	（1）机械伤害； （2）触电	1	1	7	7	1	（1）做好工具、消耗材料的准备工作； （2）使用电动工具前要检查其是否合格，电源要有剩余电流动作装置，使用结束立即关掉电源，使用期间如遇停电应立即拔掉电源，防止来电时电动工具突然自行转动，对工作人员或设备造成机械伤害； （3）使用工器具前要进行检查，确认扳手没有裂痕、断口等安全隐患后方可使用，严禁使用活扳手，应使用梅花扳手
	工作班成员精神状态确认	（1）无法正常完成指定工作； （2）作业过程中无法清醒判断带电设备及旋转设备； （3）作业过程中出现昏厥现象	（1）触电； （2）机械伤害； （3）高处坠落； （4）设备故障	1	1	15	15	1	合理安排工作班成员，精神状态不佳者禁止工作
检修过程	进线开关故障处理	（1）误碰其他带电设备； （2）接线错误； （3）交流汇流箱未断电； （4）使用不符合规格的工器具； （5）虚接线路； （6）在高处作业及水上作业时，工具随手乱扔； （7）在高处作业时，工作区域下方未做隔离措施	（1）设备故障； （2）触电； （3）机械伤害； （4）高处坠落	3	1	15	45	2	（1）工作前应停电、验电，检查工作点是否带电，检查安全措施正确、完备后方可开工，工作过程中不得擅自更改安全措施； （2）检查工作点上、下间隔是否带电，工作点与带电负荷或母线安全距离是否足够； （3）更换断路器时，要注意检查汇流箱各路电源是否断开，且接线端子、裸露线头可能从其他回路反送电，工作时应按要求戴好绝缘手套、穿好绝缘鞋，螺丝刀绑好绝缘胶布； （4）严禁错误使用工器具造成设备损坏，如用过大或过小的扳手替代标准尺寸的扳手，用一字螺丝刀替代十字螺丝刀，用十字螺丝刀替代内六角或内梅花螺丝刀等； （5）严禁野蛮拆装、检修设备，造成螺丝过力滑丝、设备开裂、设备变形等； （6）拆卸接线时记录每个接线位置，更换完电气元件后，按记录逐一接线，保证接线正确，并检查接线是否牢固

续表

作业步骤		危害因素	可能导致的后果	风险评价					控制措施
				L	E	C	D	风险程度	
恢复检验	结束工作	（1）遗漏工器具； （2）现场遗留检修杂物； （3）不结束工作票； （4）工作班成员未全部撤离	（1）人身伤害； （2）设备故障	1	3	15	45	2	（1）收齐并检查工器具； （2）清扫检修现场； （3）结束工作票

3. 接线端子处理

部门：									分析日期：	记录编号：
作业地点或分析范围：交流汇流箱									分析人：	
作业内容描述：接线端子处理										
主要作业风险：（1）人员精神状态不佳；（2）触电；（3）灼伤；（4）跌倒；（5）车辆伤害										
控制措施：（1）办理工作票、操作票；（2）穿戴个人防护用品；（3）设备恢复运行状态前进行全面检查；（4）工作前对工作班成员进行安全交底										
工作执行人签名：			日期：		工作负责人开工前确认签名：					日期：

作业步骤		危害因素	可能导致的后果	风险评价					控制措施
				L	*E*	*C*	*D*	风险程度	
作业环境	环境潮湿	（1）设备潮湿引起短路； （2）安全距离不够	（1）触电、电弧灼伤； （2）其他人身伤害； （3）设备事故	1	3	15	45	2	（1）加强通风； （2）保持设备干燥
	雷、雨、雪天气	（1）感应雷电流； （2）道路湿滑、泥泞	（1）触电、火灾灼伤； （2）跌倒	1	3	7	21	2	（1）正确戴安全帽； （2）正确穿绝缘鞋； （3）雷雨天气禁止外出作业
	高温天气	中暑	人身伤害	1	3	7	21	2	（1）合理安排外出工作，及时规避高温天气； （2）配备防暑药品
检修前准备	工器具准备	（1）使用的工器具无法达到检修作业要求； （2）工具不全，或工具破损； （3）使用的试验仪器超过检验期	触电	1	1	7	7	1	检修前确认工器具及试验仪器状态，使用合格的工器具及试验仪器
	个人防护用品准备	（1）未正确使用安全帽、绝缘手套、绝缘靴； （2）个人防护用品防护等级不符合要求或过期	（1）触电； （2）机械伤害	1	1	15	15	1	（1）正确戴安全帽、绝缘手套，穿绝缘靴； （2）使用合格的个人防护用品
	工作班成员精神状态确认	（1）无法正常完成指定工作； （2）作业过程中无法清醒判断设备是否带电	（1）触电； （2）机械伤害； （3）设备故障	1	1	15	15	1	合理安排工作班成员，精神状态不佳者禁止工作

续表

作业步骤		危害因素	可能导致的后果	风险评价					控制措施
				L	E	C	D	风险程度	
检修前准备	执行安全措施	（1）拉错开关、走错间隔； （2）漏执行安全措施	（1）触电； （2）设备事故	1	1	15	15	1	（1）严格按照工作票执行安全措施； （2）执行安全措施时必须有监护人在场
	环境	（1）道路泥泞、湿滑； （2）雷、雨、雪天气	（1）车辆伤害； （2）人身伤害	10	3	3	90	3	（1）提前注意天气变化，有效规避恶劣天气； （2）特殊路况，减速慢行； （3）正确使用安全保护用具（安全帽、劳保鞋等）
	车辆	（1）车辆缺陷； （2）超速行驶	人身伤害	6	3	3	54	2	（1）行车前检查车辆状况； （2）系好安全带，减速慢行
检修过程	停运对应交流汇流箱	（1）走错位置； （2）设备缺陷	（1）触电； （2）高处坠落	1	2	15	30	2	（1）戴绝缘手套、安全帽； （2）使用钳形表验电
	核对交流汇流箱空气断路器位置	（1）设备缺陷； （2）空气断路器未断开，停电不彻底； （3）带负荷拉开关	（1）触电、灼伤； （2）其他人身伤害； （3）设备事故	3	1	15	45	2	（1）戴绝缘手套、安全帽，穿绝缘鞋； （2）核实操作票内容和设备状态； （3）执行监护制度，唱票，确认设备位置、名称标牌，严格执行操作票制度； （4）谨防误碰或接触带电体
	接线端子处理	（1）带电作业； （2）设备缺陷	（1）触电； （2）人身伤害； （3）设备事故	3	1	15	45	2	（1）工作前应停电、验电，检查工作点是否带电，检查安全措施正确、完备后方可开工，工作过程中不得擅自更改安全措施； （2）检查工作点上、下间隔是否带电，工作点与带电负荷或母线安全距离是否足够； （3）严禁错误使用工器具造成设备损坏，如用过大或过小的扳手替代标准尺寸的扳手，用一字螺丝刀替代十字螺丝刀，用十字螺丝刀替代内六角或内梅花螺丝刀等； （4）严禁野蛮拆装、检修设备，造成螺丝过力滑丝、设备开裂、设备变形等； （5）拆卸接线时记录每个接线位置，更换完电气元件后，按记录逐一接线，保证接线正确，并检查接线是否牢固

续表

作业步骤		危害因素	可能导致的后果	风险评价					控制措施
				L	E	C	D	风险程度	
完工阶段	完工恢复	检修后设备接线不正确	(1) 设备事故; (2) 电灼伤	1	1	15	15	1	(1) 严格按照工作票执行恢复工作; (2) 恢复工作后，经工作负责人最终检查确认，方可办理工作终结手续; (3) 核对现场接线情况，确认接线正确
完工阶段	结束工作	(1) 遗漏工器具; (2) 现场遗留检修杂物; (3) 不结束工作票	设备事故	1	1	15	15	1	(1) 收齐并检查工器具; (2) 清扫检修现场; (3) 结束工作票

4. 浪涌保护器故障处理

<table>
<tr><td colspan="3">部门：</td><td colspan="5">分析日期：</td><td colspan="2">记录编号：</td></tr>
<tr><td colspan="3">作业地点或分析范围：交流汇流箱</td><td colspan="7">分析人：</td></tr>
<tr><td colspan="10">作业内容描述：浪涌保护器故障处理</td></tr>
<tr><td colspan="10">主要作业风险：(1) 人员精神状态不佳；(2) 触电；(3) 设备事故；(4) 走错间隔；(5) 机械伤害</td></tr>
<tr><td colspan="10">控制措施：(1) 办理工作票、操作票；(2) 穿戴个人防护用品；(3) 设备恢复运行状态前进行全面检查；(4) 工作前对工作班成员进行安全交底</td></tr>
<tr><td colspan="3">工作执行人签名：</td><td>日期：</td><td colspan="5">工作负责人开工前确认签名：</td><td>日期：</td></tr>
<tr><td colspan="2" rowspan="2">作业步骤</td><td rowspan="2">危害因素</td><td rowspan="2">可能导致的后果</td><td colspan="5">风险评价</td><td rowspan="2">控制措施</td></tr>
<tr><td>L</td><td>E</td><td>C</td><td>D</td><td>风险程度</td></tr>
<tr><td rowspan="3">作业环境</td><td>环境潮湿</td><td>(1) 设备潮湿引起短路；
(2) 安全距离不够</td><td>(1) 触电、电弧灼伤；
(2) 其他人身伤害；
(3) 设备事故</td><td>1</td><td>3</td><td>15</td><td>45</td><td>2</td><td>(1) 加强通风；
(2) 保持设备干燥</td></tr>
<tr><td>雷、雨、雪天气</td><td>(1) 感应雷电流；
(2) 道路湿滑、泥泞</td><td>(1) 触电、火灾灼伤；
(2) 跌倒</td><td>1</td><td>3</td><td>7</td><td>21</td><td>2</td><td>(1) 正确戴安全帽；
(2) 正确穿绝缘鞋；
(3) 雷雨天气禁止外出作业</td></tr>
<tr><td>高温天气</td><td>中暑</td><td>人身伤害</td><td>1</td><td>3</td><td>7</td><td>21</td><td>2</td><td>(1) 合理安排外出工作，及时规避高温天气；
(2) 配备防暑药品</td></tr>
<tr><td rowspan="3">检修前准备</td><td>工器具准备</td><td>(1) 使用的工器具无法达到检修作业要求；
(2) 工具不全，或工具破损；
(3) 使用的试验仪器超过检验期</td><td>触电</td><td>1</td><td>1</td><td>7</td><td>7</td><td>1</td><td>检修前确认工器具及试验仪器状态，使用合格的工器具及试验仪器</td></tr>
<tr><td>个人防护用品准备</td><td>(1) 未正确使用安全帽、绝缘手套、绝缘靴；
(2) 个人防护用品防护等级不符合要求或过期</td><td>(1) 触电；
(2) 机械伤害</td><td>1</td><td>1</td><td>15</td><td>15</td><td>1</td><td>(1) 正确戴安全帽、绝缘手套，穿绝缘靴；
(2) 使用合格的个人防护用品</td></tr>
<tr><td>工作班成员精神状态确认</td><td>(1) 无法正常完成指定工作；
(2) 作业过程中无法清醒判断设备是否带电</td><td>(1) 触电；
(2) 机械伤害；
(3) 设备故障</td><td>1</td><td>1</td><td>15</td><td>15</td><td>1</td><td>合理安排工作班成员，精神状态不佳者禁止工作</td></tr>
</table>

续表

作业步骤		危害因素	可能导致的后果	风险评价					控制措施
				L	*E*	*C*	*D*	风险程度	
检修前准备	执行安全措施	（1）拉错开关、走错间隔； （2）漏执行安全措施	（1）触电； （2）设备事故	1	1	15	15	1	（1）严格按照工作票执行安全措施； （2）执行安全措施时必须有监护人在场
	环境	（1）道路泥泞、湿滑； （2）雷、雨、雪天气	（1）车辆伤害； （2）人身伤害	10	3	3	90	3	（1）提前注意天气变化，有效规避恶劣天气； （2）遇特殊路况，减速慢行； （3）正确使用安全保护用具（安全帽、劳保鞋等）
	车辆	（1）车辆缺陷； （2）超速行驶	人身伤害	6	3	3	54	2	（1）行车前检查车辆状况； （2）系好安全带，减速慢行
检修过程	停运对应交流汇流箱	（1）走错位置； （2）设备缺陷	（1）触电； （2）高处坠落	1	2	15	30	2	（1）戴绝缘手套、安全帽； （2）使用钳形表验电
	核对交流汇流箱空气断路器位置	（1）设备缺陷； （2）空气断路器未断开，停电不彻底； （3）带负荷拉开关	（1）触电、灼伤； （2）其他人身伤害； （3）设备事故	3	1	15	45	2	（1）戴绝缘手套、安全帽，穿绝缘鞋； （2）核实操作票内容和设备状态； （3）执行监护制度，唱票，确认设备位置、名称标牌，严格执行操作票制度； （4）谨防误碰或接触带电体
	浪涌保护器故障处理	（1）带电作业； （2）设备缺陷	（1）触电； （2）人身伤害； （3）设备事故	3	1	15	45	2	（1）工作前应停电、验电，检查工作点是否带电，检查安全措施正确、完备后方可开工，工作过程中不得擅自更改安全措施； （2）检查工作点上、下间隔是否带电，工作点与带电负荷或母线安全距离是否足够； （3）严禁错误使用工器具造成设备损坏，如用过大或过小的扳手替代标准尺寸的扳手，用一字螺丝刀替代十字螺丝刀，用十字螺丝刀替代内六角或内梅花螺丝刀等； （4）严禁野蛮拆装、检修设备，造成螺丝过力滑丝、设备开裂、设备变形等； （5）拆卸接线时记录每个接线位置，更换完电气元件后，按记录逐一接线，保证接线正确，并检查接线是否牢固

续表

<table>
<tr><th colspan="2" rowspan="2">作业步骤</th><th rowspan="2">危害因素</th><th rowspan="2">可能导致的后果</th><th colspan="5">风险评价</th><th rowspan="2">控制措施</th></tr>
<tr><th>L</th><th>E</th><th>C</th><th>D</th><th>风险程度</th></tr>
<tr><td rowspan="2">完工阶段</td><td>完工恢复</td><td>检修后设备接线不正确</td><td>(1) 设备事故；
(2) 电灼伤</td><td>1</td><td>1</td><td>15</td><td>15</td><td>1</td><td>(1) 严格按照工作票执行恢复工作；
(2) 恢复工作后，经工作负责人最终检查确认，方可办理工作终结手续；
(3) 核对现场接线情况，确认接线正确</td></tr>
<tr><td>结束工作</td><td>(1) 遗漏工器具；
(2) 现场遗留检修杂物；
(3) 不结束工作票</td><td>设备事故</td><td>1</td><td>1</td><td>15</td><td>15</td><td>1</td><td>(1) 收齐并检查工器具；
(2) 清扫检修现场；
(3) 结束工作票</td></tr>
</table>

三、直流汇流箱检修

1. 出线开关故障处理

<table>
<tr><td colspan="3">部门：</td><td colspan="5">分析日期：</td><td>记录编号：</td></tr>
<tr><td colspan="3">作业地点或分析范围：光伏控制器</td><td colspan="6">分析人：</td></tr>
<tr><td colspan="9">作业内容描述：出线开关故障处理</td></tr>
<tr><td colspan="9">主要作业风险：(1) 因使用不合适的工器具、穿戴不合适的劳动防护用品导致巡检人员受伤害；(2) 触电；(3) 灼伤；(4) 跌倒；(5) 车辆伤害；(6) 高处坠落</td></tr>
<tr><td colspan="9">控制措施：(1) 正确穿戴劳动防护用品，正确使用工器具；(2) 进入巡检现场检查周围环境；(3) 配备防暑药品</td></tr>
<tr><td colspan="2">工作执行人签名：</td><td>日期：</td><td colspan="5">工作负责人开工前确认签名：</td><td>日期：</td></tr>
<tr><th rowspan="2">作业步骤</th><th rowspan="2">危害因素</th><th rowspan="2">可能导致的后果</th><th colspan="5">风险评价</th><th rowspan="2">控制措施</th></tr>
<tr><th>L</th><th>E</th><th>C</th><th>D</th><th>风险程度</th></tr>
<tr><td>作业环境 / 环境潮湿</td><td>(1) 设备潮湿引起短路；
(2) 安全距离不够</td><td>(1) 触电、电弧灼伤；
(2) 其他人身伤害；
(3) 设备事故</td><td>1</td><td>3</td><td>15</td><td>45</td><td>2</td><td>(1) 加强通风；
(2) 保持设备干燥</td></tr>
<tr><td>作业环境 / 雷、雨、雪天气</td><td>(1) 感应雷电流；
(2) 道路湿滑、泥泞</td><td>(1) 触电、火灾灼伤；
(2) 跌倒</td><td>1</td><td>3</td><td>7</td><td>21</td><td>2</td><td>(1) 正确戴安全帽；
(2) 正确穿绝缘鞋；
(3) 雷雨天气禁止外出作业</td></tr>
<tr><td>作业环境 / 高温天气</td><td>中暑</td><td>人身伤害</td><td>1</td><td>3</td><td>7</td><td>21</td><td>2</td><td>(1) 合理安排外出工作，及时规避高温天气；
(2) 配备防暑药品</td></tr>
<tr><td>检修前准备 / 工器具准备</td><td>(1) 使用的工器具无法达到检修作业要求；
(2) 工具不全，或工具破损；
(3) 使用的试验仪器超过检验期</td><td>触电</td><td>1</td><td>1</td><td>7</td><td>7</td><td>1</td><td>检修前确认工器具及试验仪器状态，使用合格的工器具及试验仪器</td></tr>
<tr><td>检修前准备 / 个人防护用品准备</td><td>(1) 未正确使用安全帽、绝缘手套、绝缘靴；
(2) 个人防护用品防护等级不符合要求或过期</td><td>(1) 触电；
(2) 机械伤害</td><td>1</td><td>1</td><td>15</td><td>15</td><td>1</td><td>(1) 正确佩戴安全帽、绝缘手套，穿绝缘靴；
(2) 使用合格的个人防护用品</td></tr>
</table>

续表

作业步骤		危害因素	可能导致的后果	风险评价					控制措施
				L	E	C	D	风险程度	
检修前准备	工作班成员精神状态确认	（1）无法正常完成指定工作； （2）作业过程中无法清醒判断设备是否带电	（1）触电； （2）机械伤害； （3）设备故障	1	1	15	15	1	合理安排工作班成员，精神状态不佳者禁止工作
	执行安全措施	（1）拉错开关、走错间隔； （2）漏执行安全措施	（1）触电； （2）设备事故	1	1	15	15	1	（1）严格按照工作票执行安全措施； （2）执行安全措施时必须有监护人在场
	环境	（1）道路泥泞、湿滑； （2）雷、雨、雪天气	（1）车辆伤害； （2）人身伤害	10	3	3	90	3	（1）提前注意天气变化，有效规避恶劣天气； （2）遇特殊路况，减速慢行； （3）正确使用安全保护用具（安全帽、劳保鞋等）
	车辆	（1）车辆缺陷； （2）超速行驶	人身伤害	6	3	3	54	2	（1）行车前检查车辆状况； （2）系好安全带，减速慢行
检修过程	停运对应直流汇流箱隔离开关	（1）走错位置； （2）设备缺陷	（1）触电； （2）高处坠落	1	2	15	30	2	（1）戴绝缘手套、安全帽； （2）使用钳形表验电
	核对直流侧空气断路器位置	（1）设备缺陷； （2）空气断路器未断开，停电不彻底； （3）带负荷拉开关	（1）触电、灼伤； （2）其他人身伤害； （3）设备事故	3	1	15	45	2	（1）戴绝缘手套、安全帽，穿绝缘鞋； （2）核实操作票内容和设备状态； （3）执行监护制度，唱票，确认设备位置、名称标牌，严格执行操作票制度； （4）谨防误碰或接触带电体
	直流输出开关故障处理	（1）带电作业； （2）设备缺陷	（1）触电； （2）人身伤害； （3）设备事故	3	1	15	45	2	（1）正确使用工器具； （2）核实操作票内容和设备状态； （3）执行监护制度，唱票，确认设备位置、名称标牌，严格执行操作票制度； （4）停电操作必须戴绝缘手套、安全帽，穿绝缘鞋； （5）确保设备已断电

续表

作业步骤		危害因素	可能导致的后果	风险评价					控制措施
				L	*E*	*C*	*D*	风险程度	
完工阶段	完工恢复	检修后设备接线不正确	（1）设备事故； （2）电灼伤	1	1	15	15	1	（1）严格按照工作票执行恢复工作； （2）恢复工作后，经工作负责人最终检查确认，方可办理工作终结手续； （3）核对现场接线情况，确认接线正确
完工阶段	结束工作	（1）遗漏工器具； （2）现场遗留检修杂物； （3）不结束工作票	设备事故	1	1	15	15	1	（1）收齐并检查工器具； （2）清扫检修现场； （3）结束工作票

2. 直流监测单元故障处理

<table>
<tr><td colspan="3">部门：</td><td colspan="6">分析日期：</td><td>记录编号：</td></tr>
<tr><td colspan="3">作业地点或分析范围：直流汇流箱</td><td colspan="7">分析人：</td></tr>
<tr><td colspan="10">作业内容描述：直流监测单元故障处理</td></tr>
<tr><td colspan="10">主要作业风险：(1) 人员精神状态不佳；(2) 触电；(3) 灼伤；(4) 跌倒；(5) 车辆伤害</td></tr>
<tr><td colspan="10">控制措施：(1) 办理工作票、操作票；(2) 穿戴个人防护用品；(3) 设备恢复运行状态前进行全面检查；(4) 工作前对工作班成员进行安全交底</td></tr>
<tr><td colspan="3">工作执行人签名：</td><td>日期：</td><td colspan="5">工作负责人开工前确认签名：</td><td>日期：</td></tr>
<tr><td colspan="2" rowspan="2">作业步骤</td><td rowspan="2">危害因素</td><td rowspan="2">可能导致的后果</td><td colspan="5">风险评价</td><td rowspan="2">控制措施</td></tr>
<tr><td>L</td><td>E</td><td>C</td><td>D</td><td>风险程度</td></tr>
<tr><td rowspan="3">作业环境</td><td>环境潮湿</td><td>(1) 设备潮湿引起短路；
(2) 安全距离不够</td><td>(1) 触电、电弧灼伤；
(2) 其他人身伤害；
(3) 设备事故</td><td>1</td><td>3</td><td>15</td><td>45</td><td>2</td><td>(1) 加强通风；
(2) 保持设备干燥</td></tr>
<tr><td>雷、雨、雪天气</td><td>(1) 感应雷电流；
(2) 道路湿滑、泥泞</td><td>(1) 触电、火灾灼伤；
(2) 跌倒</td><td>1</td><td>3</td><td>7</td><td>21</td><td>2</td><td>(1) 正确戴安全帽；
(2) 正确穿绝缘鞋；
(3) 雷雨天气禁止外出作业</td></tr>
<tr><td>高温天气</td><td>中暑</td><td>人身伤害</td><td>1</td><td>3</td><td>7</td><td>21</td><td>2</td><td>(1) 合理安排外出工作，及时规避高温天气；
(2) 配备防暑药品</td></tr>
<tr><td rowspan="3">检修前准备</td><td>工器具准备</td><td>(1) 使用的工器具无法达到检修作业要求；
(2) 工具不全，或工具破损；
(3) 使用的试验仪器超过检验期</td><td>触电</td><td>1</td><td>1</td><td>7</td><td>7</td><td>1</td><td>检修前确认工器具及试验仪器状态，使用合格的工器具及试验仪器</td></tr>
<tr><td>个人防护用品准备</td><td>(1) 未正确使用安全帽、绝缘手套、绝缘靴；
(2) 个人防护用品防护等级不符合要求或过期</td><td>(1) 触电；
(2) 机械伤害</td><td>1</td><td>1</td><td>15</td><td>15</td><td>1</td><td>(1) 正确戴安全帽、绝缘手套，穿绝缘靴；
(2) 使用合格的个人防护用品</td></tr>
<tr><td>工作班成员精神状态确认</td><td>(1) 无法正常完成指定工作；
(2) 作业过程中无法清醒判断设备是否带电</td><td>(1) 触电；
(2) 机械伤害；
(3) 设备故障</td><td>1</td><td>1</td><td>15</td><td>15</td><td>1</td><td>合理安排工作班成员，精神状态不佳者禁止工作</td></tr>
</table>

续表

作业步骤		危害因素	可能导致的后果	风险评价					控制措施
				L	E	C	D	风险程度	
检修前准备	执行安全措施	(1) 拉错开关、走错间隔； (2) 漏执行安全措施	(1) 触电； (2) 设备事故	1	1	15	15	1	(1) 严格按照工作票执行安全措施； (2) 执行安全措施时必须有监护人在场
	环境	(1) 道路泥泞、湿滑； (2) 雷、雨、雪天气	(1) 车辆伤害； (2) 人身伤害	10	3	3	90	3	(1) 提前注意天气变化，有效规避恶劣天气； (2) 遇特殊路况，减速慢行； (3) 正确使用安全保护用具（安全帽、劳保鞋等）
	车辆	(1) 车辆缺陷； (2) 超速行驶	人身伤害	6	3	3	54	2	(1) 行车前检查车辆状况； (2) 系好安全带，减速慢行
检修过程	停运对应直流汇流箱	(1) 走错位置； (2) 设备缺陷	(1) 触电； (2) 高处坠落	1	2	15	30	2	(1) 戴绝缘手套、安全帽； (2) 使用钳形表验电
	核对直流汇流箱空气断路器位置	(1) 设备缺陷； (2) 空气断路器未断开、停电不彻底； (3) 带负荷拉开关	(1) 触电、灼伤； (2) 其他人身伤害； (3) 设备事故	3	1	15	45	2	(1) 戴绝缘手套、安全帽，穿绝缘鞋； (2) 核实操作票内容和设备状态； (3) 执行监护制度，唱票，确认设备位置、名称标牌，严格执行操作票制度； (4) 谨防误碰或接触带电体
	直流监测单元故障处理	(1) 带电作业； (2) 设备缺陷	(1) 触电； (2) 人身伤害； (3) 设备事故	3	1	15	45	2	(1) 工作前应停电、验电，检查工作点是否带电，检查安全措施正确、完备后方可开工，工作过程中不得擅自更改安全措施； (2) 检查工作点上、下间隔是否带电，工作点与带电负荷或母线安全距离是否足够； (3) 严禁错误使用工器具造成设备损坏，如用过大或过小的扳手替代标准尺寸的扳手，用一字螺丝刀替代十字螺丝刀，用十字螺丝刀替代内六角或内梅花螺丝刀等； (4) 严禁野蛮拆装、检修设备，造成螺丝过力滑丝、设备开裂、设备变形等； (5) 拆卸接线时记录每个接线位置，更换完电气元件后，按记录逐一接线，保证接线正确，并检查接线是否牢固

续表

<table>
<tr><th colspan="2" rowspan="2">作业步骤</th><th rowspan="2">危害因素</th><th rowspan="2">可能导致的后果</th><th colspan="5">风险评价</th><th rowspan="2">控制措施</th></tr>
<tr><th>L</th><th>E</th><th>C</th><th>D</th><th>风险程度</th></tr>
<tr><td rowspan="2">完工阶段</td><td>完工恢复</td><td>检修后设备接线不正确</td><td>（1）设备事故；
（2）电灼伤</td><td>1</td><td>1</td><td>15</td><td>15</td><td>1</td><td>（1）严格按照工作票执行恢复工作；
（2）恢复工作后由工作负责人最终检查确认后，方可办理工作终结手续；
（3）核对现场接线情况，确认接线正确</td></tr>
<tr><td>结束工作</td><td>（1）遗漏工器具；
（2）现场遗留检修杂物；
（3）不结束工作票</td><td>设备事故</td><td>1</td><td>1</td><td>15</td><td>15</td><td>1</td><td>（1）收齐并检查工器具；
（2）清扫检修现场；
（3）结束工作票</td></tr>
</table>

3. 接线端子处理

部门：		分析日期：	记录编号：
作业地点或分析范围：直流汇流箱		分析人：	
作业内容描述：接线端子处理			
主要作业风险：（1）人员精神状态不佳；（2）触电；（3）灼伤；（4）跌倒；（5）车辆伤害			
控制措施：（1）办理工作票、操作票；（2）穿戴个人防护用品；（3）设备恢复运行状态前进行全面检查；（4）工作前对工作班成员进行安全交底			
工作执行人签名：	日期：	工作负责人开工前确认签名：	日期：

作业步骤		危害因素	可能导致的后果	风险评价					控制措施
				L	*E*	*C*	*D*	风险程度	
作业环境	环境潮湿	（1）设备潮湿引起短路； （2）安全距离不够	（1）触电、电弧灼伤； （2）其他人身伤害； （3）设备事故	1	3	15	45	2	（1）加强通风； （2）保持设备干燥
	雷、雨、雪天气	（1）感应雷电流； （2）道路湿滑、泥泞	（1）触电、火灾灼伤； （2）跌倒	1	3	7	21	2	（1）正确戴安全帽； （2）正确穿绝缘鞋； （3）雷雨天气禁止外出作业
	高温天气	中暑	人身伤害	1	3	7	21	2	（1）合理安排外出工作，及时规避高温天气； （2）配备防暑药品
检修前准备	工器具准备	（1）使用的工器具无法达到检修作业要求； （2）工具不全，或工具破损； （3）使用的试验仪器超过检验期	触电	1	1	7	7	1	检修前确认工器具及试验仪器状态，使用合格的工器具及试验仪器
	个人防护用品准备	（1）未正确使用安全帽、绝缘手套、穿绝缘靴； （2）个人防护用品防护等级不符合要求或过期	（1）触电； （2）机械伤害	1	1	15	15	1	（1）正确戴安全帽、绝缘手套，穿绝缘靴； （2）使用合格的个人防护用品
	工作班成员精神状态确认	（1）无法正常完成指定工作； （2）作业过程中无法清醒判断设备是否带电	（1）触电； （2）机械伤害； （3）设备故障	1	1	15	15	1	合理安排工作班成员，精神状态不佳者禁止工作

续表

作业步骤		危害因素	可能导致的后果	风险评价					控制措施
				L	*E*	*C*	*D*	风险程度	
检修前准备	执行安全措施	(1) 拉错开关、走错间隔； (2) 漏执行安全措施	(1) 触电； (2) 设备事故	1	1	15	15	1	(1) 严格按照工作票执行安全措施； (2) 执行安全措施时必须有监护人在场
	环境	(1) 道路泥泞、湿滑； (2) 雷、雨、雪天气	(1) 车辆伤害； (2) 人身伤害	10	3	3	90	3	(1) 提前注意天气变化，有效规避恶劣天气； (2) 遇特殊路况，减速慢行； (3) 正确使用安全保护用具（安全帽、劳保鞋等）
	车辆	(1) 车辆缺陷； (2) 超速行驶	人身伤害	6	3	3	54	2	(1) 行车前检查车辆状况； (2) 系好安全带，减速慢行
检修过程	停运对应直流汇流箱	(1) 走错位置； (2) 设备缺陷	(1) 触电； (2) 高处坠落	1	2	15	30	2	(1) 戴绝缘手套、安全帽； (2) 使用钳形表验电
	核对直流汇流箱空气断路器位置	(1) 设备缺陷； (2) 空气断路器未断开，停电不彻底； (3) 带负荷拉开关	(1) 触电、灼伤； (2) 其他人身伤害； (3) 设备事故	3	1	15	45	2	(1) 戴绝缘手套、安全帽，穿绝缘鞋； (2) 核实操作票内容和设备状态； (3) 执行监护制度，唱票，确认设备位置、名称标牌，严格执行操作票制度； (4) 谨防误碰或接触带电体
	接线端子处理	(1) 带电作业； (2) 设备缺陷	(1) 触电； (2) 人身伤害； (3) 设备事故	3	1	15	45	2	(1) 工作前应停电、验电，检查工作点是否带电，检查安全措施正确、完备后方可开工，工作过程中不得擅自更改安全措施； (2) 检查工作点上、下间隔是否带电，工作点与带电负荷或母线安全距离是否足够； (3) 严禁错误使用工器具造成设备损坏，如用过大或过小的扳手替代标准尺寸的扳手，用一字螺丝刀替代十字螺丝刀，用十字螺丝刀替代内六角或内梅花螺丝刀等； (4) 严禁野蛮拆装、检修设备，造成螺丝过力滑丝、设备开裂、设备变形等； (5) 拆卸接线时记录每个接线位置，更换完电气元件后，按记录逐一接线，保证接线正确，并检查接线是否牢固

续表

作业步骤		危害因素	可能导致的后果	风险评价					控制措施
				L	E	C	D	风险程度	
完工阶段	完工恢复	检修后设备接线不正确	(1) 设备事故; (2) 电灼伤	1	1	15	15	1	(1) 严格按照工作票执行恢复工作; (2) 恢复工作后，经工作负责人最终检查确认，方可办理工作终结手续; (3) 核对现场接线情况，确认接线正确
	结束工作	(1) 遗漏工器具; (2) 现场遗留检修杂物; (3) 不结束工作票	设备事故	1	1	15	15	1	(1) 收齐并检查工器具; (2) 清扫检修现场; (3) 结束工作票

4. 防雷器、浪涌保护器故障处理

部门：	分析日期：	记录编号：
作业地点或分析范围：直流汇流箱	分析人：	
作业内容描述：防雷器、浪涌保护器故障处理		
主要作业风险：（1）人员精神状态不佳；（2）触电；（3）设备事故；（4）走错间隔；（5）机械伤害		
控制措施：（1）办理工作票、操作票；（2）穿戴个人防护用品；（3）设备恢复运行状态前进行全面检查；（4）工作前对工作班成员进行安全交底		
工作执行人签名： 日期：	工作负责人开工前确认签名：	日期：

作业步骤		危害因素	可能导致的后果	风险评价					控制措施
				L	E	C	D	风险程度	
作业环境	环境潮湿	（1）设备潮湿引起短路； （2）安全距离不够	（1）触电、电弧灼伤； （2）其他人身伤害； （3）设备事故	1	3	15	45	2	（1）加强通风； （2）保持设备干燥
作业环境	雷、雨、雪天气	（1）感应雷电流； （2）道路湿滑、泥泞	（1）触电、火灾灼伤； （2）跌倒	1	3	7	21	2	（1）正确戴安全帽； （2）正确穿绝缘鞋； （3）雷雨天气禁止外出作业
作业环境	高温天气	中暑	人身伤害	1	3	7	21	2	（1）合理安排外出工作，及时规避高温天气； （2）配备防暑药品
检修前准备	工器具准备	（1）使用的工器具无法达到检修作业要求； （2）工具不全，或工具破损； （3）使用的试验仪器超过检验期	触电	1	1	7	7	1	检修前确认工器具及试验仪器状态，使用合格的工器具及试验仪器
检修前准备	个人防护用品准备	（1）未正确戴安全帽、绝缘手套、穿绝缘靴； （2）个人防护用品防护等级不符合要求或过期	（1）触电； （2）机械伤害	1	1	15	15	1	（1）正确戴安全帽、绝缘手套，穿绝缘靴； （2）使用合格的个人防护用品
检修前准备	工作班成员精神状态确认	（1）无法正常完成指定工作； （2）作业过程中无法清醒判断设备是否带电	（1）触电； （2）机械伤害； （3）设备故障	1	1	15	15	1	合理安排工作班成员，精神状态不佳者禁止工作

续表

作业步骤		危害因素	可能导致的后果	风险评价					控制措施
				L	E	C	D	风险程度	
检修前准备	执行安全措施	(1) 拉错开关、走错间隔； (2) 漏执行安全措施	(1) 触电； (2) 设备事故	1	1	15	15	1	(1) 严格按照工作票执行安全措施； (2) 执行安全措施时必须有监护人在场
	环境	(1) 道路泥泞、湿滑； (2) 雷、雨、雪天气	(1) 车辆伤害； (2) 人身伤害	10	3	3	90	3	(1) 提前注意天气变化，有效规避恶劣天气； (2) 遇特殊路况，减速慢行； (3) 正确使用安全保护用具（安全帽、劳保鞋等）
	车辆	(1) 车辆缺陷； (2) 超速行驶	人身伤害	6	3	3	54	2	(1) 行车前检查车辆状况； (2) 系好安全带，减速慢行
检修过程	停运对应直流汇流箱	(1) 走错位置； (2) 设备缺陷	(1) 触电； (2) 高处坠落	1	2	15	30	2	(1) 戴绝缘手套、安全帽； (2) 使用钳形表验电
	核对直流汇流箱空气断路器位置	(1) 设备缺陷； (2) 空气断路器未断开，停电不彻底； (3) 带负荷拉开关	(1) 触电、灼伤； (2) 其他人身伤害； (3) 设备事故	3	1	15	45	2	(1) 戴绝缘手套、安全帽，穿绝缘鞋； (2) 核实操作票内容和设备状态； (3) 执行监护制度，唱票，确认设备位置、名称标牌，严格执行操作票制度； (4) 谨防误碰或接触带电体
	防雷器、浪涌保护器故障处理	(1) 带电作业； (2) 设备缺陷	(1) 触电； (2) 人身伤害； (3) 设备事故	3	1	15	45	2	(1) 工作前应停电、验电，检查工作点是否带电，检查安全措施正确、完备后方可开工，工作过程中不得擅自更改安全措施； (2) 检查工作点上、下间隔是否带电，工作点与带电负荷或母线安全距离是否足够； (3) 严禁错误使用工器具造成设备损坏，如用过大或过小的扳手替代标准尺寸的扳手，用一字螺丝刀替代十字螺丝刀，用十字螺丝刀替代内六角或内梅花螺丝刀等； (4) 严禁野蛮拆装、检修设备，造成螺丝过力滑丝、设备开裂、设备变形等； (5) 拆卸接线时记录每个接线位置，更换完电气元件后，按记录逐一接线，保证接线正确，并检查接线是否牢固

续表

作业步骤		危害因素	可能导致的后果	风险评价					控制措施
				L	E	C	D	风险程度	
完工阶段	完工恢复	检修后设备接线不正确	(1) 设备事故； (2) 电灼伤	1	1	15	15	1	(1) 严格按照工作票执行恢复工作； (2) 恢复工作后，经工作负责人最终检查确认，方可办理工作终结手续； (3) 核对现场接线情况，确认接线正确
	结束工作	(1) 遗漏工器具； (2) 现场遗留检修杂物； (3) 不结束工作票	设备事故	1	1	15	15	1	(1) 收齐并检查工器具； (2) 清扫检修现场； (3) 结束工作票

5. 通信系统故障处理

部门：		分析日期：	记录编号：
作业地点或分析范围：直流汇流箱		分析人：	
作业内容描述：通信系统故障处理			
主要作业风险：（1）因使用不合适的工器具、穿戴不合适的劳动防护用品导致巡检人员受伤害；（2）触电；（3）灼伤；（4）跌倒；（5）车辆伤害；（6）高处坠落			
控制措施：（1）正确穿戴劳动防护用品，正确使用工器具；（2）进入巡检现场检查周围环境；（3）配备防暑药品			
工作执行人签名：	日期：	工作负责人开工前确认签名：	日期：

作业步骤		危害因素	可能导致的后果	风险评价					控制措施
				L	E	C	D	风险程度	
作业环境	环境潮湿	（1）设备潮湿引起短路； （2）安全距离不够	（1）触电、电弧灼伤； （2）其他人身伤害； （3）设备事故	1	3	15	45	2	（1）加强通风； （2）保持设备干燥
作业环境	雷、雨、雪天气	（1）感应雷电流； （2）道路湿滑、泥泞	（1）触电、火灾灼伤； （2）跌倒	1	3	7	21	2	（1）正确戴安全帽； （2）正确穿绝缘鞋； （3）雷雨天气禁止外出作业
作业环境	高温天气	中暑	人身伤害	1	3	7	21	2	（1）合理安排外出工作，及时规避高温天气； （2）配备防暑药品
检修前准备	工器具准备	（1）使用的工器具无法达到检修作业要求； （2）工具不全，或工具破损； （3）使用的试验仪器超过检验期	触电	1	1	7	7	1	检修前确认工器具及试验仪器状态，使用合格的工器具及试验仪器
检修前准备	个人防护用品准备	（1）未正确使用安全帽、绝缘手套、绝缘靴； （2）个人防护用品防护等级不符合要求或过期	（1）触电； （2）机械伤害	1	1	15	15	1	（1）正确戴安全帽、绝缘手套，穿绝缘靴； （2）使用合格的个人防护用品
检修前准备	工作班成员精神状态确认	（1）无法正常完成指定工作； （2）作业过程中无法清醒判断设备是否带电	（1）触电； （2）机械伤害； （3）设备故障	1	1	15	15	1	合理安排工作班成员，精神状态不佳者禁止工作

续表

<table>
<tr><th colspan="2" rowspan="2">作业步骤</th><th rowspan="2">危害因素</th><th rowspan="2">可能导致的后果</th><th colspan="5">风险评价</th><th rowspan="2">控制措施</th></tr>
<tr><th>L</th><th>E</th><th>C</th><th>D</th><th>风险程度</th></tr>
<tr><td rowspan="3">检修前准备</td><td>执行安全措施</td><td>（1）拉错开关、走错间隔；
（2）漏执行安全措施</td><td>（1）触电；
（2）设备事故</td><td>1</td><td>1</td><td>15</td><td>15</td><td>1</td><td>（1）严格按照工作票执行安全措施；
（2）执行安全措施时必须有监护人在场</td></tr>
<tr><td>环境</td><td>（1）道路泥泞、湿滑；
（2）雷、雨、雪天气</td><td>（1）车辆伤害；
（2）人身伤害</td><td>10</td><td>3</td><td>3</td><td>90</td><td>3</td><td>（1）提前注意天气变化，有效规避恶劣天气；
（2）遇特殊路况，减速慢行；
（3）正确使用安全保护用具（安全帽、劳保鞋等）</td></tr>
<tr><td>车辆</td><td>（1）车辆缺陷；
（2）超速行驶</td><td>人身伤害</td><td>6</td><td>3</td><td>3</td><td>54</td><td>2</td><td>（1）行车前检查车辆状况；
（2）系好安全带，减速慢行</td></tr>
<tr><td rowspan="2">检修过程</td><td>停运对应直流汇流箱</td><td>（1）走错位置；
（2）设备缺陷</td><td>（1）触电；
（2）高处坠落</td><td>1</td><td>2</td><td>15</td><td>30</td><td>2</td><td>（1）戴绝缘手套、安全帽；
（2）使用钳形表验电</td></tr>
<tr><td>通信系统故障处理</td><td>（1）带电作业；
（2）设备缺陷</td><td>（1）触电；
（2）人身伤害；
（3）设备事故</td><td>3</td><td>1</td><td>15</td><td>45</td><td>2</td><td>（1）正确使用工器具；
（2）核实操作票内容和设备状态；
（3）执行监护制度，唱票，确认设备位置、名称标牌，严格执行操作票制度；
（4）停电操作必须戴绝缘手套、安全帽，穿绝缘鞋；
（5）确保设备已断电</td></tr>
<tr><td rowspan="2">完工阶段</td><td>完工恢复</td><td>（1）检修后设备接线不正确；
（2）后台依然无数据</td><td>（1）设备事故；
（2）电灼伤</td><td>1</td><td>1</td><td>15</td><td>15</td><td>1</td><td>（1）严格按照工作票执行恢复工作；
（2）恢复工作后，经工作负责人最终检查确认，方可办理工作终结手续；
（3）调整通信板拨码，确定 IP 通信地址正确</td></tr>
<tr><td>结束工作</td><td>（1）遗漏工器具；
（2）现场遗留检修杂物；
（3）不结束工作票</td><td>设备事故</td><td>1</td><td>1</td><td>15</td><td>15</td><td>1</td><td>（1）收齐并检查工器具；
（2）清扫检修现场；
（3）结束工作票</td></tr>
</table>

四、组串式逆变器检修

1. 更换逆变器

部门：					分析日期：	记录编号：
作业地点或分析范围：组串式逆变器					分析人：	
作业内容描述：更换逆变器						
主要作业风险：（1）人员思想不稳；（2）人员精神状态不佳；（3）着火；（4）高处落物；（5）车辆伤害；（6）环境因素；（7）触电；（8）高处坠落						
控制措施：（1）办理工作票，手动停机并切至维护状态，挂牌；（2）穿戴个人防护用品；（3）设备恢复运行状态前进行全面检查						
工作负责人签名：	日期：	工作票签发人签名：	日期：	工作许可人签名：	日期：	

作业步骤		危害因素	可能导致的后果	风险评价					控制措施
				L	*E*	*C*	*D*	风险程度	
作业环境	环境	（1）雷雨天气； （2）冬季覆冰掉落； （3）夏季高温作业； （4）水上巡检	人身伤害	1	6	7	42	2	（1）雷雨天气禁止靠近设备，不得从事巡检工作，突遇雷雨天气时及时撤离； （2）光伏组件上有结冰现象且有覆冰掉落危险时，禁止人员靠近； （3）夏季高温作业时做好防暑措施； （4）合理安排外出工作，及时规避高温天气； （5）水上作业时，正确穿着救生衣
检修前准备	交通	（1）车况异常； （2）驾乘人员未正确系安全带； （3）道路湿滑	（1）人身伤害； （2）车辆事故	10	3	3	90	3	（1）出车前检查车况； （2）行车过程中，驾乘人员正确系好安全带； （3）根据道路情况，车辆减速慢行，并定期对道路进行清理维护
	安全措施确认	拉错开关或误送电导致设备带电或误动	（1）触电； （2）机械伤害； （3）设备故障	1	1	7	7	1	（1）办理工作票，确认执行安全措施； （2）使用个人防护用品； （3）在逆变器交流侧开关处悬挂“禁止合闸，有人工作”标示牌
	安全交底	（1）扩大工作范围； （2）走错机位或误碰带电设备	（1）触电； （2）设备故障	1	1	7	7	1	（1）工作前对工作班成员进行工作地点及任务明示； （2）对工作班成员进行安全技术交底

续表

作业步骤		危害因素	可能导致的后果	风险评价					控制措施
				L	E	C	D	风险程度	
检修前准备	个人防护用品准备	（1）未正确佩戴安全帽、穿好工作服； （2）个人防护用品防护等级不符合要求或过期； （3）水上作业时未穿着救生衣	（1）触电； （2）其他伤害； （3）人身伤害	1	1	15	15	1	（1）正确穿戴安全帽及工作服； （2）使用在安全使用期内的安全带，并正确佩戴； （3）水上作业时，正确穿着救生衣
	工器具准备	（1）使用的工器具无法达到工作要求； （2）工具不全，或工具破损； （3）工具未定期检测或检测不合格	（1）机械伤害； （2）触电	1	1	7	7	1	（1）做好工具、消耗材料的准备工作； （2）使用电动工具前要检查其是否合格，电源要有剩余电流动作装置，使用结束立即关掉电源，使用期间如遇停电应立即拔掉电源，防止来电时电动工具突然自行转动，对工作人员或设备造成机械伤害； （3）使用工器具前要进行检查，确认扳手没有裂痕、断口等安全隐患后方可使用，严禁使用活扳手，应使用梅花扳手
	工作班成员精神状态确认	（1）无法正常完成指定工作； （2）作业过程中无法清醒判断带电设备及旋转设备； （3）作业过程中出现昏厥现象	（1）触电； （2）机械伤害； （3）高处坠落； （4）设备故障	1	1	15	15	1	合理安排工作班成员，精神状态不佳者禁止工作
检修过程	核对直流开关位置	（1）设备缺陷； （2）直流开关未断开	（1）触电； （2）人身伤害； （3）设备事故	3	1	15	45	2	（1）戴绝缘手套、安全帽，穿绝缘鞋； （2）正确执行操作顺序
	核对交流空气断路器位置	（1）设备缺陷； （2）交流空气断路器未断开	（1）触电、灼伤； （2）其他人身伤害； （3）设备事故	3	1	15	45	2	（1）戴绝缘手套、安全帽，穿绝缘鞋； （2）正确执行操作顺序； （3）断电后，确认逆变器已停机，对通信板电源处验明确无电压

续表

作业步骤		危害因素	可能导致的后果	风险评价					控制措施
				L	E	C	D	风险程度	
检修过程	插、拔组件MC4插头	(1) 设备缺陷; (2) 高处作业; (3) 走错位置; (4) 水上作业	(1) 触电; (2) 高处坠落; (3) 人身伤害	1	2	15	30	2	(1) 观察设备外观是否存在严重损坏，组件是否有效接地; (2) 断电后，并用万用表测量组件边框确无电压，使用钳形表验电; (3) 高处作业前佩戴安全帽、安全带、限位绳; (4) 水上作业时，正确穿着救生衣; (5) 戴绝缘手套、安全帽
	更换逆变器	(1) 工作前未进行停电、验电、挂接地线; (2) 使用不合格的工器具; (3) 设备拆卸后乱放; (4) 逆变器作业区域下方未严格执行隔离措施; (5) 作业现场存在可燃物、易燃物、助燃物; (6) 野蛮拆装设备; (7) 误碰其他带电设备	(1) 高处坠落; (2) 人身伤害; (3) 设备故障; (4) 高处落物	3	1	15	45	2	(1) 工作前对逆变器停电、验电，在逆变器交流侧挂接地线; (2) 验电前检查工具应为检测合格的工器具; (3) 拆卸接线时记录每个接线位置，更换完电气元件后，按记录逐一接线，保证接线正确，并检查接线是否牢固; (4) 抬升逆变器时，必须找平找正; (5) 轻拿轻放备件、设备，防止撞击损伤设备; (6) 严禁野蛮拆装、检修设备，造成螺丝过力滑丝、设备开裂、设备变形等; (7) 妥善保管拆下的零部件，防止丢失、损坏; (8) 仔细检查钢丝绳和倒链，应无断股、无开裂，且承受的荷重不准超过规定值; (9) 正确使用吊装机，使用前应仔细检查其完好性; (10) 禁止绳索与其他易损设备接触; (11) 使用倒链起吊时应做好防滑措施; (12) 严禁站在拉紧的钢丝绳对面; (13) 使用吊装机吊逆变器时，应将逆变器固定好，逆变器周围半径5m内无人员逗留
恢复检验	结束工作	(1) 遗漏工器具; (2) 现场遗留检修杂物; (3) 不结束工作票; (4) 工作班成员未全部撤离	(1) 人身伤害; (2) 设备故障	1	3	15	45	2	(1) 收齐并检查工器具; (2) 清扫检修现场; (3) 结束工作票

2. 更换滤波板

部门：		分析日期：	记录编号：
作业地点或分析范围：组串式逆变器		分析人：	
作业内容描述：更换滤波板			
主要作业风险：（1）人员思想不稳；（2）人员精神状态不佳；（3）着火；（4）高处落物；（5）车辆伤害；（6）环境因素；（7）触电；（8）高处坠落			
控制措施：（1）办理工作票，手动停机并切至维护状态，挂牌；（2）穿戴个人防护用品；（3）设备恢复运行状态前进行全面检查			
工作执行人签名：	日期：	工作负责人开工前确认签名：	日期：

作业步骤		危害因素	可能导致的后果	风险评价					控制措施
				L	E	C	D	风险程度	
作业环境	雷、雨、雪天气	（1）感应雷电流； （2）道路湿滑、泥泞	（1）触电、火灾灼伤； （2）跌倒	1	3	7	21	2	（1）正确戴安全帽； （2）正确穿绝缘鞋； （3）雷雨天气禁止外出作业
	高温天气	中暑	人身伤害	1	3	7	21	2	（1）合理安排外出工作，及时规避高温天气； （2）配备防暑药品
检修前准备	安全交底	（1）扩大工作范围； （2）走错间隔或误碰带电设备	（1）触电； （2）设备事故	1	1	7	7	1	（1）工作前对工作班成员进行工作任务明示； （2）对工作班成员进行安全技术交底
	工器具准备	（1）使用的工器具无法达到检修作业要求； （2）工具不全，或工具破损； （3）使用的试验仪器超过检验期	触电	1	1	7	7	1	检修前确认工器具及试验仪器状态，使用合格的工器具及试验仪器
	个人防护用品准备	（1）未正确使用安全帽、绝缘手套、穿绝缘靴； （2）个人防护用品防护等级不符合要求或过期	（1）触电； （2）机械伤害	1	1	15	15	1	（1）正确戴安全帽、绝缘手套，穿绝缘靴； （2）使用合格的个人防护用品
	工作班成员精神状态确认	（1）无法正常完成指定工作； （2）作业过程中无法清醒判断设备是否带电	（1）触电； （2）机械伤害； （3）设备故障	1	1	15	15	1	合理安排工作班成员，精神状态不佳者禁止工作
	执行安全措施	（1）拉错开关、走错间隔； （2）漏执行安全措施	（1）触电； （2）设备事故	1	1	15	15	1	（1）严格按照工作票执行安全措施； （2）执行安全措施时必须有监护人在场

续表

作业步骤		危害因素	可能导致的后果	风险评价					控制措施
				L	E	C	D	风险程度	
检修前准备	环境	(1) 道路泥泞、湿滑； (2) 雷、雨、雪天气	(1) 车辆伤害； (2) 人身伤害； (3) 高处坠落	10	3	3	90	3	(1) 提前注意天气变化，有效规避恶劣天气； (2) 遇特殊路况，减速慢行； (3) 正确使用安全保护用具（安全帽、劳保鞋等）
	车辆	(1) 车辆缺陷； (2) 超速行驶	人身伤害	6	3	3	54	2	(1) 行车前检查车辆状况； (2) 系好安全带，减速慢行
检修过程	核对直流开关位置	(1) 设备缺陷； (2) 直流开关未断开	(1) 触电； (2) 人身伤害； (3) 设备事故	3	1	15	45	2	(1) 戴绝缘手套、安全帽，穿绝缘鞋； (2) 正确执行操作顺序
	核对交流空气断路器位置	(1) 设备缺陷； (2) 交流空气断路器未断开	(1) 触电、灼伤； (2) 其他人身伤害； (3) 设备事故	3	1	15	45	2	(1) 戴绝缘手套、安全帽，穿绝缘鞋； (2) 正确执行操作顺序； (3) 断电后，确认逆变器已停机，对通信板电源处验明确无电压
	更换滤波板	(1) 工作前未进行停电、验电、挂接地线； (2) 使用不合格的工器具； (3) 设备拆卸后乱放； (4) 逆变器作业区域下方未严格执行隔离措施； (5) 作业现场存在可燃物、易燃物、助燃物； (6) 野蛮拆装设备； (7) 误碰其他带电设备	(1) 高处坠落； (2) 人身伤害； (3) 设备故障； (4) 高处落物	3	1	15	45	2	(1) 工作前对逆变器停电、验电，在逆变器交流侧挂接地线； (2) 验电前检查工具，应为检测合格的工器具； (3) 拆卸接线时记录每个接线位置，更换完电气元件后，按记录逐一接线，保证接线正确，并检查接线是否牢固； (4) 轻拿轻放备件、设备，防止撞击损伤设备； (5) 严禁野蛮拆装、检修设备，造成螺丝过力滑丝、设备开裂、设备变形等； (6) 妥善保管拆下的零部件，防止丢失、损坏
完工阶段	完工恢复	(1) 连接件和紧固件螺栓紧固未达标； (2) 临时短接线、接地线未拆除； (3) 检修后设备接线不正确	(1) 设备事故； (2) 电灼伤	1	1	15	15	1	(1) 用力矩扳手检查连接件和紧固件螺栓； (2) 严格按照工作票执行恢复工作； (3) 恢复工作后，经工作负责人最终检查确认，方可办理工作终结手续
	结束工作	(1) 遗漏工器具； (2) 现场遗留检修杂物； (3) 不结束工作票	设备事故	1	1	15	15	1	(1) 收齐并检查工器具； (2) 清扫检修现场； (3) 结束工作票

3. 更换交流断路器

<table>
<tr><td colspan="3">部门：</td><td colspan="6">分析日期：</td><td>记录编号：</td></tr>
<tr><td colspan="4">作业地点或分析范围：组串式逆变器</td><td colspan="6">分析人：</td></tr>
<tr><td colspan="10">作业内容描述：更换交流断路器</td></tr>
<tr><td colspan="10">主要作业风险：（1）人员思想不稳；（2）人员精神状态不佳；（3）着火；（4）高处落物；（5）车辆伤害；（6）环境因素；（7）触电；（8）高处坠落</td></tr>
<tr><td colspan="10">控制措施：（1）办理工作票，手动停机并切至维护状态，挂牌；（2）穿戴个人防护用品；（3）设备恢复运行状态前进行全面检查</td></tr>
<tr><td colspan="3">工作执行人签名：</td><td>日期：</td><td colspan="5">工作负责人开工前确认签名：</td><td>日期：</td></tr>
<tr><td colspan="2" rowspan="2">作业步骤</td><td rowspan="2">危害因素</td><td rowspan="2">可能导致的后果</td><td colspan="5">风险评价</td><td rowspan="2">控制措施</td></tr>
<tr><td>L</td><td>E</td><td>C</td><td>D</td><td>风险程度</td></tr>
<tr><td rowspan="2">作业环境</td><td>雷、雨、雪天气</td><td>（1）感应雷电流；
（2）道路湿滑、泥泞</td><td>（1）触电、火灾灼伤；
（2）跌倒</td><td>1</td><td>3</td><td>7</td><td>21</td><td>2</td><td>（1）正确戴安全帽；
（2）正确穿绝缘鞋；
（3）雷雨天气禁止外出作业</td></tr>
<tr><td>高温天气</td><td>中暑</td><td>人身伤害</td><td>1</td><td>3</td><td>7</td><td>21</td><td>2</td><td>（1）合理安排外出工作，及时规避高温天气；
（2）配备防暑药品</td></tr>
<tr><td rowspan="5">检修前准备</td><td>安全交底</td><td>（1）扩大工作范围；
（2）走错间隔或误碰带电设备</td><td>（1）触电；
（2）设备事故</td><td>1</td><td>1</td><td>7</td><td>7</td><td>1</td><td>（1）工作前对工作班成员进行工作任务明示；
（2）对工作班成员进行安全技术交底</td></tr>
<tr><td>工器具准备</td><td>（1）使用的工器具无法达到检修作业要求；
（2）工具不全，或工具破损；
（3）使用的试验仪器超过检验期</td><td>触电</td><td>1</td><td>1</td><td>7</td><td>7</td><td>1</td><td>检修前确认工器具及试验仪器状态，使用合格的工器具及试验仪器</td></tr>
<tr><td>个人防护用品准备</td><td>（1）未正确使用安全帽、绝缘手套、绝缘靴；
（2）个人防护用品防护等级不符合要求或过期</td><td>（1）触电；
（2）机械伤害</td><td>1</td><td>1</td><td>15</td><td>15</td><td>1</td><td>（1）正确戴安全帽、绝缘手套，穿绝缘靴；
（2）使用合格的个人防护用品</td></tr>
<tr><td>工作班成员精神状态确认</td><td>（1）无法正常完成指定工作；
（2）作业过程中无法清醒判断设备是否带电</td><td>（1）触电；
（2）机械伤害；
（3）设备故障</td><td>1</td><td>1</td><td>15</td><td>15</td><td>1</td><td>合理安排工作班成员，精神状态不佳者禁止工作</td></tr>
<tr><td>执行安全措施</td><td>（1）拉错开关、走错间隔；
（2）漏执行安全措施</td><td>（1）触电；
（2）设备事故</td><td>1</td><td>1</td><td>15</td><td>15</td><td>1</td><td>（1）严格按照工作票执行安全措施；
（2）执行安全措施时必须有监护人在场</td></tr>
</table>

续表

作业步骤		危害因素	可能导致的后果	风险评价					控制措施
				L	*E*	*C*	*D*	风险程度	
检修前准备	环境	（1）道路泥泞、湿滑； （2）雷、雨、雪天气	（1）车辆伤害； （2）人身伤害； （3）高处坠落	10	3	3	90	3	（1）提前注意天气变化，有效规避恶劣天气； （2）遇特殊路况，减速慢行； （3）正确使用安全保护用具（安全帽、劳保鞋等）
	车辆	（1）车辆缺陷； （2）超速行驶	人身伤害	6	3	3	54	2	（1）行车前检查车辆状况； （2）系好安全带，减速慢行
检修过程	核对直流开关位置	（1）设备缺陷； （2）直流开关未断开	（1）触电； （2）人身伤害； （3）设备事故	3	1	15	45	2	（1）戴绝缘手套、安全帽，穿绝缘鞋； （2）正确执行操作顺序
	核对交流空气断路器位置	（1）设备缺陷； （2）交流空气断路器未断开	（1）触电、灼伤； （2）其他人身伤害； （3）设备事故	3	1	15	45	2	（1）戴绝缘手套、安全帽，穿绝缘鞋； （2）正确执行操作顺序； （3）断电后，确认逆变器已停机，对通信板电源处验明确无电压
	更换交流断路器	（1）工作前未进行停电、验电、挂接地线； （2）使用不合格的工器具； （3）设备拆卸后乱放； （4）逆变器作业区域下方未严格执行隔离措施； （5）作业现场存在可燃物、易燃物、助燃物； （6）野蛮拆装设备； （7）误碰其他带电设备	（1）高处坠落； （2）人身伤害； （3）设备故障； （4）高处落物	3	1	15	45	2	（1）工作前对逆变器停电、验电，在逆变器交流侧挂接地线； （2）验电前检查工具，应为检测合格的工器具； （3）拆卸接线时记录每个接线位置，更换完电气元件后，按记录逐一接线，保证接线正确，并检查接线是否牢固； （4）轻拿轻放备件、设备，防止撞击损伤设备； （5）严禁野蛮拆装、检修设备，造成螺丝过力滑丝、设备开裂、设备变形等； （6）妥善保管拆下的零部件，防止丢失、损坏
完工阶段	完工恢复	（1）连接件和紧固件螺栓紧固未达标； （2）临时短接线、接地线未拆除； （3）检修后设备接线不正确	（1）设备事故； （2）电灼伤	1	1	15	15	1	（1）用力矩扳手检查连接件和紧固件螺栓； （2）严格按照工作票执行恢复工作； （3）恢复工作后，经工作负责人最终检查确认，方可办理工作终结手续
	结束工作	（1）遗漏工器具； （2）现场遗留检修杂物； （3）不结束工作票	设备事故	1	1	15	15	1	（1）收齐并检查工器具； （2）清扫检修现场； （3）结束工作票

五、集中式逆变器检修

1. 直流进线电缆故障处理

部门：			分析日期：		记录编号：
作业地点或分析范围：集中式逆变器			分析人：		
作业内容描述：直流进线电缆故障处理					
主要作业风险：(1) 人员精神状态不佳；(2) 触电；(3) 设备事故；(4) 走错间隔；(5) 机械伤害					
控制措施：(1) 办理工作票、操作票；(2) 穿戴个人防护用品；(3) 确认设备名称和间隔；(4) 设备恢复运行状态前进行全面检查；(5) 工作前对工作班成员进行安全交底					
工作负责人签名：	日期：	工作票签发人签名：	日期：	工作许可人签名：	日期：

作业步骤		危害因素	可能导致的后果	风险评价					控制措施
				L	*E*	*C*	*D*	风险程度	
作业环境	环境	夏季高温作业	人身伤害	3	1	1	3	1	夏季高温作业时做好防暑措施
检修前准备	工作班成员精神状态确认	(1) 无法正常完成指定工作； (2) 作业过程中出现昏厥现象	(1) 触电； (2) 设备故障	1	1	15	15	1	合理安排工作班成员，精神状态不佳者禁止工作
	安全措施确认	(1) 拉错开关或误送电导致设备带电或误动； (2) 未执行工作票、操作票所列的安全措施	(1) 触电； (2) 设备故障	1	3	7	21	2	(1) 办理操作票、工作票，严格执行工作票、操作票所列的安全措施； (2) 使用个人防护用品
	安全交底	(1) 走错间隔； (2) 未交代现场情况	(1) 触电； (2) 设备故障	1	3	7	21	2	(1) 工作前向工作班成员告知危险点，交代作业活动范围、内容、安全措施和注意事项； (2) 对工作班成员进行安全技术交底
	个人防护用品准备	未正确佩戴安全帽、穿好工作服	(1) 触电； (2) 其他伤害	3	0.5	15	22.5	2	正确穿戴安全帽及工作服
	工器具准备	(1) 使用的工器具无法达到工作要求； (2) 工具不全，或工具破损； (3) 工具未定期检测或检测不合格	(1) 机械伤害； (2) 触电	1	1	7	7	1	(1) 做好工具、消耗材料的准备工作； (2) 使用电动工具前要检查合格，电源要有剩余电流动作装置，使用结束立即关掉电源，使用期间如遇停电应立即拔掉电源，防止来电时电动工具突然自行转动，对工作人员或设备造成机械伤害； (3) 使用工器具前要进行检查，确认扳手没有裂痕、断口等安全隐患后方可使用，严禁使用活扳手，应使用力矩扳手及梅花扳手； (4) 作业前检查工器具，应合格、完好

续表

<table>
<tr><th colspan="2" rowspan="2">作业步骤</th><th rowspan="2">危害因素</th><th rowspan="2">可能导致的后果</th><th colspan="5">风险评价</th><th rowspan="2">控制措施</th></tr>
<tr><th>L</th><th>E</th><th>C</th><th>D</th><th>风险程度</th></tr>
<tr><td>检修过程</td><td>直流进线电缆故障处理</td><td>（1）误碰其他带电设备；
（2）接线错误；
（3）野蛮拆装设备；
（4）检修设备控制电源未断开；
（5）使用不符合规格的工器具；
（6）虚接线路</td><td>（1）设备故障；
（2）触电；
（3）机械伤害；
（4）火灾</td><td>3</td><td>1</td><td>7</td><td>21</td><td>2</td><td>（1）工作前应停电、验电，检查工作点是否带电，检查安全措施正确、完备后方可开工，工作过程中不得擅自更改安全措施；
（2）检查工作点上、下间隔是否带电，工作点与带电负荷或母线安全距离是否足够；
（3）进行回路改造或更换电气元件时，要注意检查控制柜各路电源是否断开，且接线端子、裸露线头可能从其他回路反送电，工作时应按要求戴好绝缘手套、穿好绝缘鞋、螺丝刀绑好绝缘胶布；
（4）严禁错误使用工器具造成设备损坏，如用过大或过小的扳手替代标准尺寸的扳手，用一字螺丝刀替代十字螺丝刀，用十字螺丝刀替代内六角或内梅花螺丝刀等；
（5）严禁野蛮拆装、检修设备，造成螺丝过力滑丝、设备开裂、设备变形等；
（6）拆卸接线时记录每个接线位置，更换完电气元件后，按记录逐一接线，保证接线正确，并检查接线是否牢固；
（7）电缆线路接好之后用热成像仪测温，确保接头处未发热</td></tr>
<tr><td>恢复检验</td><td>结束工作</td><td>（1）遗漏工器具；
（2）现场遗留检修杂物；
（3）不结束工作票；
（4）工作班成员未全部撤离</td><td>（1）人身伤害；
（2）设备故障</td><td>3</td><td>3</td><td>3</td><td>27</td><td>2</td><td>（1）收齐并检查工器具；
（2）清扫检修现场；
（3）结束工作票</td></tr>
</table>

2. 直流进线空气断路器故障处理

部门：					分析日期：				记录编号：
作业地点或分析范围：集中式逆变器					分析人：				
作业内容描述：直流进线空气断路器故障处理									
主要作业风险：（1）人员精神状态不佳；（2）触电；（3）设备事故；（4）走错间隔；（5）机械伤害									
控制措施：（1）办理工作票、操作票；（2）穿戴个人防护用品；（3）确认设备名称和间隔；（4）设备恢复运行状态前进行全面检查；（5）工作前对工作班成员进行安全交底									
工作负责人签名：	日期：	工作票签发人签名：			日期：		工作许可人签名：		日期：
作业步骤		危害因素	可能导致的后果	风险评价					控制措施
				L	*E*	*C*	*D*	风险程度	
作业环境	环境	夏季高温作业	人身伤害	3	1	1	3	1	夏季高温作业时做好防暑措施
检修前准备	工作班成员精神状态确认	（1）无法正常完成指定工作； （2）作业过程中出现昏厥现象	（1）触电； （2）设备故障	1	1	15	15	1	合理安排工作班成员，精神状态不佳者禁止工作
	安全措施确认	（1）拉错开关或误送电导致设备带电或误动； （2）未执行工作票、操作票所列的安全措施	（1）触电； （2）设备故障	1	3	7	21	2	（1）办理操作票、工作票，严格执行工作票、操作票所列的安全措施； （2）使用个人防护用品
	安全交底	（1）走错间隔； （2）未交代现场情况	（1）触电； （2）设备故障	1	3	7	21	2	（1）工作前向工作班成员告知危险点，交代作业活动范围、内容、安全措施和注意事项； （2）对工作班成员进行安全技术交底
	个人防护用品准备	未正确佩戴安全帽、穿好工作服	（1）触电； （2）其他伤害	3	0.5	15	22.5	2	正确穿戴安全帽及工作服
	工器具准备	（1）使用的工器具无法达到工作要求； （2）工具不全，或工具破损； （3）工具未定期检测或检测不合格	（1）机械伤害； （2）触电	1	1	7	7	1	（1）做好工具、消耗材料的准备工作； （2）使用电动工具前要检查其是否合格，电源要有剩余电流动作装置，使用结束立即关掉电源，使用期间如遇停电应立即拔掉电源，防止来电时电动工具突然自行转动，对工作人员或设备造成机械伤害； （3）使用工器具前要进行检查，确认扳手没有裂痕、断口等安全隐患后方可使用，严禁使用活扳手，应使用力矩扳手及梅花扳手； （4）作业前检查工器具，应合格、完好

续表

作业步骤		危害因素	可能导致的后果	风险评价					控制措施
				L	E	C	D	风险程度	
检修过程	直流进线空气断路器故障处理	(1) 误碰其他带电设备； (2) 接线错误； (3) 野蛮拆装设备； (4) 检修设备控制电源未断开； (5) 使用不符合规格的工器具； (6) 虚接线路	(1) 设备故障； (2) 触电； (3) 机械伤害； (4) 火灾	3	1	7	21	2	(1) 工作前应停电、验电，检查工作点是否带电，检查安全措施正确、完备后方可开工，工作过程中不得擅自更改安全措施； (2) 检查工作点上、下间隔是否带电，工作点与带电负荷或母线安全距离是否足够； (3) 进行回路改造或更换电气元件时，要注意检查控制柜各路电源是否断开，且接线端子、裸露线头可能从其他回路反送电，工作时应按要求戴好绝缘手套、穿好绝缘鞋、螺丝刀绑好绝缘胶布； (4) 严禁错误使用工器具造成设备损坏，如用过大或过小的扳手替代标准尺寸的扳手，用一字螺丝刀替代十字螺丝刀，用十字螺丝刀替代内六角或内梅花螺丝刀等； (5) 严禁野蛮拆装、检修设备，造成螺丝过力滑丝、设备开裂、设备变形等； (6) 拆卸接线时记录每个接线位置，更换完电气元件后，按记录逐一接线，保证接线正确，并检查接线是否牢固
恢复检验	结束工作	(1) 遗漏工器具； (2) 现场遗留检修杂物； (3) 不结束工作票； (4) 工作班成员未全部撤离	(1) 人身伤害； (2) 设备故障	3	3	3	27	2	(1) 收齐并检查工器具； (2) 清扫检修现场； (3) 结束工作票

3. 交流输出开关故障处理

<table>
<tr><td colspan="4">部门：</td><td colspan="6">分析日期：</td><td>记录编号：</td></tr>
<tr><td colspan="4">作业地点或分析范围：集中式逆变器</td><td colspan="7">分析人：</td></tr>
<tr><td colspan="11">作业内容描述：交流输出开关故障处理</td></tr>
<tr><td colspan="11">主要作业风险：(1) 人员精神状态不佳；(2) 触电；(3) 设备事故；(4) 走错间隔；(5) 机械伤害</td></tr>
<tr><td colspan="11">控制措施：(1) 办理工作票、操作票；(2) 穿戴个人防护用品；(3) 确认设备名称和间隔；(4) 设备恢复运行状态前进行全面检查；(5) 工作前对工作班成员进行安全交底</td></tr>
<tr><td colspan="2">工作负责人签名：</td><td>日期：</td><td>工作票签发人签名：</td><td colspan="3">日期：</td><td colspan="3">工作许可人签名：</td><td>日期：</td></tr>
<tr><td colspan="2" rowspan="2">作业步骤</td><td rowspan="2">危害因素</td><td rowspan="2">可能导致的后果</td><td colspan="5">风险评价</td><td colspan="2" rowspan="2">控制措施</td></tr>
<tr><td>L</td><td>E</td><td>C</td><td>D</td><td>风险程度</td></tr>
<tr><td>作业环境</td><td>环境</td><td>夏季高温作业</td><td>人身伤害</td><td>3</td><td>1</td><td>1</td><td>3</td><td>1</td><td colspan="2">夏季高温作业时做好防暑措施</td></tr>
<tr><td rowspan="5">检修前准备</td><td>工作班成员精神状态确认</td><td>(1) 无法正常完成指定工作；
(2) 作业过程中出现昏厥现象</td><td>(1) 触电；
(2) 设备故障</td><td>1</td><td>1</td><td>15</td><td>15</td><td>1</td><td colspan="2">合理安排工作班成员，精神状态不佳者禁止工作</td></tr>
<tr><td>安全措施确认</td><td>(1) 拉错开关或误送电导致设备带电或误动；
(2) 未执行工作票、操作票所列的安全措施</td><td>(1) 触电；
(2) 设备故障</td><td>1</td><td>3</td><td>7</td><td>21</td><td>2</td><td colspan="2">(1) 办理操作票、工作票，严格执行工作票、操作票所列的安全措施；
(2) 使用个人防护用品</td></tr>
<tr><td>安全交底</td><td>(1) 走错间隔；
(2) 未交代现场情况</td><td>(1) 触电；
(2) 设备故障</td><td>1</td><td>3</td><td>7</td><td>21</td><td>2</td><td colspan="2">(1) 工作前向工作班成员告知危险点，交代作业活动范围、内容、安全措施和注意事项；
(2) 对工作班成员进行安全技术交底</td></tr>
<tr><td>个人防护用品准备</td><td>未正确穿戴安全帽、工作服</td><td>(1) 触电；
(2) 其他伤害</td><td>3</td><td>0.5</td><td>15</td><td>22.5</td><td>2</td><td colspan="2">正确穿戴安全帽及工作服</td></tr>
<tr><td>工器具准备</td><td>(1) 使用的工器具无法达到工作要求；
(2) 工具不全，或工具破损；
(3) 工具未定期检测或检测不合格</td><td>(1) 机械伤害；
(2) 触电</td><td>1</td><td>1</td><td>7</td><td>7</td><td>1</td><td colspan="2">(1) 做好工具、消耗材料的准备工作；
(2) 使用电动工具前要检查其是否合格，电源要有剩余电流动作装置，使用结束立即关掉电源，使用期间如遇停电应立即拔掉电源，防止来电时电动工具突然自行转动，对工作人员或设备造成机械伤害；
(3) 使用工器具前要进行检查，确认扳手没有裂痕、断口等安全隐患后方可使用，严禁使用活扳手，应使用力矩扳手及梅花扳手；
(4) 作业前检查工器具，应合格、完好</td></tr>
</table>

续表

作业步骤		危害因素	可能导致的后果	风险评价					控制措施
				L	E	C	D	风险程度	
检修过程	交流输出开关故障处理	(1) 误碰其他带电设备； (2) 接线错误； (3) 野蛮拆装设备； (4) 检修设备控制电源未断开； (5) 使用不符合规格的工器具； (6) 虚接线路	(1) 设备故障； (2) 触电； (3) 机械伤害； (4) 火灾	3	1	7	21	2	(1) 工作前应停电、验电，检查工作点是否带电，检查安全措施正确、完备后方可开工，工作过程中不得擅自更改安全措施； (2) 检查工作点上、下间隔是否带电，工作点与带电负荷或母线安全距离是否足够； (3) 进行回路改造或更换电气元件时，要注意检查控制柜各路电源是否断开，且接线端子、裸露线头可能从其他回路反送电，工作时应按要求戴好绝缘手套、穿好绝缘鞋、螺丝刀绑好绝缘胶布； (4) 严禁错误使用工器具造成设备损坏，如用过大或过小的扳手替代标准尺寸的扳手，用一字螺丝刀替代十字螺丝刀，用十字螺丝刀替代内六角或内梅花螺丝刀等； (5) 严禁野蛮拆装、检修设备，造成螺丝过力滑丝、设备开裂、设备变形等； (6) 拆卸接线时记录每个接线位置，更换完电气元件后，按记录逐一接线，保证接线正确，并检查接线是否牢固
恢复检验	结束工作	(1) 遗漏工器具； (2) 现场遗留检修杂物； (3) 不结束工作票； (4) 工作班成员未全部撤离	(1) 人身伤害； (2) 设备故障	3	3	3	27	2	(1) 收齐并检查工器具； (2) 清扫检修现场； (3) 结束工作票

4. 通信故障处理

<table>
<tr><td colspan="4">部门：</td><td colspan="4">分析日期：</td><td colspan="3">记录编号：</td></tr>
<tr><td colspan="4">作业地点或分析范围：集中式逆变器</td><td colspan="7">分析人：</td></tr>
<tr><td colspan="11">作业内容描述：通信故障处理</td></tr>
<tr><td colspan="11">主要作业风险：（1）人员精神状态不佳；（2）触电；（3）设备事故；（4）走错间隔；（5）机械伤害</td></tr>
<tr><td colspan="11">控制措施：（1）办理工作票、操作票；（2）穿戴个人防护用品；（3）确认设备名称和间隔；（4）设备恢复运行状态前进行全面检查；（5）工作前对工作班成员进行安全交底</td></tr>
<tr><td colspan="2">工作负责人签名：</td><td>日期：</td><td colspan="2">工作票签发人签名：</td><td colspan="2">日期：</td><td colspan="2">工作许可人签名：</td><td colspan="2">日期：</td></tr>
<tr><td colspan="2" rowspan="2">作业步骤</td><td rowspan="2">危害因素</td><td rowspan="2">可能导致的后果</td><td colspan="5">风险评价</td><td rowspan="2">控制措施</td></tr>
<tr><td>L</td><td>E</td><td>C</td><td>D</td><td>风险程度</td></tr>
<tr><td>作业环境</td><td>环境</td><td>夏季高温作业</td><td>人身伤害</td><td>3</td><td>1</td><td>1</td><td>3</td><td>1</td><td>夏季高温作业时做好防暑措施</td></tr>
<tr><td rowspan="5">检修前准备</td><td>工作班成员精神状态确认</td><td>（1）无法正常完成指定工作；
（2）作业过程中出现昏厥现象</td><td>（1）触电；
（2）设备故障</td><td>1</td><td>1</td><td>15</td><td>15</td><td>1</td><td>合理安排工作班成员，精神状态不佳者禁止工作</td></tr>
<tr><td>安全措施确认</td><td>（1）拉错开关或误送电导致设备带电或误动；
（2）未执行工作票、操作票所列的安全措施</td><td>（1）触电；
（2）设备故障</td><td>1</td><td>3</td><td>7</td><td>21</td><td>2</td><td>（1）办理操作票、工作票，严格执行工作票、操作票所列的安全措施；
（2）使用个人防护用品</td></tr>
<tr><td>安全交底</td><td>（1）走错间隔；
（2）未交代现场情况</td><td>（1）触电；
（2）设备故障</td><td>1</td><td>3</td><td>7</td><td>21</td><td>2</td><td>（1）工作前向工作班成员告知危险点，交代作业活动范围、内容、安全措施和注意事项；
（2）对工作班成员进行安全技术交底</td></tr>
<tr><td>个人防护用品准备</td><td>未正确穿戴安全帽、工作服</td><td>（1）触电；
（2）其他伤害</td><td>3</td><td>0.5</td><td>15</td><td>22.5</td><td>2</td><td>正确穿戴安全帽及工作服</td></tr>
<tr><td>工器具准备</td><td>（1）使用的工器具无法达到工作要求；
（2）工具不全，或工具破损；
（3）工具未定期检测或检测不合格</td><td>（1）机械伤害；
（2）触电</td><td>1</td><td>1</td><td>7</td><td>7</td><td>1</td><td>（1）做好工具、消耗材料的准备工作；
（2）使用电动工具前要检查其是否合格，电源要有剩余电流动作装置，使用结束立即关掉电源，使用期间如遇停电应立即拔掉电源，防止来电时电动工具突然自行转动，对工作人员或设备造成机械伤害；
（3）使用工器具前要进行检查，确认扳手没有裂痕、断口等安全隐患后方可使用，严禁使用活扳手，应使用力矩扳手及梅花扳手；
（4）作业前检查工器具，应合格、完好</td></tr>
</table>

续表

作业步骤		危害因素	可能导致的后果	风险评价					控制措施
				L	E	C	D	风险程度	
检修过程	通信故障处理	(1) 误碰其他带电设备； (2) 接线错误； (3) 野蛮拆装设备； (4) 检修设备控制电源未断开； (5) 使用不符合规格的工器具； (6) 虚接线路	(1) 设备故障； (2) 触电； (3) 机械伤害； (4) 火灾	3	1	7	21	2	(1) 工作前应停电、验电，检查工作点是否带电，检查安全措施正确、完备后方可开工，工作过程中不得擅自更改安全措施； (2) 检查工作点上、下间隔是否带电，工作点与带电负荷或母线安全距离是否足够； (3) 进行回路改造或更换电气元件时，要注意检查控制柜各路电源是否断开，且接线端子、裸露线头可能从其他回路反送电，工作时应按要求戴好绝缘手套、穿好绝缘鞋、螺丝刀绑好绝缘胶布； (4) 严禁错误使用工器具造成设备损坏，如用过大或过小的扳手替代标准尺寸的扳手，用一字螺丝刀替代十字螺丝刀，用十字螺丝刀替代内六角或内梅花螺丝刀等； (5) 严禁野蛮拆装、检修设备，造成螺丝过力滑丝、设备开裂、设备变形等； (6) 拆卸接线时记录每个接线位置，更换完电气元件后，按记录逐一接线，保证接线正确，并检查接线是否牢固
恢复检验	结束工作	(1) 遗漏工器具； (2) 现场遗留检修杂物； (3) 不结束工作票； (4) 工作班成员未全部撤离	(1) 人身伤害； (2) 设备故障	3	3	3	27	2	(1) 收齐并检查工器具； (2) 清扫检修现场； (3) 结束工作票

5. 电容故障处理

部门：	分析日期：	记录编号：
作业地点或分析范围：集中式逆变器	分析人：	
作业内容描述：电容故障处理		
主要作业风险：（1）人员精神状态不佳；（2）触电；（3）设备事故；（4）走错间隔；（5）机械伤害		
控制措施：（1）办理工作票、操作票；（2）穿戴个人防护用品；（3）确认设备名称和间隔；（4）设备恢复运行状态前进行全面检查；（5）工作前对工作班成员进行安全交底		

工作负责人签名：	日期：	工作票签发人签名：	日期：	工作许可人签名：	日期：

作业步骤		危害因素	可能导致的后果	风险评价					控制措施
				L	*E*	*C*	*D*	风险程度	
作业环境	环境	夏季高温作业	人身伤害	3	1	1	3	1	夏季高温作业时做好防暑措施
检修前准备	工作班成员精神状态确认	（1）无法正常完成指定工作； （2）作业过程中出现昏厥现象	（1）触电； （2）设备故障	1	1	15	15	1	合理安排工作班成员，精神状态不佳者禁止工作
	安全措施确认	（1）拉错开关或误送电导致设备带电或误动； （2）未执行工作票、操作票所列的安全措施	（1）触电； （2）设备故障	1	3	7	21	2	（1）办理操作票、工作票，严格执行工作票、操作票所列的安全措施； （2）使用个人防护用品
	安全交底	（1）走错间隔； （2）未交代现场情况	（1）触电； （2）设备故障	1	3	7	21	2	（1）工作前向工作班成员告知危险点，交代作业活动范围、内容、安全措施和注意事项； （2）对工作班成员进行安全技术交底
	个人防护用品准备	未正确穿戴安全帽、工作服	（1）触电； （2）其他伤害	3	0.5	15	22.5	2	正确穿戴安全帽及工作服
	工器具准备	（1）使用的工器具无法达到工作要求； （2）工具不全，或工具破损； （3）工具未定期检测或检测不合格	（1）机械伤害； （2）触电	1	1	7	7	1	（1）做好工具、消耗材料的准备工作； （2）使用电动工具前要检查其是否合格，电源要有剩余电流动作装置，使用结束立即关掉电源，使用期间如遇停电应立即拔掉电源，防止来电时电动工具突然自行转动，对工作人员或设备造成机械伤害； （3）使用工器具前要进行检查，确认扳手没有裂痕、断口等安全隐患后方可使用，严禁使用活扳手，应使用力矩扳手及梅花扳手； （4）作业前检查工器具，应合格、完好

续表

作业步骤		危害因素	可能导致的后果	风险评价					控制措施
				L	E	C	D	风险程度	
检修过程	电容故障处理	(1) 误碰其他带电设备； (2) 接线错误； (3) 野蛮拆装设备； (4) 检修设备控制电源未断开； (5) 使用不符合规格的工器具； (6) 虚接线路	(1) 设备故障； (2) 触电； (3) 机械伤害； (4) 火灾	3	1	7	21	2	(1) 工作前应停电、验电，检查工作点是否带电，检查安全措施正确、完备后方可开工，工作过程中不得擅自更改安全措施； (2) 检查工作点上、下间隔是否带电，工作点与带电负荷或母线安全距离是否足够； (3) 进行回路改造或更换电气元件时，要注意检查控制柜各路电源是否断开，且接线端子、裸露线头可能从其他回路反送电，工作时应按要求戴好绝缘手套、穿好绝缘鞋、螺丝刀绑好绝缘胶布； (4) 严禁错误使用工器具造成设备损坏，如用过大或过小的扳手替代标准尺寸的扳手，用一字螺丝刀替代十字螺丝刀，用十字螺丝刀替代内六角或内梅花螺丝刀等； (5) 严禁野蛮拆装、检修设备，造成螺丝过力滑丝、设备开裂、设备变形等； (6) 拆卸接线时记录每个接线位置，更换完电气元件后，按记录逐一接线，保证接线正确，并检查接线是否牢固； (7) 电缆线路接好后，用热成像仪测温，确保接头处未发热
恢复检验	结束工作	(1) 遗漏工器具； (2) 现场遗留检修杂物； (3) 不结束工作票； (4) 工作班成员未全部撤离	(1) 人身伤害； (2) 设备故障	3	3	3	27	2	(1) 收齐并检查工器具； (2) 清扫检修现场； (3) 结束工作票

6. 驱动板故障处理

部门：		分析日期：		记录编号：	
作业地点或分析范围：集中式逆变器		分析人：			
作业内容描述：驱动板故障处理					
主要作业风险：（1）人员精神状态不佳；（2）触电；（3）设备事故；（4）走错间隔；（5）机械伤害					
控制措施：（1）办理工作票、操作票；（2）穿戴个人防护用品；（3）确认设备名称和间隔；（4）设备恢复运行状态前进行全面检查；（5）工作前对工作班成员进行安全交底					
工作负责人签名：	日期：	工作票签发人签名：	日期：	工作许可人签名：	日期：

作业步骤		危害因素	可能导致的后果	风险评价					控制措施
				L	E	C	D	风险程度	
作业环境	环境	夏季高温作业	人身伤害	3	1	1	3	1	夏季高温作业时做好防暑措施
检修前准备	工作班成员精神状态确认	（1）无法正常完成指定工作； （2）作业过程中出现昏厥现象	（1）触电； （2）设备故障	1	1	15	15	1	合理安排工作班成员，精神状态不佳者禁止工作
	安全措施确认	（1）拉错开关或误送电导致设备带电或误动； （2）未执行工作票、操作票所列的安全措施	（1）触电； （2）设备故障	1	3	7	21	2	（1）办理操作票、工作票，严格执行工作票、操作票所列的安全措施； （2）使用个人防护用品
	安全交底	（1）走错间隔； （2）未交代现场情况	（1）触电； （2）设备故障	1	3	7	21	2	（1）工作前向工作班成员告知危险点，交代作业活动范围、内容、安全措施和注意事项； （2）对工作班成员进行安全技术交底
	个人防护用品准备	未正确穿戴安全帽、工作服	（1）触电； （2）其他伤害	3	0.5	15	22.5	2	正确穿戴安全帽及工作服
	工器具准备	（1）使用的工器具无法达到工作要求； （2）工具不全，或工具破损； （3）工具未定期检测或检测不合格	（1）机械伤害； （2）触电	1	1	7	7	1	（1）做好工具、消耗材料的准备工作； （2）使用电动工具前要检查其是否合格，电源要有剩余电流动作装置，使用结束立即关掉电源，使用期间如遇停电应立即拔掉电源，防止来电时电动工具突然自行转动，对工作人员或设备造成机械伤害； （3）使用工器具前要进行检查，确认扳手没有裂痕、断口等安全隐患后方可使用，严禁使用活扳手，应使用力矩扳手及梅花扳手； （4）作业前检查工器具，应合格、完好

续表

作业步骤		危害因素	可能导致的后果	风险评价					控制措施
				L	E	C	D	风险程度	
检修过程	驱动板故障处理	(1) 误碰其他带电设备; (2) 接线错误; (3) 野蛮拆装设备; (4) 检修设备控制电源未断开; (5) 使用不符合规格的工器具; (6) 虚接线路	(1) 设备故障; (2) 触电; (3) 机械伤害; (4) 火灾	3	1	7	21	2	(1) 工作前应停电、验电,检查工作点是否带电,检查安全措施正确、完备后方可开工,工作过程中不得擅自更改安全措施; (2) 检查工作点上、下间隔是否带电,工作点与带电负荷或母线安全距离是否足够; (3) 进行回路改造或更换电气元件时,要注意检查控制柜各路电源是否断开,且接线端子、裸露线头可能从其他回路反送电,工作时应按要求戴好绝缘手套、穿好绝缘鞋、螺丝刀绑好绝缘胶布; (4) 严禁错误使用工器具造成设备损坏,如用过大或过小的扳手替代标准尺寸的扳手,用一字螺丝刀替代十字螺丝刀,用十字螺丝刀替代内六角或内梅花螺丝刀等; (5) 严禁野蛮拆装、检修设备,造成螺丝过力滑丝、设备开裂、设备变形等; (6) 拆卸接线时记录每个接线位置,更换完电气元件后,按记录逐一接线,保证接线正确,并检查接线是否牢固; (7) 电缆线路接好后,用热成像仪测温,确保接头处未发热
恢复检验	结束工作	(1) 遗漏工器具; (2) 现场遗留检修杂物; (3) 不结束工作票; (4) 工作班成员未全部撤离	(1) 人身伤害; (2) 设备故障	3	3	3	27	2	(1) 收齐并检查工器具; (2) 清扫检修现场; (3) 结束工作票

7. 电感器故障处理

部门：			分析日期：		记录编号：
作业地点或分析范围：集中式逆变器			分析人：		
作业内容描述：电感器故障处理					
主要作业风险：（1）人员精神状态不佳；（2）触电；（3）设备事故；（4）走错间隔；（5）机械伤害					
控制措施：（1）办理工作票、操作票；（2）穿戴个人防护用品；（3）确认设备名称和间隔；（4）设备恢复运行状态前进行全面检查；（5）工作前对工作班成员进行安全交底					
工作负责人签名：	日期：	工作票签发人签名：	日期：	工作许可人签名：	日期：

作业步骤		危害因素	可能导致的后果	风险评价					控制措施
				L	E	C	D	风险程度	
作业环境	环境	夏季高温作业	人身伤害	3	1	1	3	1	夏季高温作业时做好防暑措施
检修前准备	工作班成员精神状态确认	（1）无法正常完成指定工作； （2）作业过程中出现昏厥现象	（1）触电； （2）设备故障	1	1	15	15	1	合理安排工作班成员，精神状态不佳者禁止工作
	安全措施确认	（1）拉错开关或误送电导致设备带电或误动； （2）未执行工作票、操作票所列的安全措施	（1）触电； （2）设备故障	1	3	7	21	2	（1）办理操作票、工作票，严格执行工作票、操作票所列的安全措施； （2）使用个人防护用品
	安全交底	（1）走错间隔； （2）未交代现场情况	（1）触电； （2）设备故障	1	3	7	21	2	（1）工作前向工作班成员告知危险点，交代作业活动范围、内容、安全措施和注意事项； （2）对工作班成员进行安全技术交底
	个人防护用品准备	未正确穿戴安全帽、工作服	（1）触电； （2）其他伤害	3	0.5	15	22.5	2	正确穿戴安全帽及工作服
	工器具准备	（1）使用的工器具无法达到工作要求； （2）工具不全，或工具破损； （3）工具未定期检测或检测不合格	（1）机械伤害； （2）触电	1	1	7	7	1	（1）做好工具、消耗材料的准备工作； （2）使用电动工具前要检查其是否合格，电源要有剩余电流动作装置，使用结束立即关掉电源，使用期间如遇停电应立即拔掉电源，防止来电时电动工具突然自行转动，对工作人员或设备造成机械伤害； （3）使用工器具前要进行检查，确认扳手没有裂痕、断口等安全隐患后方可使用，严禁使用活扳手，应使用力矩扳手及梅花扳手； （4）作业前检查工器具，应合格、完好

续表

作业步骤		危害因素	可能导致的后果	风险评价					控制措施
				L	E	C	D	风险程度	
检修过程	电感器故障处理	(1) 误碰其他带电设备； (2) 接线错误； (3) 野蛮拆装设备； (4) 检修设备控制电源未断开； (5) 使用不符合规格的工器具； (6) 虚接线路	(1) 设备故障； (2) 触电； (3) 机械伤害； (4) 火灾	3	1	7	21	2	(1) 工作前应停电、验电，检查工作点是否带电，检查安全措施正确、完备后方可开工，工作过程中不得擅自更改安全措施； (2) 检查工作点上、下间隔是否带电，工作点与带电负荷或母线安全距离是否足够； (3) 进行回路改造或更换电气元件时，要注意检查控制柜各路电源是否断开，且接线端子、裸露线头可能从其他回路反送电，工作时应按要求戴好绝缘手套、穿好绝缘鞋、螺丝刀绑好绝缘胶布； (4) 严禁错误使用工器具造成设备损坏，如用过大或过小的扳手替代标准尺寸的扳手，用一字螺丝刀替代十字螺丝刀，用十字螺丝刀替代内六角或内梅花螺丝刀等； (5) 严禁野蛮拆装、检修设备，造成螺丝过力滑丝、设备开裂、设备变形等； (6) 拆卸接线时记录每个接线位置，更换完电气元件后，按记录逐一接线，保证接线正确，并检查接线是否牢固； (7) 电缆线路接好后，用热成像仪测温，确保接头处未发热
恢复检验	结束工作	(1) 遗漏工器具； (2) 现场遗留检修杂物； (3) 不结束工作票； (4) 工作班成员未全部撤离	(1) 人身伤害； (2) 设备故障	3	3	3	27	2	(1) 收齐并检查工器具； (2) 清扫检修现场； (3) 结束工作票

8. 滤波器故障处理

部门：　　分析日期：　　记录编号：

作业地点或分析范围：集中式逆变器　　分析人：

作业内容描述：滤波器故障处理

主要作业风险：（1）人员精神状态不佳；（2）触电；（3）设备事故；（4）走错间隔；（5）机械伤害

控制措施：（1）办理工作票、操作票；（2）穿戴个人防护用品；（3）确认设备名称和间隔；（4）设备恢复运行状态前进行全面检查；（5）工作前对工作班成员进行安全交底

工作负责人签名：　　日期：　　工作票签发人签名：　　日期：　　工作许可人签名：　　日期：

作业步骤		危害因素	可能导致的后果	风险评价					控制措施
				L	*E*	*C*	*D*	风险程度	
作业环境	环境	夏季高温作业	人身伤害	3	1	1	3	1	夏季高温作业时做好防暑措施
检修前准备	工作班成员精神状态确认	（1）无法正常完成指定工作； （2）作业过程中出现昏厥现象	（1）触电； （2）设备故障	1	1	15	15	1	合理安排工作班成员，精神状态不佳者禁止工作
	安全措施确认	（1）拉错开关或误送电导致设备带电或误动； （2）未执行工作票、操作票所列的安全措施	（1）触电； （2）设备故障	1	3	7	21	2	（1）办理操作票、工作票，严格执行工作票、操作票所列的安全措施； （2）使用个人防护用品
	安全交底	（1）走错间隔； （2）未交代现场情况	（1）触电； （2）设备故障	1	3	7	21	2	（1）工作前向工作班成员告知危险点，交代作业活动范围、内容、安全措施和注意事项； （2）对工作班成员进行安全技术交底
	个人防护用品准备	未正确穿戴安全帽、工作服	（1）触电； （2）其他伤害	3	0.5	15	22.5	2	正确穿戴安全帽及工作服
	工器具准备	（1）使用的工器具无法达到工作要求； （2）工具不全，或工具破损； （3）工具未定期检测或检测不合格	（1）机械伤害； （2）触电	1	1	7	7	1	（1）做好工具、消耗材料的准备工作； （2）使用电动工具前要检查其是否合格，电源要有剩余电流动作装置，使用结束立即关掉电源，使用期间如遇停电应立即拔掉电源，防止来电时电动工具突然自行转动，对工作人员或设备造成机械伤害； （3）使用工器具前要进行检查，确认扳手没有裂痕、断口等安全隐患后方可使用，严禁使用活扳手，应使用力矩扳手及梅花扳手； （4）作业前检查工器具，应合格、完好

续表

作业步骤		危害因素	可能导致的后果	风险评价					控制措施
				L	E	C	D	风险程度	
检修过程	滤波器故障处理	(1) 误碰其他带电设备; (2) 接线错误; (3) 野蛮拆装设备; (4) 检修设备控制电源未断开; (5) 使用不符合规格的工器具; (6) 虚接线路	(1) 设备故障; (2) 触电; (3) 机械伤害; (4) 火灾	3	1	7	21	2	(1) 工作前应停电、验电，检查工作点是否带电，检查安全措施正确、完备后方可开工，工作过程中不得擅自更改安全措施; (2) 检查工作点上、下间隔是否带电，工作点与带电负荷或母线安全距离是否足够; (3) 进行回路改造或更换电气元件时，要注意检查控制柜各路电源是否断开，且接线端子、裸露线头可能从其他回路反送电，工作时应按要求戴好绝缘手套、穿好绝缘鞋、螺丝刀绑好绝缘胶布; (4) 严禁错误使用工器具造成设备损坏，如用过大或过小的扳手替代标准尺寸的扳手，用一字螺丝刀替代十字螺丝刀，用十字螺丝刀替代内六角或内梅花螺丝刀等; (5) 严禁野蛮拆装、检修设备，造成螺丝过力滑丝、设备开裂、设备变形等; (6) 拆卸接线时记录每个接线位置，更换完电气元件后，按记录逐一接线，保证接线正确，并检查接线是否牢固; (7) 电缆线路接好后，用热成像仪测温，确保接头处未发热
恢复检验	结束工作	(1) 遗漏工器具; (2) 现场遗留检修杂物; (3) 不结束工作票; (4) 工作班成员未全部撤离	(1) 人身伤害; (2) 设备故障	3	3	3	27	2	(1) 收齐并检查工器具; (2) 清扫检修现场; (3) 结束工作票

9. 冷却风扇故障处理

部门：		分析日期：	记录编号：
作业地点或分析范围：集中式逆变器		分析人：	
作业内容描述：冷却风扇故障处理			
主要作业风险：（1）人员精神状态不佳；（2）触电；（3）设备事故；（4）走错间隔；（5）机械伤害			
控制措施：（1）办理工作票、操作票；（2）穿戴个人防护用品；（3）确认设备名称和间隔；（4）设备恢复运行状态前进行全面检查；（5）工作前对工作班成员进行安全交底			
工作负责人签名：	日期：	工作票签发人签名：　　日期：	工作许可人签名：　　日期：

作业步骤		危害因素	可能导致的后果	风险评价					控制措施
				L	*E*	*C*	*D*	风险程度	
作业环境	环境	夏季高温作业	人身伤害	3	1	1	3	1	夏季高温作业时做好防暑措施
检修前准备	工作班成员精神状态确认	（1）无法正常完成指定工作； （2）作业过程中出现昏厥现象	（1）触电； （2）设备故障	1	1	15	15	1	合理安排工作班成员，精神状态不佳者禁止工作
	安全措施确认	（1）拉错开关或误送电导致设备带电或误动； （2）未执行工作票、操作票所列的安全措施	（1）触电； （2）设备故障	1	3	7	21	2	（1）办理操作票、工作票，严格执行工作票、操作票所列的安全措施； （2）使用个人防护用品
	安全交底	（1）走错间隔； （2）未交代现场情况	（1）触电； （2）设备故障	1	3	7	21	2	（1）工作前向工作班成员告知危险点，交代作业活动范围、内容、安全措施和注意事项； （2）对工作班成员进行安全技术交底
	个人防护用品准备	未正确穿戴安全帽、工作服	（1）触电； （2）其他伤害	3	0.5	15	22.5	2	正确穿戴安全帽及工作服
	工器具准备	（1）使用的工器具无法达到工作要求； （2）工具不全，或工具破损； （3）工具未定期检测或检测不合格	（1）机械伤害； （2）触电	1	1	7	7	1	（1）做好工具、消耗材料的准备工作； （2）使用电动工具前要检查其是否合格，电源要有剩余电流动作装置，使用结束立即关掉电源，使用期间如遇停电应立即拔掉电源，防止来电时电动工具突然自行转动，对工作人员或设备造成机械伤害； （3）使用工器具前要进行检查，确认扳手没有裂痕、断口等安全隐患后方可使用，严禁使用活扳手，应使用力矩扳手及梅花扳手； （4）作业前检查工器具，应合格、完好

续表

作业步骤		危害因素	可能导致的后果	风险评价					控制措施
				L	E	C	D	风险程度	
检修过程	冷却风扇故障处理	（1）误碰其他带电设备； （2）接线错误； （3）野蛮拆装设备； （4）检修设备控制电源未断开； （5）使用不符合规格的工器具； （6）虚接线路	（1）设备故障； （2）触电； （3）机械伤害； （4）火灾	3	1	7	21	2	（1）工作前应停电、验电，检查工作点是否带电，检查安全措施正确、完备后方可开工，工作过程中不得擅自更改安全措施； （2）检查工作点上、下间隔是否带电，工作点与带电负荷或母线安全距离是否足够； （3）进行回路改造或更换电气元件时，要注意检查控制柜各路电源是否断开，且接线端子、裸露线头可能从其他回路反送电，工作时应按要求戴好绝缘手套、穿好绝缘鞋、螺丝刀绑好绝缘胶布； （4）严禁错误使用工器具造成设备损坏，如用过大或过小的扳手替代标准尺寸的扳手，用一字螺丝刀替代十字螺丝刀，用十字螺丝刀替代内六角或内梅花螺丝刀等； （5）严禁野蛮拆装、检修设备，造成螺丝过力滑丝、设备开裂、设备变形等； （6）拆卸接线时记录每个接线位置，更换完电气元件后，按记录逐一接线，保证接线正确，并检查接线是否牢固； （7）电缆线路接好后，用热成像仪测温，确保接头处未发热
恢复检验	结束工作	（1）遗漏工器具； （2）现场遗留检修杂物； （3）不结束工作票； （4）工作班成员未全部撤离	（1）人身伤害； （2）设备故障	3	3	3	27	2	（1）收齐并检查工器具； （2）清扫检修现场； （3）结束工作票

10. 防雷模块故障处理

<table>
<tr><td colspan="4">部门：</td><td colspan="5">分析日期：</td><td>记录编号：</td></tr>
<tr><td colspan="4">作业地点或分析范围：集中式逆变器</td><td colspan="6">分析人：</td></tr>
<tr><td colspan="10">作业内容描述：防雷模块故障处理</td></tr>
<tr><td colspan="10">主要作业风险：(1) 人员精神状态不佳；(2) 触电；(3) 设备事故；(4) 走错间隔；(5) 机械伤害</td></tr>
<tr><td colspan="10">控制措施：(1) 办理工作票、操作票；(2) 穿戴个人防护用品；(3) 确认设备名称和间隔；(4) 设备恢复运行状态前进行全面检查；(5) 工作前对工作班成员进行安全交底</td></tr>
<tr><td colspan="2">工作负责人签名：</td><td>日期：</td><td>工作票签发人签名：</td><td colspan="3">日期：</td><td colspan="2">工作许可人签名：</td><td>日期：</td></tr>
<tr><td colspan="2" rowspan="2">作业步骤</td><td rowspan="2">危害因素</td><td rowspan="2">可能导致的后果</td><td colspan="5">风险评价</td><td rowspan="2">控制措施</td></tr>
<tr><td>L</td><td>E</td><td>C</td><td>D</td><td>风险程度</td></tr>
<tr><td>作业环境</td><td>环境</td><td>夏季高温作业</td><td>人身伤害</td><td>3</td><td>1</td><td>1</td><td>3</td><td>1</td><td>夏季高温作业时做好防暑措施</td></tr>
<tr><td rowspan="5">检修前准备</td><td>工作班成员精神状态确认</td><td>(1) 无法正常完成指定工作；
(2) 作业过程中出现昏厥现象</td><td>(1) 触电；
(2) 设备故障</td><td>1</td><td>1</td><td>15</td><td>15</td><td>1</td><td>合理安排工作班成员，精神状态不佳者禁止工作</td></tr>
<tr><td>安全措施确认</td><td>(1) 拉错开关或误送电导致设备带电或误动；
(2) 未执行工作票、操作票所列的安全措施</td><td>(1) 触电；
(2) 设备故障</td><td>1</td><td>3</td><td>7</td><td>21</td><td>2</td><td>(1) 办理操作票、工作票，严格执行工作票、操作票所列的安全措施；
(2) 使用个人防护用品</td></tr>
<tr><td>安全交底</td><td>(1) 走错间隔；
(2) 未交代现场情况</td><td>(1) 触电；
(2) 设备故障</td><td>1</td><td>3</td><td>7</td><td>21</td><td>2</td><td>(1) 工作前向工作班成员告知危险点，交代作业活动范围、内容、安全措施和注意事项；
(2) 对工作班成员进行安全技术交底</td></tr>
<tr><td>个人防护用品准备</td><td>未正确穿戴安全帽、工作服</td><td>(1) 触电；
(2) 其他伤害</td><td>3</td><td>0.5</td><td>15</td><td>22.5</td><td>2</td><td>正确穿戴安全帽及工作服</td></tr>
<tr><td>工器具准备</td><td>(1) 使用的工器具无法达到工作要求；
(2) 工具不全，或工具破损；
(3) 工具未定期检测或检测不合格</td><td>(1) 机械伤害；
(2) 触电</td><td>1</td><td>1</td><td>7</td><td>7</td><td>1</td><td>(1) 做好工具、消耗材料的准备工作；
(2) 使用电动工具前要检查其是否合格，电源要有剩余电流动作装置，使用结束立即关掉电源，使用期间如遇停电应立即拔掉电源，防止来电时电动工具突然自行转动，对工作人员或设备造成机械伤害；
(3) 使用工器具前要进行检查，确认扳手没有裂痕、断口等安全隐患后方可使用，严禁使用活扳手，应使用力矩扳手及梅花扳手；
(4) 作业前检查工器具，应合格、完好</td></tr>
</table>

续表

作业步骤		危害因素	可能导致的后果	风险评价					控制措施
				L	E	C	D	风险程度	
检修过程	防雷模块故障处理	（1）误碰其他带电设备； （2）接线错误； （3）野蛮拆装设备； （4）检修设备控制电源未断开； （5）使用不符合规格的工器具； （6）虚接线路	（1）设备故障； （2）触电； （3）机械伤害； （4）火灾	3	1	7	21	2	（1）工作前应停电、验电，检查工作点是否带电，检查安全措施正确、完备后方可开工，工作过程中不得擅自更改安全措施； （2）检查工作点上、下间隔是否带电，工作点与带电负荷或母线安全距离是否足够； （3）进行回路改造或更换电气元件时，要注意检查控制柜各路电源是否断开，且接线端子、裸露线头可能从其他回路反送电，工作时应按要求戴好绝缘手套、穿好绝缘鞋、螺丝刀绑好绝缘胶布； （4）严禁错误使用工器具造成设备损坏，如用过大或过小的扳手替代标准尺寸的扳手，用一字螺丝刀替代十字螺丝刀，用十字螺丝刀替代内六角或内梅花螺丝刀等； （5）严禁野蛮拆装、检修设备，造成螺丝过力滑丝、设备开裂、设备变形等； （6）拆卸接线时记录每个接线位置，更换完电气元件后，按记录逐一接线，保证接线正确，并检查接线是否牢固； （7）电缆线路接好后，用热成像仪测温，确保接头处未发热
恢复检验	结束工作	（1）遗漏工器具； （2）现场遗留检修杂物； （3）不结束工作票； （4）工作班成员未全部撤离	（1）人身伤害； （2）设备故障	3	3	3	27	2	（1）收齐并检查工器具； （2）清扫检修现场； （3）结束工作票

11. 传感器故障处理

部门：	分析日期：	记录编号：
作业地点或分析范围：集中式逆变器	分析人：	
作业内容描述：传感器故障处理		
主要作业风险：（1）人员精神状态不佳；（2）触电；（3）设备事故；（4）走错间隔；（5）机械伤害		
控制措施：（1）办理工作票、操作票；（2）穿戴个人防护用品；（3）确认设备名称和间隔；（4）设备恢复运行状态前进行全面检查；（5）工作前对工作班成员进行安全交底		

工作负责人签名：	日期：	工作票签发人签名：	日期：	工作许可人签名：	日期：

作业步骤		危害因素	可能导致的后果	风险评价					控制措施
				L	*E*	*C*	*D*	风险程度	
作业环境	环境	夏季高温作业	人身伤害	3	1	1	3	1	夏季高温作业时做好防暑措施
检修前准备	工作班成员精神状态确认	（1）无法正常完成指定工作； （2）作业过程中出现昏厥现象	（1）触电； （2）设备故障	1	1	15	15	1	合理安排工作班成员，精神状态不佳者禁止工作
	安全措施确认	（1）拉错开关或误送电导致设备带电或误动； （2）未执行工作票、操作票所列的安全措施	（1）触电； （2）设备故障	1	3	7	21	2	（1）办理操作票、工作票，严格执行工作票、操作票所列的安全措施； （2）使用个人防护用品
	安全交底	（1）走错间隔； （2）未交代现场情况	（1）触电； （2）设备故障	1	3	7	21	2	（1）工作前向工作班成员告知危险点，交代作业活动范围、内容、安全措施和注意事项； （2）对工作班成员进行安全技术交底
	个人防护用品准备	未正确穿戴安全帽、工作服	（1）触电； （2）其他伤害	3	0.5	15	22.5	2	正确穿戴安全帽及工作服
	工器具准备	（1）使用的工器具无法达到工作要求； （2）工具不全，或工具破损； （3）工具未定期检测或检测不合格	（1）机械伤害； （2）触电	1	1	7	7	1	（1）做好工具、消耗材料的准备工作； （2）使用电动工具前要检查其是否合格，电源要有剩余电流动作装置，使用结束立即关掉电源，使用期间如遇停电应立即拔掉电源，防止来电时电动工具突然自行转动，对工作人员或设备造成机械伤害； （3）使用工器具前要进行检查，确认扳手没有裂痕、断口等安全隐患后方可使用，严禁使用活扳手，应使用力矩扳手及梅花扳手； （4）作业前检查工器具，应合格、完好

续表

<table>
<tr><th colspan="2" rowspan="2">作业步骤</th><th rowspan="2">危害因素</th><th rowspan="2">可能导致的后果</th><th colspan="5">风险评价</th><th rowspan="2">控制措施</th></tr>
<tr><th>L</th><th>E</th><th>C</th><th>D</th><th>风险程度</th></tr>
<tr><td>检修过程</td><td>传感器故障处理</td><td>（1）误碰其他带电设备；
（2）接线错误；
（3）野蛮拆装设备；
（4）检修设备控制电源未断开；
（5）使用不符合规格的工器具；
（6）虚接线路</td><td>（1）设备故障；
（2）触电；
（3）机械伤害；
（4）火灾</td><td>3</td><td>1</td><td>7</td><td>21</td><td>2</td><td>（1）工作前应停电、验电，检查工作点是否带电，检查安全措施正确、完备后方可开工，工作过程中不得擅自更改安全措施；
（2）检查工作点上、下间隔是否带电，工作点与带电负荷或母线安全距离是否足够；
（3）进行回路改造或更换电气元件时，要注意检查控制柜各路电源是否断开，且接线端子、裸露线头可能从其他回路反送电，工作时应按要求戴好绝缘手套、穿好绝缘鞋、螺丝刀绑好绝缘胶布；
（4）严禁错误使用工器具造成设备损坏，如用过大或过小的扳手替代标准尺寸的扳手，用一字螺丝刀替代十字螺丝刀，用十字螺丝刀替代内六角或内梅花螺丝刀等；
（5）严禁野蛮拆装、检修设备，造成螺丝过力滑丝、设备开裂、设备变形等；
（6）拆卸接线时记录每个接线位置，更换完电气元件后，按记录逐一接线，保证接线正确，并检查接线是否牢固；
（7）电缆线路接好后，用热成像仪测温，确保接头处未发热</td></tr>
<tr><td>恢复检验</td><td>结束工作</td><td>（1）遗漏工器具；
（2）现场遗留检修杂物；
（3）不结束工作票；
（4）工作班成员未全部撤离</td><td>（1）人身伤害；
（2）设备故障</td><td>3</td><td>3</td><td>3</td><td>27</td><td>2</td><td>（1）收齐并检查工器具；
（2）清扫检修现场；
（3）结束工作票</td></tr>
</table>

12. 辅助变压器故障处理

部门：	分析日期：	记录编号：
作业地点或分析范围：集中式逆变器	分析人：	
作业内容描述：辅助变压器故障处理		
主要作业风险：（1）人员精神状态不佳；（2）触电；（3）设备事故；（4）走错间隔；（5）机械伤害		
控制措施：（1）办理工作票、操作票；（2）穿戴个人防护用品；（3）确认设备名称和间隔；（4）设备恢复运行状态前进行全面检查；（5）工作前对工作班成员进行安全交底		

工作负责人签名：	日期：	工作票签发人签名：	日期：	工作许可人签名：	日期：

作业步骤		危害因素	可能导致的后果	风险评价					控制措施
				L	*E*	*C*	*D*	风险程度	
作业环境	环境	夏季高温作业	人身伤害	3	1	1	3	1	夏季高温作业时做好防暑措施
检修前准备	工作班成员精神状态确认	（1）无法正常完成指定工作； （2）作业过程中出现昏厥现象	（1）触电； （2）设备故障	1	1	15	15	1	合理安排工作班成员，精神状态不佳者禁止工作
	安全措施确认	（1）拉错开关或误送电导致设备带电或误动； （2）未执行工作票、操作票所列的安全措施	（1）触电； （2）设备故障	1	3	7	21	2	（1）办理操作票、工作票，严格执行工作票、操作票所列的安全措施； （2）使用个人防护用品
	安全交底	（1）走错间隔； （2）未交代现场情况	（1）触电； （2）设备故障	1	3	7	21	2	（1）工作前向工作班成员告知危险点，交代作业活动范围、内容、安全措施和注意事项； （2）对工作班成员进行安全技术交底
	个人防护用品准备	未正确穿戴安全帽、工作服	（1）触电； （2）其他伤害	3	0.5	15	22.5	2	正确穿戴安全帽及工作服
	工器具准备	（1）使用的工器具无法达到工作要求； （2）工具不全，或工具破损； （3）工具未定期检测或检测不合格	（1）机械伤害； （2）触电	1	1	7	7	1	（1）做好工具、消耗材料的准备工作； （2）使用电动工具前要检查其是否合格，电源要有剩余电流动作装置，使用结束立即关掉电源，使用期间如遇停电应立即拔掉电源，防止来电时电动工具突然自行转动，对工作人员或设备造成机械伤害； （3）使用工器具前要进行检查，确认扳手没有裂痕、断口等安全隐患后方可使用，严禁使用活扳手，应使用力矩扳手及梅花扳手； （4）作业前检查工器具，应合格、完好

续表

作业步骤		危害因素	可能导致的后果	风险评价					控制措施
				L	E	C	D	风险程度	
检修过程	辅助变压器故障处理	(1) 误碰其他带电设备; (2) 接线错误; (3) 野蛮拆装设备; (4) 检修设备控制电源未断开; (5) 使用不符合规格的工器具; (6) 虚接线路	(1) 设备故障; (2) 触电; (3) 机械伤害; (4) 火灾	3	1	7	21	2	(1) 工作前应停电、验电,检查工作点是否带电,检查安全措施正确、完备后方可开工,工作过程中不得擅自更改安全措施; (2) 检查工作点上、下间隔是否带电,工作点与带电负荷或母线安全距离是否足够; (3) 进行回路改造或更换电气元件时,要注意检查控制柜各路电源是否断开,且接线端子、裸露线头可能从其他回路反送电,工作时应按要求戴好绝缘手套、穿好绝缘鞋、螺丝刀绑好绝缘胶布; (4) 严禁错误使用工器具造成设备损坏,如用过大或过小的扳手替代标准尺寸的扳手,用一字螺丝刀替代十字螺丝刀,用十字螺丝刀替代内六角或内梅花螺丝刀等; (5) 严禁野蛮拆装、检修设备,造成螺丝过力滑丝、设备开裂、设备变形等; (6) 拆卸接线时记录每个接线位置,更换完电气元件后,按记录逐一接线,保证接线正确,并检查接线是否牢固; (7) 电缆线路接好后,用热成像仪测温,确保接头处未发热
恢复检验	结束工作	(1) 遗漏工器具; (2) 现场遗留检修杂物; (3) 不结束工作票; (4) 工作班成员未全部撤离	(1) 人身伤害; (2) 设备故障	3	3	3	27	2	(1) 收齐并检查工器具; (2) 清扫检修现场; (3) 结束工作票

13. 触摸屏故障处理

部门： 分析日期： 记录编号：

作业地点或分析范围：集中式逆变器 分析人：

作业内容描述：触摸屏故障处理

主要作业风险：（1）人员精神状态不佳；（2）触电；（3）设备事故；（4）走错间隔；（5）机械伤害

控制措施：（1）办理工作票、操作票；（2）穿戴个人防护用品；（3）确认设备名称和间隔；（4）设备恢复运行状态前进行全面检查；（5）工作前对工作班成员进行安全交底

工作负责人签名： 日期： 工作票签发人签名： 日期： 工作许可人签名： 日期：

作业步骤		危害因素	可能导致的后果	风险评价					控制措施
				L	*E*	*C*	*D*	风险程度	
作业环境	环境	夏季高温作业	人身伤害	3	1	1	3	1	夏季高温作业时做好防暑措施
检修前准备	工作班成员精神状态确认	（1）无法正常完成指定工作； （2）作业过程中出现昏厥现象	（1）触电； （2）设备故障	1	1	15	15	1	合理安排工作班成员，精神状态不佳者禁止工作
	安全措施确认	（1）拉错开关或误送电导致设备带电或误动； （2）未执行工作票、操作票所列的安全措施	（1）触电； （2）设备故障	1	3	7	21	2	（1）办理操作票、工作票，严格执行工作票、操作票所列的安全措施； （2）使用个人防护用品
	安全交底	（1）走错间隔； （2）未交代现场情况	（1）触电； （2）设备故障	1	3	7	21	2	（1）工作前向工作班成员告知危险点，交代作业活动范围、内容、安全措施和注意事项； （2）对工作班成员进行安全技术交底
	个人防护用品准备	未正确穿戴安全帽、工作服	（1）触电； （2）其他伤害	3	0.5	15	22.5	2	正确穿戴安全帽及工作服
	工器具准备	（1）使用的工器具无法达到工作要求； （2）工具不全，或工具破损； （3）工具未定期检测或检测不合格	（1）机械伤害； （2）触电	1	1	7	7	1	（1）做好工具、消耗材料的准备工作； （2）使用电动工具前要检查其是否合格，电源要有剩余电流动作装置，使用结束立即关掉电源，使用期间如遇停电应立即拔掉电源，防止来电时电动工具突然自行转动，对工作人员或设备造成机械伤害； （3）使用工器具前要进行检查，确认扳手没有裂痕、断口等安全隐患后方可使用，严禁使用活扳手，应使用力矩扳手及梅花扳手； （4）作业前检查工器具，应合格、完好

续表

作业步骤		危害因素	可能导致的后果	风险评价					控制措施
				L	E	C	D	风险程度	
检修过程	触摸屏故障处理	（1）误碰其他带电设备； （2）接线错误； （3）野蛮拆装设备； （4）检修设备控制电源未断开； （5）使用不符合规格的工器具； （6）虚接线路	（1）设备故障； （2）触电； （3）机械伤害； （4）火灾	3	1	7	21	2	（1）工作前应停电、验电，检查工作点是否带电，检查安全措施正确、完备后方可开工，工作过程中不得擅自更改安全措施； （2）检查工作点上、下间隔是否带电，工作点与带电负荷或母线安全距离是否足够； （3）进行回路改造或更换电气元件时，要注意检查控制柜各路电源是否断开，且接线端子、裸露线头可能从其他回路反送电，工作时应按要求戴好绝缘手套、穿好绝缘鞋、螺丝刀绑好绝缘胶布； （4）严禁错误使用工器具造成设备损坏，如用过大或过小的扳手替代标准尺寸的扳手，用一字螺丝刀替代十字螺丝刀，用十字螺丝刀替代内六角或内梅花螺丝刀等； （5）严禁野蛮拆装、检修设备，造成螺丝过力滑丝、设备开裂、设备变形等； （6）拆卸接线时记录每个接线位置，更换完电气元件后，按记录逐一接线，保证接线正确，并检查接线是否牢固； （7）电缆线路接好后，用热成像仪测温，确保接头处未发热
恢复检验	结束工作	（1）遗漏工器具； （2）现场遗留检修杂物； （3）不结束工作票； （4）工作班成员未全部撤离	（1）人身伤害； （2）设备故障	3	3	3	27	2	（1）收齐并检查工器具； （2）清扫检修现场； （3）结束工作票

14. 监控适配器故障处理

部门：			分析日期：		记录编号：
作业地点或分析范围：集中式逆变器			分析人：		
作业内容描述：监控适配器故障处理					
主要作业风险：（1）人员精神状态不佳；（2）触电；（3）设备事故；（4）走错间隔；（5）机械伤害					
控制措施：（1）办理工作票、操作票；（2）穿戴个人防护用品；（3）确认设备名称和间隔；（4）设备恢复运行状态前进行全面检查；（5）工作前对工作班成员进行安全交底					
工作负责人签名：	日期：	工作票签发人签名：	日期：	工作许可人签名：	日期：

作业步骤		危害因素	可能导致的后果	风险评价					控制措施
				L	E	C	D	风险程度	
作业环境	环境	夏季高温作业	人身伤害	3	1	1	3	1	夏季高温作业时做好防暑措施
检修前准备	工作班成员精神状态确认	（1）无法正常完成指定工作； （2）作业过程中出现昏厥现象	（1）触电； （2）设备故障	1	1	15	15	1	合理安排工作班成员，精神状态不佳者禁止工作
	安全措施确认	（1）拉错开关或误送电导致设备带电或误动； （2）未执行工作票、操作票所列的安全措施	（1）触电； （2）设备故障	1	3	7	21	2	（1）办理操作票、工作票，严格执行工作票、操作票所列的安全措施； （2）使用个人防护用品
	安全交底	（1）走错间隔； （2）未交代现场情况	（1）触电； （2）设备故障	1	3	7	21	2	（1）工作前向工作班成员告知危险点，交代作业活动范围、内容、安全措施和注意事项； （2）对工作班成员进行安全技术交底
	个人防护用品准备	未正确穿戴安全帽、工作服	（1）触电； （2）其他伤害	3	0.5	15	22.5	2	正确穿戴安全帽及工作服
	工器具准备	（1）使用的工器具无法达到工作要求； （2）工具不全，或工具破损； （3）工具未定期检测或检测不合格	（1）机械伤害； （2）触电	1	1	7	7	1	（1）做好工具、消耗材料的准备工作； （2）使用电动工具前要检查其是否合格，电源要有剩余电流动作装置，使用结束立即关掉电源，使用期间如遇停电应立即拔掉电源，防止来电时电动工具突然自行转动，对工作人员或设备造成机械伤害； （3）使用工器具前要进行检查，确认扳手没有裂痕、断口等安全隐患后方可使用，严禁使用活扳手，应使用力矩扳手及梅花扳手； （4）作业前检查工器具，应合格、完好

续表

作业步骤		危害因素	可能导致的后果	风险评价					控制措施
				L	E	C	D	风险程度	
检修过程	监控适配器故障处理	(1) 误碰其他带电设备； (2) 接线错误； (3) 野蛮拆装设备； (4) 检修设备控制电源未断开； (5) 使用不符合规格的工器具； (6) 虚接线路	(1) 设备故障； (2) 触电； (3) 机械伤害； (4) 火灾	3	1	7	21	2	(1) 工作前应停电、验电，检查工作点是否带电，检查安全措施正确、完备后方可开工，工作过程中不得擅自更改安全措施； (2) 检查工作点上、下间隔是否带电，工作点与带电负荷或母线安全距离是否足够； (3) 进行回路改造或更换电气元件时，要注意检查控制柜各路电源是否断开，且接线端子、裸露线头可能从其他回路反送电，工作时应按要求戴好绝缘手套、穿好绝缘鞋、螺丝刀绑好绝缘胶布； (4) 严禁错误使用工器具造成设备损坏，如用过大或过小的扳手替代标准尺寸的扳手，用一字螺丝刀替代十字螺丝刀，用十字螺丝刀替代内六角或内梅花螺丝刀等； (5) 严禁野蛮拆装、检修设备，造成螺丝过力滑丝、设备开裂、设备变形等； (6) 拆卸接线时记录每个接线位置，更换完电气元件后，按记录逐一接线，保证接线正确，并检查接线是否牢固； (7) 电缆线路接好后，用热成像仪测温，确保接头处未发热
恢复检验	结束工作	(1) 遗漏工器具； (2) 现场遗留检修杂物； (3) 不结束工作票； (4) 工作班成员未全部撤离	(1) 人身伤害； (2) 设备故障	3	3	3	27	2	(1) 收齐并检查工器具； (2) 清扫检修现场； (3) 结束工作票

六、箱式变压器检修

1. 箱式变压器测控装置故障处理

<table>
<tr><td colspan="4">部门：</td><td colspan="5">分析日期：</td><td>记录编号：</td></tr>
<tr><td colspan="4">作业地点或分析范围：箱式变压器</td><td colspan="6">分析人：</td></tr>
<tr><td colspan="10">作业内容描述：箱式变压器测控装置故障处理</td></tr>
<tr><td colspan="10">主要作业风险：(1) 因使用不合适的工器具、穿戴不合适的劳动防护用品导致巡检人员受伤害；(2) 触电；(3) 灼伤；(4) 跌倒；(5) 车辆伤害；(6) 高处坠落</td></tr>
<tr><td colspan="10">控制措施：(1) 正确穿戴劳动防护用品，正确使用工器具；(2) 进入巡检现场检查周围环境；(3) 配备防暑药品</td></tr>
<tr><td colspan="3">工作执行人签名：</td><td>日期：</td><td colspan="5">工作负责人开工前确认签名：</td><td>日期：</td></tr>
<tr><td colspan="2" rowspan="2">作业步骤</td><td rowspan="2">危害因素</td><td rowspan="2">可能导致的后果</td><td colspan="5">风险评价</td><td rowspan="2">控制措施</td></tr>
<tr><td>L</td><td>E</td><td>C</td><td>D</td><td>风险程度</td></tr>
<tr><td rowspan="3">作业环境</td><td>环境潮湿</td><td>(1) 设备潮湿引起短路；
(2) 安全距离不够</td><td>(1) 触电、电弧灼伤；
(2) 其他人身伤害；
(3) 设备事故</td><td>1</td><td>3</td><td>15</td><td>45</td><td>2</td><td>(1) 加强通风；
(2) 保持设备干燥</td></tr>
<tr><td>雷、雨、雪天气</td><td>(1) 感应雷电流；
(2) 道路湿滑、泥泞</td><td>(1) 触电、火灾灼伤；
(2) 跌倒</td><td>1</td><td>3</td><td>7</td><td>21</td><td>2</td><td>(1) 正确戴安全帽；
(2) 正确穿绝缘鞋；
(3) 雷雨天气禁止外出作业</td></tr>
<tr><td>高温天气</td><td>中暑</td><td>人身伤害</td><td>1</td><td>3</td><td>7</td><td>21</td><td>2</td><td>(1) 合理安排外出工作，及时规避高温天气；
(2) 配备防暑药品</td></tr>
<tr><td rowspan="3">检修前准备</td><td>安全措施确认</td><td>(1) 安全措施不全或不正确；
(2) 走错间隔</td><td>(1) 触电；
(2) 设备事故</td><td>1</td><td>1</td><td>7</td><td>7</td><td>1</td><td>(1) 工作负责人、工作许可人应认真检查工作票所列安全措施是否正确、完备，是否符合现场实际条件；
(2) 检修前确认设备间隔位置；
(3) 戴绝缘手套、穿绝缘鞋和防电弧服；
(4) 使用合格的验电设备验电</td></tr>
<tr><td>安全交底</td><td>(1) 扩大工作范围；
(2) 走错间隔或误碰带电设备</td><td>(1) 触电；
(2) 设备事故</td><td>1</td><td>1</td><td>7</td><td>7</td><td>1</td><td>(1) 工作前对工作班成员进行工作任务明示；
(2) 对工作班成员进行安全技术交底</td></tr>
<tr><td>工器具准备</td><td>(1) 使用的工器具无法达到检修作业要求；
(2) 工具不全，或工具破损；
(3) 使用的试验仪器超过检验期</td><td>触电</td><td>1</td><td>1</td><td>7</td><td>7</td><td>1</td><td>检修前确认工器具及试验仪器状态，使用合格的工器具及试验仪器</td></tr>
</table>

续表

作业步骤		危害因素	可能导致的后果	风险评价					控制措施
				L	E	C	D	风险程度	
检修前准备	个人防护用品准备	(1) 未正确使用安全帽、绝缘手套、绝缘靴； (2) 个人防护用品防护等级不符合要求或过期	(1) 触电； (2) 机械伤害	1	1	15	15	1	(1) 正确戴安全帽、绝缘手套，穿绝缘靴； (2) 使用合格的个人防护用品
	工作班成员精神状态确认	(1) 无法正常完成指定工作； (2) 作业过程中无法清醒判断设备是否带电	(1) 触电； (2) 机械伤害； (3) 设备故障	1	1	15	15	1	合理安排工作班成员，精神状态不佳者禁止工作
	执行安全措施	(1) 拉错开关、走错间隔； (2) 漏执行安全措施	(1) 触电； (2) 设备事故	1	1	15	15	1	(1) 严格按照工作票执行安全措施； (2) 执行安全措施时必须有监护人在场
	环境	(1) 道路泥泞、湿滑； (2) 雷、雨、雪天气	(1) 车辆伤害； (2) 人身伤害	10	3	3	90	3	(1) 提前注意天气变化，有效规避恶劣天气； (2) 遇特殊路况，减速慢行； (3) 正确使用安全保护用具（安全帽、劳保鞋等）
	车辆	(1) 车辆缺陷； (2) 超速行驶	人身伤害	6	3	3	54	2	(1) 行车前检查车辆状况； (2) 系好安全带，减速慢行
检修过程	核对设备位置	(1) 走错间隔； (2) 误碰带电设备	(1) 触电、灼伤； (2) 其他人身伤害； (3) 设备事故	3	1	15	45	2	(1) 戴绝缘手套、安全帽，穿绝缘鞋； (2) 谨防误碰或接触带电体
	箱式变压器测控装置故障处理	(1) 设备带电； (2) 设备缺陷； (3) 机械伤害	(1) 触电； (2) 人身伤害； (3) 设备事故	3	1	15	45	2	(1) 正确使用安全工器具； (2) 与带电设备保持安全距离； (3) 执行工作监护制度； (4) 确保设备断电后再开始工作； (5) 严禁抛、丢工器具
完工阶段	完工恢复	检修后设备接线不正确	(1) 设备事故； (2) 电灼伤	1	1	15	15	1	(1) 严格按照工作票执行恢复工作； (2) 恢复工作后，经工作负责人最终检查确认，方可办理工作终结手续
	结束工作	(1) 遗漏工器具； (2) 现场遗留检修杂物； (3) 不结束工作票	设备事故	1	1	15	15	1	(1) 收齐并检查工器具； (2) 清扫检修现场； (3) 结束工作票

2. 低压侧 520V 开关故障处理

部门：				分析日期：					记录编号：
作业地点或分析范围：箱式变压器				分析人：					
作业内容描述：低压侧 520V 开关故障处理									
主要作业风险：（1）因使用不合适的工器具、穿戴不合适的劳动防护用品导致巡检人员受伤；（2）触电；（3）灼伤；（4）跌倒；（5）车辆伤害；（6）高处坠落									
控制措施：（1）正确穿戴劳动防护用品，正确使用工器具；（2）进入巡检现场检查周围环境；（3）配备防暑药品									
工作执行人签名：			日期：	工作负责人开工前确认签名：					日期：
作业步骤		危害因素	可能导致的后果	风险评价					控制措施
				L	*E*	*C*	*D*	风险程度	
作业环境	环境潮湿	（1）设备潮湿引起短路； （2）安全距离不够	（1）触电、电弧灼伤； （2）其他人身伤害； （3）设备事故	1	3	15	45	2	（1）加强通风； （2）保持设备干燥
	雷、雨、雪天气	（1）感应雷电流； （2）道路湿滑、泥泞	（1）触电、火灾灼伤； （2）跌倒	1	3	7	21	2	（1）正确戴安全帽； （2）正确穿绝缘鞋； （3）雷雨天气禁止外出作业
	高温天气	中暑	人身伤害	1	3	7	21	2	（1）合理安排外出工作，及时规避高温天气； （2）配备防暑药品
检修前准备	安全措施确认	（1）安全措施不全或不正确； （2）走错间隔	（1）触电； （2）设备事故	1	1	7	7	1	（1）工作负责人、工作许可人应认真检查工作票所列安全措施是否正确、完备，是否符合现场实际条件； （2）检修前确认设备间隔位置； （3）戴绝缘手套，穿绝缘鞋和防电弧服； （4）使用合格的验电设备验电
	安全交底	（1）扩大工作范围； （2）走错间隔或误碰带电设备	（1）触电； （2）设备事故	1	1	7	7	1	（1）工作前对工作班成员进行工作任务明示； （2）对工作班成员进行安全技术交底
	工器具准备	（1）使用的工器具无法达到检修作业要求； （2）工具不全，或工具破损； （3）使用的试验仪器超过检验期	触电	1	1	7	7	1	检修前确认工器具及试验仪器状态，使用合格的工器具及试验仪器

续表

作业步骤		危害因素	可能导致的后果	风险评价					控制措施
				L	E	C	D	风险程度	
检修前准备	个人防护用品准备	（1）未正确使用安全帽、绝缘手套、绝缘靴； （2）个人防护用品防护等级不符合要求或过期	（1）触电； （2）机械伤害	1	1	15	15	1	（1）正确戴安全帽、绝缘手套，穿绝缘靴； （2）使用合格的个人防护用品
	工作班成员精神状态确认	（1）无法正常完成指定工作； （2）作业过程中无法清醒判断设备是否带电	（1）触电； （2）机械伤害； （3）设备故障	1	1	15	15	1	合理安排工作班成员，精神状态不佳者禁止工作
	执行安全措施	（1）拉错开关、走错间隔； （2）漏执行安全措施	（1）触电； （2）设备事故	1	1	15	15	1	（1）严格按照工作票执行安全措施； （2）执行安全措施时必须有监护人在场
	环境	（1）道路泥泞、湿滑； （2）雷、雨、雪天气	（1）车辆伤害； （2）人身伤害	10	3	3	90	3	（1）提前注意天气变化，有效规避恶劣天气； （2）遇特殊路况，减速慢行； （3）正确使用安全保护用具（安全帽、劳保鞋等）
	车辆	（1）车辆缺陷； （2）超速行驶	人身伤害	6	3	3	54	2	（1）行车前检查车辆状况； （2）系好安全带，减速慢行
检修过程	核对设备位置	（1）走错间隔； （2）误碰带电设备	（1）触电、灼伤； （2）其他人身伤害； （3）设备事故	3	1	15	45	2	（1）戴绝缘手套、安全帽，穿绝缘鞋； （2）谨防误碰或接触带电体
	低压侧520V开关故障处理	（1）设备带电； （2）设备缺陷； （3）机械伤害	（1）触电； （2）人身伤害； （3）设备事故	3	1	15	45	2	（1）正确使用安全工器具； （2）与带电设备保持安全距离； （3）执行工作监护制度； （4）确保设备断电后再开始工作； （5）严禁抛、丢工器具
完工阶段	完工恢复	检修后设备接线不正确	（1）设备事故； （2）电灼伤	1	1	15	15	1	（1）严格按照工作票执行恢复工作； （2）恢复工作后，经工作负责人最终检查确认，方可办理工作终结手续
	结束工作	（1）遗漏工器具； （2）现场遗留检修杂物； （3）不结束工作票	设备事故	1	1	15	15	1	（1）收齐并检查工器具； （2）清扫检修现场； （3）结束工作票

3. 更换低压侧电缆头

<table>
<tr><td colspan="3">部门：</td><td colspan="5">分析日期：</td><td>记录编号：</td></tr>
<tr><td colspan="3">作业地点或分析范围：箱式变压器</td><td colspan="6">分析人：</td></tr>
<tr><td colspan="9">作业内容描述：更换低压侧电缆头</td></tr>
<tr><td colspan="9">主要作业风险：（1）因使用不合适的工器具、穿戴不合适的劳动防护用品导致巡检人员受伤害；（2）触电；（3）灼伤；（4）跌倒；（5）车辆伤害；（6）高处坠落</td></tr>
<tr><td colspan="9">控制措施：（1）正确穿戴劳动防护用品，正确使用工器具；（2）进入巡检现场检查周围环境；（3）配备防暑药品</td></tr>
<tr><td colspan="3">工作执行人签名：</td><td>日期：</td><td colspan="4">工作负责人开工前确认签名：</td><td>日期：</td></tr>
<tr><td colspan="2" rowspan="2">作业步骤</td><td rowspan="2">危害因素</td><td rowspan="2">可能导致的后果</td><td colspan="5">风险评价</td><td rowspan="2">控制措施</td></tr>
<tr><td>L</td><td>E</td><td>C</td><td>D</td><td>风险程度</td></tr>
<tr><td rowspan="3">作业环境</td><td>环境潮湿</td><td>（1）设备潮湿引起短路；
（2）安全距离不够</td><td>（1）触电、电弧灼伤；
（2）其他人身伤害；
（3）设备事故</td><td>1</td><td>3</td><td>15</td><td>45</td><td>2</td><td>（1）加强通风；
（2）保持设备干燥</td></tr>
<tr><td>雷、雨、雪天气</td><td>（1）感应雷电流；
（2）道路湿滑、泥泞</td><td>（1）触电、火灾灼伤；
（2）跌倒</td><td>1</td><td>3</td><td>7</td><td>21</td><td>2</td><td>（1）正确戴安全帽；
（2）正确穿绝缘鞋；
（3）雷雨天气禁止外出作业</td></tr>
<tr><td>高温天气</td><td>中暑</td><td>人身伤害</td><td>1</td><td>3</td><td>7</td><td>21</td><td>2</td><td>（1）合理安排外出工作，及时规避高温天气；
（2）配备防暑药品</td></tr>
<tr><td rowspan="3">检修前准备</td><td>安全措施确认</td><td>（1）安全措施不全或不正确；
（2）走错间隔</td><td>（1）触电；
（2）设备事故</td><td>1</td><td>1</td><td>7</td><td>7</td><td>1</td><td>（1）工作负责人、工作许可人应认真检查工作票所列安全措施是否正确、完备，是否符合现场实际条件；
（2）检修前确认设备间隔位置；
（3）戴绝缘手套，穿绝缘鞋和防电弧服；
（4）使用合格的验电设备验电</td></tr>
<tr><td>安全交底</td><td>（1）扩大工作范围；
（2）走错间隔或误碰带电设备</td><td>（1）触电；
（2）设备事故</td><td>1</td><td>1</td><td>7</td><td>7</td><td>1</td><td>（1）工作前对工作班成员进行工作任务明示；
（2）对工作班成员进行安全技术交底</td></tr>
<tr><td>工器具准备</td><td>（1）使用的工器具无法达到检修作业要求；
（2）工具不全，或工具破损；
（3）使用的试验仪器超过检验期</td><td>触电</td><td>1</td><td>1</td><td>7</td><td>7</td><td>1</td><td>检修前确认工器具及试验仪器状态，使用合格的工器具及试验仪器</td></tr>
</table>

续表

作业步骤		危害因素	可能导致的后果	风险评价					控制措施
				L	E	C	D	风险程度	
检修前准备	个人防护用品准备	（1）未正确使用安全帽、绝缘手套、绝缘靴； （2）个人防护用品防护等级不符合要求或过期	（1）触电； （2）机械伤害	1	1	15	15	1	（1）正确戴安全帽、绝缘手套，穿绝缘靴； （2）使用合格的个人防护用品
	工作班成员精神状态确认	（1）无法正常完成指定工作； （2）作业过程中无法清醒判断设备是否带电	（1）触电； （2）机械伤害； （3）设备故障	1	1	15	15	1	合理安排工作班成员，精神状态不佳者禁止工作
	执行安全措施	（1）拉错开关、走错间隔； （2）漏执行安全措施	（1）触电； （2）设备事故	1	1	15	15	1	（1）严格按照工作票执行安全措施； （2）执行安全措施时必须有监护人在场
	环境	（1）道路泥泞、湿滑； （2）雷、雨、雪天气	（1）车辆伤害； （2）人身伤害	10	3	3	90	3	（1）提前注意天气变化，有效规避恶劣天气； （2）遇特殊路况，减速慢行； （3）正确使用安全保护用具（安全帽、劳保鞋等）
	车辆	（1）车辆缺陷； （2）超速行驶	人身伤害	6	3	3	54	2	（1）行车前检查车辆状况； （2）系好安全带，减速慢行
检修过程	核对设备位置	（1）走错间隔； （2）误碰带电设备	（1）触电、灼伤； （2）其他人身伤害； （3）设备事故	3	1	15	45	2	（1）戴绝缘手套、安全帽，穿绝缘鞋； （2）谨防误碰或接触带电体
	更换低压侧电缆头	（1）设备带电； （2）设备缺陷； （3）机械伤害	（1）触电； （2）人身伤害； （3）设备事故	3	1	15	45	2	（1）正确使用安全工器具； （2）与带电设备保持安全距离； （3）执行工作监护制度； （4）确保设备断电后再开始工作； （5）严禁抛、丢工器具
完工阶段	完工恢复	（1）连接件和紧固件螺栓紧固未达标； （2）临时短接线、接地线未拆除； （3）检修后设备接线不正确	（1）设备事故； （2）电灼伤	1	1	15	15	1	（1）用力矩扳手检查连接件和紧固件螺栓； （2）严格按照工作票执行恢复工作； （3）恢复工作后，经工作负责人最终检查确认，方可办理工作终结手续
	结束工作	（1）遗漏工器具； （2）现场遗留检修杂物； （3）不结束工作票	设备事故	1	1	15	15	1	（1）收齐并检查工器具； （2）清扫检修现场； （3）结束工作票

4. 高压侧 35kV 负荷断路器故障处理

<table>
<tr><td colspan="5">部门：</td><td colspan="5">分析日期：</td><td>记录编号：</td></tr>
<tr><td colspan="5">作业地点或分析范围：箱式变压器</td><td colspan="6">分析人：</td></tr>
<tr><td colspan="11">作业内容描述：高压侧 35kV 负荷断路器故障处理</td></tr>
<tr><td colspan="11">主要作业风险：(1) 因使用不合适的工器具、穿戴不合适的劳动防护用品导致巡检人员受伤害；(2) 触电；(3) 灼伤；(4) 跌倒；(5) 车辆伤害；(6) 高处坠落</td></tr>
<tr><td colspan="11">控制措施：(1) 正确穿戴劳动防护用品，正确使用工器具；(2) 进入巡检现场检查周围环境；(3) 配备防暑药品</td></tr>
<tr><td colspan="3">工作执行人签名：</td><td>日期：</td><td colspan="6">工作负责人开工前确认签名：</td><td>日期：</td></tr>
<tr><td colspan="2" rowspan="2">作业步骤</td><td rowspan="2">危害因素</td><td rowspan="2">可能导致的后果</td><td colspan="5">风险评价</td><td colspan="2" rowspan="2">控制措施</td></tr>
<tr><td>L</td><td>E</td><td>C</td><td>D</td><td>风险程度</td></tr>
<tr><td rowspan="3">作业环境</td><td>环境潮湿</td><td>(1) 设备潮湿引起短路；
(2) 安全距离不够</td><td>(1) 触电、电弧灼伤；
(2) 其他人身伤害；
(3) 设备事故</td><td>1</td><td>3</td><td>15</td><td>45</td><td>2</td><td colspan="2">(1) 加强通风；
(2) 保持设备干燥</td></tr>
<tr><td>雷、雨、雪天气</td><td>(1) 感应雷电流；
(2) 道路湿滑、泥泞</td><td>(1) 触电、火灾灼伤；
(2) 跌倒</td><td>1</td><td>3</td><td>7</td><td>21</td><td>2</td><td colspan="2">(1) 正确戴安全帽；
(2) 正确穿绝缘鞋；
(3) 雷雨天气禁止外出作业</td></tr>
<tr><td>高温天气</td><td>中暑</td><td>人身伤害</td><td>1</td><td>3</td><td>7</td><td>21</td><td>2</td><td colspan="2">(1) 合理安排外出工作，及时规避高温天气；
(2) 配备防暑药品</td></tr>
<tr><td rowspan="3">检修前准备</td><td>安全措施确认</td><td>(1) 安全措施不全或不正确；
(2) 走错间隔</td><td>(1) 触电；
(2) 设备事故</td><td>1</td><td>1</td><td>7</td><td>7</td><td>1</td><td colspan="2">(1) 工作负责人、工作许可人应认真检查工作票所列安全措施是否正确、完备，是否符合现场实际条件；
(2) 检修前确认设备间隔位置；
(3) 戴绝缘手套，穿绝缘鞋和防电弧服；
(4) 使用合格的验电设备验电</td></tr>
<tr><td>安全交底</td><td>(1) 扩大工作范围；
(2) 走错间隔或误碰带电设备</td><td>(1) 触电；
(2) 设备事故</td><td>1</td><td>1</td><td>7</td><td>7</td><td>1</td><td colspan="2">(1) 工作前对工作班成员进行工作任务明示；
(2) 对工作班成员进行安全技术交底</td></tr>
<tr><td>工器具准备</td><td>(1) 使用的工器具无法达到检修作业要求；
(2) 工具不全，或工具破损；
(3) 使用的试验仪器超过检验期</td><td>触电</td><td>1</td><td>1</td><td>7</td><td>7</td><td>1</td><td colspan="2">检修前确认工器具及试验仪器状态，使用合格的工器具及试验仪器</td></tr>
</table>

续表

作业步骤		危害因素	可能导致的后果	风险评价					控制措施
				L	E	C	D	风险程度	
检修前准备	个人防护用品准备	(1) 未正确使用安全帽、绝缘手套、绝缘靴； (2) 个人防护用品防护等级不符合要求或过期	(1) 触电； (2) 机械伤害	1	1	15	15	1	(1) 正确戴安全帽、绝缘手套，穿绝缘靴； (2) 使用合格的个人防护用品
	工作班成员精神状态确认	(1) 无法正常完成指定工作； (2) 作业过程中无法清醒判断设备是否带电	(1) 触电； (2) 机械伤害； (3) 设备故障	1	1	15	15	1	合理安排工作班成员，精神状态不佳者禁止工作
	执行安全措施	(1) 拉错开关、走错间隔； (2) 安全措施漏执行	(1) 触电； (2) 设备事故	1	1	15	15	1	(1) 严格按照工作票执行安全措施； (2) 执行安全措施时必须有监护人在场
	环境	(1) 道路泥泞、湿滑； (2) 雷、雨、雪天气	(1) 车辆伤害； (2) 人身伤害	10	3	3	90	3	(1) 提前注意天气变化，有效规避恶劣天气； (2) 遇特殊路况，减速慢行； (3) 正确使用安全保护用具（安全帽、劳保鞋等）
	车辆	(1) 车辆缺陷； (2) 超速行驶	人身伤害	6	3	3	54	2	(1) 行车前检查车辆状况； (2) 系好安全带，减速慢行
检修过程	核对设备位置	(1) 走错间隔； (2) 误碰带电设备	(1) 触电、灼伤； (2) 其他人身伤害； (3) 设备事故	3	1	15	45	2	(1) 戴绝缘手套、安全帽，穿绝缘鞋； (2) 谨防误碰或接触带电体
	高压侧35kV负荷开关故障处理	(1) 设备带电； (2) 设备缺陷； (3) 机械伤害	(1) 触电； (2) 人身伤害； (3) 设备事故	3	1	15	45	2	(1) 正确使用安全工器具； (2) 与带电设备保持安全距离； (3) 执行工作监护制度； (4) 确保设备断电后再开始工作； (5) 严禁抛、丢工器具
完工阶段	完工恢复	(1) 连接件和紧固件螺栓紧固未达标； (2) 临时短接线、接地线未拆除； (3) 检修后设备接线不正确	(1) 设备事故； (2) 电灼伤	1	1	15	15	1	(1) 用力矩扳手检查连接件和紧固件螺栓； (2) 严格按照工作票执行恢复工作； (3) 恢复工作后，经工作负责人最终检查确认，方可办理工作终结手续
	结束工作	(1) 遗漏工器具； (2) 现场遗留检修杂物； (3) 不结束工作票	设备事故	1	1	15	15	1	(1) 收齐并检查工器具； (2) 清扫检修现场； (3) 结束工作票

5. 更换高压侧电缆头

<table>
<tr><td colspan="4">部门：</td><td colspan="5">分析日期：</td><td>记录编号：</td></tr>
<tr><td colspan="4">作业地点或分析范围：箱式变压器</td><td colspan="6">分析人：</td></tr>
<tr><td colspan="10">作业内容描述：更换高压侧电缆头</td></tr>
<tr><td colspan="10">主要作业风险：(1) 因使用不合适的工器具、穿戴不合适的劳动防护用品导致巡检人员受伤害；(2) 触电；(3) 灼伤；(4) 跌倒；(5) 车辆伤害；(6) 高处坠落</td></tr>
<tr><td colspan="10">控制措施：(1) 正确穿戴劳动防护用品，正确使用工器具；(2) 进入巡检现场检查周围环境；(3) 配备防暑药品</td></tr>
<tr><td colspan="3">工作执行人签名：</td><td>日期：</td><td colspan="5">工作负责人开工前确认签名：</td><td>日期：</td></tr>
<tr><td colspan="2" rowspan="2">作业步骤</td><td rowspan="2">危害因素</td><td rowspan="2">可能导致的后果</td><td colspan="5">风险评价</td><td rowspan="2">控制措施</td></tr>
<tr><td>L</td><td>E</td><td>C</td><td>D</td><td>风险程度</td></tr>
<tr><td rowspan="3">作业环境</td><td>环境潮湿</td><td>(1) 设备潮湿引起短路；
(2) 安全距离不够</td><td>(1) 触电、电弧灼伤；
(2) 其他人身伤害；
(3) 设备事故</td><td>1</td><td>3</td><td>15</td><td>45</td><td>2</td><td>(1) 加强通风；
(2) 保持设备干燥</td></tr>
<tr><td>雷、雨、雪天气</td><td>(1) 感应雷电流；
(2) 道路湿滑、泥泞</td><td>(1) 触电、火灾灼伤；
(2) 跌倒</td><td>1</td><td>3</td><td>7</td><td>21</td><td>2</td><td>(1) 正确戴安全帽；
(2) 正确穿绝缘鞋；
(3) 雷雨天气禁止外出作业</td></tr>
<tr><td>高温天气</td><td>中暑</td><td>人身伤害</td><td>1</td><td>3</td><td>7</td><td>21</td><td>2</td><td>(1) 合理安排外出工作，及时规避高温天气；
(2) 配备防暑药品</td></tr>
<tr><td rowspan="3">检修前准备</td><td>安全措施确认</td><td>(1) 安全措施不全或不正确；
(2) 走错间隔</td><td>(1) 触电；
(2) 设备事故</td><td>1</td><td>1</td><td>7</td><td>7</td><td>1</td><td>(1) 工作负责人、工作许可人应认真检查工作票所列安全措施是否正确、完备，是否符合现场实际条件；
(2) 检修前确认设备间隔位置；
(3) 戴绝缘手套，穿绝缘鞋和防电弧服；
(4) 使用合格的验电设备验电</td></tr>
<tr><td>安全交底</td><td>(1) 扩大工作范围；
(2) 走错间隔或误碰带电设备</td><td>(1) 触电；
(2) 设备事故</td><td>1</td><td>1</td><td>7</td><td>7</td><td>1</td><td>(1) 工作前对工作班成员进行工作任务明示；
(2) 对工作班成员进行安全技术交底</td></tr>
<tr><td>工器具准备</td><td>(1) 使用的工器具无法达到检修作业要求；
(2) 工具不全，或工具破损；
(3) 使用的试验仪器超过检验期</td><td>触电</td><td>1</td><td>1</td><td>7</td><td>7</td><td>1</td><td>检修前确认工器具及试验仪器状态，使用合格的工器具及试验仪器</td></tr>
</table>

续表

作业步骤		危害因素	可能导致的后果	风险评价					控制措施
				L	E	C	D	风险程度	
检修前准备	个人防护用品准备	（1）未正确使用安全帽、绝缘手套、绝缘靴； （2）个人防护用品防护等级不符合要求或过期	（1）触电； （2）机械伤害	1	1	15	15	1	（1）正确戴安全帽、绝缘手套，穿绝缘靴； （2）使用合格的个人防护用品
	工作班成员精神状态确认	（1）无法正常完成指定工作； （2）作业过程中无法清醒判断设备是否带电	（1）触电； （2）机械伤害； （3）设备故障	1	1	15	15	1	合理安排工作班成员，精神状态不佳者禁止工作
	执行安全措施	（1）拉错开关、走错间隔； （2）漏执行安全措施	（1）触电； （2）设备事故	1	1	15	15	1	（1）严格按照工作票执行安全措施； （2）执行安全措施时必须有监护人在场
	环境	（1）道路泥泞、湿滑； （2）雷、雨、雪天气	（1）车辆伤害； （2）人身伤害	10	3	3	90	3	（1）提前注意天气变化，有效规避恶劣天气； （2）遇特殊路况，减速慢行； （3）正确使用安全保护用具（安全帽、劳保鞋等）
	车辆	（1）车辆缺陷； （2）超速行驶	人身伤害	6	3	3	54	2	（1）行车前检查车辆状况； （2）系好安全带，减速慢行
检修过程	核对设备位置	（1）走错间隔； （2）误碰带电设备	（1）触电、灼伤； （2）其他人身伤害； （3）设备事故	3	1	15	45	2	（1）戴绝缘手套、安全帽，穿绝缘鞋； （2）谨防误碰或接触带电体
	更换高压侧电缆头	（1）设备带电； （2）设备缺陷； （3）机械伤害	（1）触电； （2）人身伤害； （3）设备事故	3	1	15	45	2	（1）正确使用安全工器具； （2）与带电设备保持安全距离； （3）执行工作监护制度； （4）确保设备断电后再开始工作； （5）严禁抛、丢工器具
完工阶段	完工恢复	（1）连接件和紧固件螺栓紧固未达标； （2）临时短接线、接地线未拆除； （3）检修后设备接线不正确	（1）设备事故； （2）电灼伤	1	1	15	15	1	（1）用力矩扳手检查连接件和紧固件螺栓； （2）严格按照工作票执行恢复工作； （3）恢复工作后，经工作负责人最终检查确认，方可办理工作终结手续
	结束工作	（1）遗漏工器具； （2）现场遗留检修杂物； （3）不结束工作票	设备事故	1	1	15	15	1	（1）收齐并检查工器具； （2）清扫检修现场； （3）结束工作票

6. 分、合闸操作按钮故障处理

部门：　　分析日期：　　记录编号：

作业地点或分析范围：箱式变压器　　分析人：

作业内容描述：分、合闸操作按钮故障处理

主要作业风险：（1）因使用不合适的工器具、穿戴不合适的劳动防护用品导致巡检人员受伤害；（2）触电；（3）灼伤；（4）跌倒；（5）车辆伤害；（6）高处坠落

控制措施：（1）正确穿戴劳动防护用品，正确使用工器具；（2）进入巡检现场检查周围环境；（3）配备防暑药品

工作执行人签名：　　日期：　　工作负责人开工前确认签名：　　日期：

作业步骤		危害因素	可能导致的后果	风险评价 *L*	*E*	*C*	*D*	风险程度	控制措施
作业环境	环境潮湿	（1）设备潮湿引起短路； （2）安全距离不够	（1）触电、电弧灼伤； （2）其他人身伤害； （3）设备事故	1	3	15	45	2	（1）加强通风； （2）保持设备干燥
作业环境	雷、雨、雪天气	（1）感应雷电流； （2）道路湿滑、泥泞	（1）触电、火灾灼伤； （2）跌倒	1	3	7	21	2	（1）正确戴安全帽； （2）正确穿绝缘鞋； （3）雷雨天气禁止外出作业
作业环境	高温天气	中暑	人身伤害	1	3	7	21	2	（1）合理安排外出工作，及时规避高温天气； （2）配备防暑药品
检修前准备	安全措施确认	（1）安全措施不全或不正确； （2）走错间隔	（1）触电； （2）设备事故	1	1	7	7	1	（1）工作负责人、工作许可人应认真检查工作票所列安全措施是否正确、完备，是否符合现场实际条件； （2）检修前确认设备间隔位置； （3）戴绝缘手套，穿绝缘鞋和防电弧服； （4）使用合格的验电设备验电
检修前准备	安全交底	（1）扩大工作范围； （2）走错间隔或误碰带电设备	（1）触电； （2）设备事故	1	1	7	7	1	（1）工作前对工作班成员进行工作任务明示； （2）对工作班成员进行安全技术交底
检修前准备	工器具准备	（1）使用的工器具无法达到检修作业要求； （2）工具不全，或工具破损； （3）使用的试验仪器超过检验期	触电	1	1	7	7	1	检修前确认工器具及试验仪器状态，使用合格的工器具及试验仪器

续表

作业步骤		危害因素	可能导致的后果	风险评价					控制措施
				L	E	C	D	风险程度	
检修前准备	个人防护用品准备	（1）未正确使用安全帽、绝缘手套、绝缘靴； （2）个人防护用品防护等级不符合要求或过期	（1）触电； （2）机械伤害	1	1	15	15	1	（1）正确戴安全帽、绝缘手套，穿绝缘靴； （2）使用合格的个人防护用品
	工作班成员精神状态确认	（1）无法正常完成指定工作； （2）作业过程中无法清醒判断设备是否带电	（1）触电； （2）机械伤害； （3）设备故障	1	1	15	15	1	合理安排工作班成员，精神状态不佳者禁止工作
	执行安全措施	（1）拉错开关、走错间隔； （2）漏执行安全措施	（1）触电； （2）设备事故	1	1	15	15	1	（1）严格按照工作票执行安全措施； （2）执行安全措施时必须有监护人在场
	环境	（1）道路泥泞、湿滑； （2）雷、雨、雪天气	（1）车辆伤害； （2）人身伤害	10	3	3	90	3	（1）提前注意天气变化，有效规避恶劣天气； （2）遇特殊路况，减速慢行； （3）正确使用安全保护用具（安全帽、劳保鞋等）
	车辆	（1）车辆缺陷； （2）超速行驶	人身伤害	6	3	3	54	2	（1）行车前检查车辆状况； （2）系好安全带，减速慢行
检修前准备	核对设备位置	（1）走错间隔； （2）误碰带电设备	（1）触电、灼伤； （2）其他人身伤害； （3）设备事故	3	1	15	45	2	（1）戴绝缘手套、安全帽，穿绝缘鞋； （2）谨防误碰或接触带电体
	分、合闸操作按钮故障处理	（1）设备带电； （2）设备缺陷； （3）机械伤害	（1）触电； （2）人身伤害； （3）设备事故	3	1	15	45	2	（1）正确使用安全工器具； （2）与带电设备保持安全距离； （3）执行工作监护制度； （4）确保设备断电后再开始工作； （5）严禁抛、丢工器具
完工阶段	完工恢复	（1）连接件和紧固件螺栓紧固未达标； （2）临时短接线、接地线未拆除； （3）检修后设备接线不正确	（1）设备事故； （2）电灼伤	1	1	15	15	1	（1）用力矩扳手检查连接件和紧固件螺栓； （2）严格按照工作票执行恢复工作； （3）恢复工作后，经工作负责人最终检查确认，方可办理工作终结手续
	结束工作	（1）遗漏工器具； （2）现场遗留检修杂物； （3）不结束工作票	设备事故	1	1	15	15	1	（1）收齐并检查工器具； （2）清扫检修现场； （3）结束工作票

7. 闸刀操动机构故障处理

部门：					分析日期：				记录编号：
作业地点或分析范围：箱式变压器					分析人：				
作业内容描述：闸刀操动机构故障处理									
主要作业风险：(1) 因使用不合适的工器具、穿戴不合适的劳动防护用品导致巡检人员受伤害；(2) 触电；(3) 灼伤；(4) 跌倒；(5) 车辆伤害；(6) 高处坠落									
控制措施：(1) 正确穿戴劳动防护用品，正确使用工器具；(2) 进入巡检现场检查周围环境；(3) 配备防暑药品									
工作执行人签名：			日期：		工作负责人开工前确认签名：				日期：
作业步骤		危害因素	可能导致的后果	风险评价					控制措施
				L	*E*	*C*	*D*	风险程度	
作业环境	环境潮湿	(1) 设备潮湿引起短路； (2) 安全距离不够	(1) 触电、电弧灼伤； (2) 其他人身伤害； (3) 设备事故	1	3	15	45	2	(1) 加强通风； (2) 保持设备干燥
	雷、雨、雪天气	(1) 感应雷电流； (2) 道路湿滑、泥泞	(1) 触电、火灾灼伤； (2) 跌倒	1	3	7	21	2	(1) 正确戴安全帽； (2) 正确穿绝缘鞋； (3) 雷雨天气禁止外出作业
	高温天气	中暑	人身伤害	1	3	7	21	2	(1) 合理安排外出工作，及时规避高温天气； (2) 配备防暑药品
检修前准备	安全措施确认	(1) 安全措施不全或不正确； (2) 走错间隔	(1) 触电； (2) 设备事故	1	1	7	7	1	(1) 工作负责人、工作许可人应认真检查工作票所列安全措施是否正确、完备，是否符合现场实际条件； (2) 检修前确认设备间隔位置； (3) 戴绝缘手套，穿绝缘鞋和防电弧服； (4) 使用合格的验电设备验电
	安全交底	(1) 扩大工作范围； (2) 走错间隔或误碰带电设备	(1) 触电； (2) 设备事故	1	1	7	7	1	(1) 工作前对工作班成员进行工作任务明示； (2) 对工作班成员进行安全技术交底
	工器具准备	(1) 使用的工器具无法达到检修作业要求； (2) 工具不全，或工具破损； (3) 使用的试验仪器超过检验期	触电	1	1	7	7	1	检修前确认工器具及试验仪器状态，使用合格的工器具及试验仪器

续表

作业步骤		危害因素	可能导致的后果	风险评价					控制措施
				L	E	C	D	风险程度	
检修前准备	个人防护用品准备	（1）未正确使用安全帽、绝缘手套、绝缘靴； （2）个人防护用品防护等级不符合要求或过期	（1）触电； （2）机械伤害	1	1	15	15	1	（1）正确戴安全帽、绝缘手套，穿绝缘靴； （2）使用合格的个人防护用品
	工作班成员精神状态确认	（1）无法正常完成指定工作； （2）作业过程中无法清醒判断设备是否带电	（1）触电； （2）机械伤害； （3）设备故障	1	1	15	15	1	合理安排工作班成员，精神状态不佳者禁止工作
	执行安全措施	（1）拉错开关、走错间隔； （2）漏执行安全措施	（1）触电； （2）设备事故	1	1	15	15	1	（1）严格按照工作票执行安全措施； （2）执行安全措施时必须有监护人在场
	环境	（1）道路泥泞、湿滑； （2）雷、雨、雪天气	（1）车辆伤害； （2）人身伤害	10	3	3	90	3	（1）提前注意天气变化，有效规避恶劣天气； （2）遇特殊路况，减速慢行； （3）正确使用安全保护用具（安全帽、劳保鞋等）
	车辆	（1）车辆缺陷； （2）超速行驶	人身伤害	6	3	3	54	2	（1）行车前检查车辆状况； （2）系好安全带，减速慢行
检修过程	核对设备位置	（1）走错间隔； （2）误碰带电设备	（1）触电、灼伤； （2）其他人身伤害； （3）设备事故	3	1	15	45	2	（1）戴绝缘手套、安全帽，穿绝缘鞋； （2）谨防误碰或接触带电体
	闸刀操动机构故障处理	（1）设备带电； （2）设备缺陷； （3）机械伤害	（1）触电； （2）人身伤害； （3）设备事故	3	1	15	45	2	（1）正确使用安全工器具； （2）与带电设备保持安全距离； （3）执行工作监护制度； （4）确保设备断电后再开始工作； （5）严禁抛、丢工器具
完工阶段	完工恢复	（1）连接件和紧固件螺栓紧固未达标； （2）临时短接线、接地线未拆除； （3）检修后设备接线不正确	（1）设备事故； （2）电灼伤	1	1	15	15	1	（1）用力矩扳手检查连接件和紧固件螺栓； （2）严格按照工作票执行恢复工作； （3）恢复工作后，经工作负责人最终检查确认，方可办理工作终结手续
	结束工作	（1）遗漏工器具； （2）现场遗留检修杂物； （3）不结束工作票	设备事故	1	1	15	15	1	（1）收齐并检查工器具； （2）清扫检修现场； （3）结束工作票

8. 转换开关故障处理

<table>
<tr><td colspan="3">部门：</td><td colspan="5">分析日期：</td><td>记录编号：</td></tr>
<tr><td colspan="3">作业地点或分析范围：箱式变压器</td><td colspan="6">分析人：</td></tr>
<tr><td colspan="9">作业内容描述：转换开关故障处理</td></tr>
<tr><td colspan="9">主要作业风险：（1）因使用不合适的工器具、穿戴不合适的劳动防护用品导致巡检人员受伤害；（2）触电；（3）灼伤；（4）跌倒；（5）车辆伤害；（6）高处坠落</td></tr>
<tr><td colspan="9">控制措施：（1）正确穿戴劳动防护用品，正确使用工器具；（2）进入巡检现场检查周围环境；（3）配备防暑药品</td></tr>
<tr><td colspan="2">工作执行人签名：</td><td>日期：</td><td colspan="5">工作负责人开工前确认签名：</td><td>日期：</td></tr>
<tr><td colspan="2" rowspan="2">作业步骤</td><td rowspan="2">危害因素</td><td rowspan="2">可能导致的后果</td><td colspan="5">风险评价</td><td rowspan="2">控制措施</td></tr>
<tr><td>L</td><td>E</td><td>C</td><td>D</td><td>风险程度</td></tr>
<tr><td rowspan="3">作业环境</td><td>环境潮湿</td><td>（1）设备潮湿引起短路；
（2）安全距离不够</td><td>（1）触电、电弧灼伤；
（2）其他人身伤害；
（3）设备事故</td><td>1</td><td>3</td><td>15</td><td>45</td><td>2</td><td>（1）加强通风；
（2）保持设备干燥</td></tr>
<tr><td>雷、雨、雪天气</td><td>（1）感应雷电流；
（2）道路湿滑、泥泞</td><td>（1）触电、火灾灼伤；
（2）跌倒</td><td>1</td><td>3</td><td>7</td><td>21</td><td>2</td><td>（1）正确戴安全帽；
（2）正确穿绝缘鞋；
（3）雷雨天气禁止外出作业</td></tr>
<tr><td>高温天气</td><td>中暑</td><td>人身伤害</td><td>1</td><td>3</td><td>7</td><td>21</td><td>2</td><td>（1）合理安排外出工作，及时规避高温天气；
（2）配备防暑药品</td></tr>
<tr><td rowspan="3">检修前准备</td><td>安全措施确认</td><td>（1）安全措施不全或不正确；
（2）走错间隔</td><td>（1）触电；
（2）设备事故</td><td>1</td><td>1</td><td>7</td><td>7</td><td>1</td><td>（1）工作负责人、工作许可人应认真检查工作票所列安全措施是否正确、完备，是否符合现场实际条件；
（2）检修前确认设备间隔位置；
（3）戴绝缘手套，穿绝缘鞋和防电弧服；
（4）使用合格的验电设备验电</td></tr>
<tr><td>安全交底</td><td>（1）扩大工作范围；
（2）走错间隔或误碰带电设备</td><td>（1）触电；
（2）设备事故</td><td>1</td><td>1</td><td>7</td><td>7</td><td>1</td><td>（1）工作前对工作班成员进行工作任务明示；
（2）对工作班成员进行安全技术交底</td></tr>
<tr><td>工器具准备</td><td>（1）使用的工器具无法达到检修作业要求；
（2）工具不全，或工具破损；
（3）使用的试验仪器超过检验期</td><td>触电</td><td>1</td><td>1</td><td>7</td><td>7</td><td>1</td><td>检修前确认工器具及试验仪器状态，使用合格的工器具及试验仪器</td></tr>
</table>

续表

作业步骤		危害因素	可能导致的后果	风险评价					控制措施
				L	E	C	D	风险程度	
检修前准备	个人防护用品准备	（1）未正确使用安全帽、绝缘手套、绝缘靴； （2）个人防护用品防护等级不符合要求或过期	（1）触电； （2）机械伤害	1	1	15	15	1	（1）正确戴安全帽、绝缘手套，穿绝缘靴； （2）使用合格的个人防护用品
	工作班成员精神状态确认	（1）无法正常完成指定工作； （2）作业过程中无法清醒判断设备是否带电	（1）触电； （2）机械伤害； （3）设备故障	1	1	15	15	1	合理安排工作班成员，精神状态不佳者禁止工作
	执行安全措施	（1）拉错开关、走错间隔； （2）漏执行安全措施	（1）触电； （2）设备事故	1	1	15	15	1	（1）严格按照工作票执行安全措施； （2）执行安全措施时必须有监护人在场
	环境	（1）道路泥泞、湿滑； （2）雷、雨、雪天气	（1）车辆伤害； （2）人身伤害	10	3	3	90	3	（1）提前注意天气变化，有效规避恶劣天气； （2）遇特殊路况，减速慢行； （3）正确使用安全保护用具（安全帽、劳保鞋等）
	车辆	（1）车辆缺陷； （2）超速行驶	人身伤害	6	3	3	54	2	（1）行车前检查车辆状况； （2）系好安全带，减速慢行
检修过程	核对设备位置	（1）走错间隔； （2）误碰带电设备	（1）触电、灼伤； （2）其他人身伤害； （3）设备事故	3	1	15	45	2	（1）戴绝缘手套、安全帽，穿绝缘鞋； （2）谨防误碰或接触带电体
	转换开关故障处理	（1）设备带电； （2）设备缺陷； （3）机械伤害	（1）触电； （2）人身伤害； （3）设备事故	3	1	15	45	2	（1）正确使用安全工器具； （2）与带电设备保持安全距离； （3）执行工作监护制度； （4）确保设备断电后再开始工作； （5）严禁抛、丢工器具
完工阶段	完工恢复	（1）连接件和紧固件螺栓紧固未达标； （2）检修后设备接线不正确	（1）设备事故； （2）电灼伤	1	1	15	15	1	（1）用力矩扳手检查连接件和紧固件螺栓； （2）严格按照工作票执行恢复工作； （3）恢复工作后，经工作负责人最终检查确认，方可办理工作终结手续
	结束工作	（1）遗漏工器具； （2）现场遗留检修杂物； （3）不结束工作票	设备事故	1	1	15	15	1	（1）收齐并检查工器具； （2）清扫检修现场； （3）结束工作票

9. 状态指示灯故障处理

<table>
<tr><td colspan="3">部门：</td><td colspan="5">分析日期：</td><td>记录编号：</td></tr>
<tr><td colspan="3">作业地点或分析范围：箱式变压器</td><td colspan="6">分析人：</td></tr>
<tr><td colspan="9">作业内容描述：状态指示灯故障处理</td></tr>
<tr><td colspan="9">主要作业风险：(1) 因使用不合适的工器具、穿戴不合适的劳动防护用品导致巡检人员受伤害；(2) 触电；(3) 灼伤；(4) 跌倒；(5) 车辆伤害；(6) 高处坠落</td></tr>
<tr><td colspan="9">控制措施：(1) 正确穿戴劳动防护用品，正确使用工器具；(2) 进入巡检现场检查周围环境；(3) 配备防暑药品</td></tr>
<tr><td colspan="2">工作执行人签名：</td><td>日期：</td><td colspan="5">工作负责人开工前确认签名：</td><td>日期：</td></tr>
<tr><td rowspan="2">作业步骤</td><td rowspan="2">危害因素</td><td rowspan="2">可能导致的后果</td><td colspan="5">风险评价</td><td rowspan="2">控制措施</td></tr>
<tr><td>L</td><td>E</td><td>C</td><td>D</td><td>风险程度</td></tr>
<tr><td>作业环境：环境潮湿</td><td>(1) 设备潮湿引起短路；
(2) 安全距离不够</td><td>(1) 触电、电弧灼伤；
(2) 其他人身伤害；
(3) 设备事故</td><td>1</td><td>3</td><td>15</td><td>45</td><td>2</td><td>(1) 加强通风；
(2) 保持设备干燥</td></tr>
<tr><td>作业环境：雷、雨、雪天气</td><td>(1) 感应雷电流；
(2) 道路湿滑、泥泞</td><td>(1) 触电、火灾灼伤；
(2) 跌倒</td><td>1</td><td>3</td><td>7</td><td>21</td><td>2</td><td>(1) 正确戴安全帽；
(2) 正确穿绝缘鞋；
(3) 雷雨天气禁止外出作业</td></tr>
<tr><td>作业环境：高温天气</td><td>中暑</td><td>人身伤害</td><td>1</td><td>3</td><td>7</td><td>21</td><td>2</td><td>(1) 合理安排外出工作，及时规避高温天气；
(2) 配备防暑药品</td></tr>
<tr><td>检修前准备：安全措施确认</td><td>(1) 安全措施不全或不正确；
(2) 走错间隔</td><td>(1) 触电；
(2) 设备事故</td><td>1</td><td>1</td><td>7</td><td>7</td><td>1</td><td>(1) 工作负责人、工作许可人应认真检查工作票所列安全措施是否正确、完备，是否符合现场实际条件；
(2) 检修前确认设备间隔位置；
(3) 戴绝缘手套，穿绝缘鞋和防电弧服；
(4) 使用合格的验电设备验电</td></tr>
<tr><td>检修前准备：安全交底</td><td>(1) 扩大工作范围；
(2) 走错间隔或误碰带电设备</td><td>(1) 触电；
(2) 设备事故</td><td>1</td><td>1</td><td>7</td><td>7</td><td>1</td><td>(1) 工作前对工作班成员进行工作任务明示；
(2) 对工作班成员进行安全技术交底</td></tr>
<tr><td>检修前准备：工器具准备</td><td>(1) 使用的工器具无法达到检修作业要求；
(2) 工具不全，或工具破损；
(3) 使用的试验仪器超过检验期</td><td>触电</td><td>1</td><td>1</td><td>7</td><td>7</td><td>1</td><td>检修前确认工器具及试验仪器状态，使用合格的工器具及试验仪器</td></tr>
</table>

续表

作业步骤		危害因素	可能导致的后果	风险评价					控制措施
				L	E	C	D	风险程度	
检修前准备	个人防护用品准备	(1) 未正确使用安全帽、绝缘手套、绝缘靴； (2) 个人防护用品防护等级不符合要求或过期	(1) 触电； (2) 机械伤害	1	1	15	15	1	(1) 正确戴安全帽、绝缘手套，穿绝缘靴； (2) 使用合格的个人防护用品
	工作班成员精神状态确认	(1) 无法正常完成指定工作； (2) 作业过程中无法清醒判断设备是否带电	(1) 触电； (2) 机械伤害； (3) 设备故障	1	1	15	15	1	合理安排工作班成员，精神状态不佳者禁止工作
	执行安全措施	(1) 拉错开关、走错间隔； (2) 漏执行安全措施	(1) 触电； (2) 设备事故	1	1	15	15	1	(1) 严格按照工作票执行安全措施； (2) 执行安全措施时必须有监护人在场
	环境	(1) 道路泥泞、湿滑； (2) 雷、雨、雪天气	(1) 车辆伤害； (2) 人身伤害	10	3	3	90	3	(1) 提前注意天气变化，有效规避恶劣天气； (2) 遇特殊路况，减速慢行； (3) 正确使用安全保护用具（安全帽、劳保鞋等）
	车辆	(1) 车辆缺陷； (2) 超速行驶	人身伤害	6	3	3	54	2	(1) 行车前检查车辆状况； (2) 系好安全带，减速慢行
检修过程	核对设备位置	(1) 走错间隔； (2) 误碰带电设备	(1) 触电、灼伤； (2) 其他人身伤害； (3) 设备事故	3	1	15	45	2	(1) 戴绝缘手套、安全帽，穿绝缘鞋； (2) 谨防误碰或接触带电体
	状态指示灯故障处理	(1) 设备带电； (2) 设备缺陷； (3) 机械伤害	(1) 触电； (2) 人身伤害； (3) 设备事故	3	1	15	45	2	(1) 正确使用安全工器具； (2) 与带电设备保持安全距离； (3) 执行工作监护制度； (4) 确保设备断电后再开始工作； (5) 严禁抛、丢工器具
完工阶段	完工恢复	(1) 连接件和紧固件螺栓紧固未达标； (2) 检修后设备接线不正确	(1) 设备事故； (2) 电灼伤	1	1	15	15	1	(1) 用力矩扳手检查连接件和紧固件螺栓； (2) 严格按照工作票执行恢复工作； (3) 恢复工作后，经工作负责人最终检查确认，方可办理工作终结手续
	结束工作	(1) 遗漏工器具； (2) 现场遗留检修杂物； (3) 不结束工作票	设备事故	1	1	15	15	1	(1) 收齐并检查工器具； (2) 清扫检修现场； (3) 结束工作票

10. 电压、电流表计故障处理

部门：				分析日期：					记录编号：
作业地点或分析范围：箱式变压器				分析人：					
作业内容描述：电压、电流表计故障处理									
主要作业风险：（1）因使用不合适的工器具、穿戴不合适的劳动防护用品导致巡检人员受伤害；（2）触电；（3）灼伤；（4）跌倒；（5）车辆伤害；（6）高处坠落									
控制措施：（1）正确穿戴劳动防护用品，正确使用工器具；（2）进入巡检现场检查周围环境；（3）配备防暑药品									
工作执行人签名：			日期：	工作负责人开工前确认签名：					日期：
作业步骤		危害因素	可能导致的后果	风险评价					控制措施
				L	E	C	D	风险程度	
作业环境	环境潮湿	（1）设备潮湿引起短路； （2）安全距离不够	（1）触电、电弧灼伤； （2）其他人身伤害； （3）设备事故	1	3	15	45	2	（1）加强通风； （2）保持设备干燥
	雷、雨、雪天气	（1）感应雷电流； （2）道路湿滑、泥泞	（1）触电、火灾灼伤； （2）跌倒	1	3	7	21	2	（1）正确戴安全帽； （2）正确穿绝缘鞋； （3）雷雨天气禁止外出作业
	高温天气	中暑	人身伤害	1	3	7	21	2	（1）合理安排外出工作，及时规避高温天气； （2）配备防暑药品
检修前准备	安全措施确认	（1）安全措施不全或不正确； （2）走错间隔	（1）触电； （2）设备事故	1	1	7	7	1	（1）工作负责人、工作许可人应认真检查工作票所列安全措施是否正确、完备，是否符合现场实际条件； （2）检修前确认设备间隔位置； （3）戴绝缘手套，穿绝缘鞋和防电弧服； （4）使用合格的验电设备进行验电
	安全交底	（1）扩大工作范围； （2）走错间隔或误碰带电设备	（1）触电； （2）设备事故	1	1	7	7	1	（1）工作前对工作班成员进行工作任务明示； （2）对工作班成员进行安全技术交底
	工器具准备	（1）使用的工器具无法达到检修作业要求； （2）工具不全，或工具破损； （3）使用的试验仪器超过检验期	触电	1	1	7	7	1	检修前确认工器具及试验仪器状态，使用合格的工器具及试验仪器

续表

作业步骤		危害因素	可能导致的后果	风险评价					控制措施
				L	E	C	D	风险程度	
检修前准备	个人防护用品准备	(1) 未正确使用安全帽、绝缘手套、绝缘靴； (2) 个人防护用品防护等级不符合要求或过期	(1) 触电； (2) 机械伤害	1	1	15	15	1	(1) 正确戴安全帽、绝缘手套，穿绝缘靴； (2) 使用合格的个人防护用品
	工作班成员精神状态确认	(1) 无法正常完成指定工作； (2) 作业过程中无法清醒判断设备是否带电	(1) 触电； (2) 机械伤害； (3) 设备故障	1	1	15	15	1	合理安排工作班成员，精神状态不佳者禁止工作
	执行安全措施	(1) 拉错开关、走错间隔； (2) 漏执行安全措施	(1) 触电； (2) 设备事故	1	1	15	15	1	(1) 严格按照工作票执行安全措施； (2) 执行安全措施时必须有监护人在场
	环境	(1) 道路泥泞、湿滑； (2) 雷、雨、雪天气	(1) 车辆伤害； (2) 人身伤害	10	3	3	90	3	(1) 提前注意天气变化，有效规避恶劣天气； (2) 遇特殊路况，减速慢行； (3) 正确使用安全保护用具（安全帽、劳保鞋等）
	车辆	(1) 车辆缺陷； (2) 超速行驶	人身伤害	6	3	3	54	2	(1) 行车前检查车辆状况； (2) 系好安全带，减速慢行
检修过程	核对设备位置	(1) 走错间隔； (2) 误碰带电设备	(1) 触电、灼伤； (2) 其他人身伤害； (3) 设备事故	3	1	15	45	2	(1) 戴绝缘手套、安全帽，穿绝缘鞋； (2) 谨防误碰或接触带电体
	电压、电流表计故障处理	(1) 设备带电； (2) 设备缺陷； (3) 机械伤害	(1) 触电； (2) 人身伤害； (3) 设备事故	3	1	15	45	2	(1) 正确使用安全工器具； (2) 与带电设备保持安全距离； (3) 执行工作监护制度； (4) 确保设备断电后再开始工作； (5) 严禁抛、丢工器具
完工阶段	完工恢复	(1) 连接件和紧固件螺栓紧固未达标； (2) 检修后设备接线不正确	(1) 设备事故； (2) 电灼伤	1	1	15	15	1	(1) 用力矩扳手检查连接件和紧固件螺栓； (2) 严格按照工作票执行恢复工作； (3) 恢复工作后，经工作负责人最终检查确认，方可办理工作终结手续
	结束工作	(1) 遗漏工器具； (2) 现场遗留检修杂物； (3) 不结束工作票	设备事故	1	1	15	15	1	(1) 收齐并检查工器具； (2) 清扫检修现场； (3) 结束工作票

11. 电压、电流互感器故障处理

部门：　　分析日期：　　记录编号：

作业地点或分析范围：箱式变压器　　分析人：

作业内容描述：电压、电流互感器故障处理

主要作业风险：(1) 因使用不合适的工器具、穿戴不合适的劳动防护用品导致巡检人员受伤害；(2) 触电；(3) 灼伤；(4) 跌倒；(5) 车辆伤害；(6) 高处坠落

控制措施：(1) 正确穿戴劳动防护用品，正确使用工器具；(2) 进入巡检现场检查周围环境；(3) 配备防暑药品

工作执行人签名：　　日期：　　工作负责人开工前确认签名：　　日期：

作业步骤		危害因素	可能导致的后果	风险评价					控制措施
				L	E	C	D	风险程度	
作业环境	环境潮湿	(1) 设备潮湿引起短路； (2) 安全距离不够	(1) 触电、电弧灼伤； (2) 其他人身伤害； (3) 设备事故	1	3	15	45	2	(1) 加强通风； (2) 保持设备干燥
作业环境	雷、雨、雪天气	(1) 感应雷电流； (2) 道路湿滑、泥泞	(1) 触电、火灾灼伤； (2) 跌倒	1	3	7	21	2	(1) 正确戴安全帽； (2) 正确穿绝缘鞋； (3) 雷雨天气禁止外出作业
作业环境	高温天气	中暑	人身伤害	1	3	7	21	2	(1) 合理安排外出工作，及时规避高温天气； (2) 配备防暑药品
检修前准备	安全措施确认	(1) 安全措施不全或不正确； (2) 走错间隔	(1) 触电； (2) 设备事故	1	1	7	7	1	(1) 工作负责人、工作许可人应认真检查工作票所列安全措施是否正确、完备，是否符合现场实际条件； (2) 检修前确认设备间隔位置； (3) 戴绝缘手套，穿绝缘鞋和防电弧服； (4) 使用合格的验电设备验电
检修前准备	安全交底	(1) 扩大工作范围； (2) 走错间隔或误碰带电设备	(1) 触电； (2) 设备事故	1	1	7	7	1	(1) 工作前对工作班成员进行工作任务明示； (2) 对工作班成员进行安全技术交底
检修前准备	工器具准备	(1) 使用的工器具无法达到检修作业要求； (2) 工具不全，或工具破损； (3) 使用的试验仪器超过检验期	触电	1	1	7	7	1	检修前确认工器具及试验仪器状态，使用合格的工器具及试验仪器

续表

作业步骤		危害因素	可能导致的后果	风险评价					控制措施
				L	E	C	D	风险程度	
检修前准备	个人防护用品准备	(1) 未正确使用安全帽、绝缘手套、绝缘靴； (2) 个人防护用品防护等级不符合要求或过期	(1) 触电； (2) 机械伤害	1	1	15	15	1	(1) 正确戴安全帽、绝缘手套，穿绝缘靴； (2) 使用合格的个人防护用品
	工作班成员精神状态确认	(1) 无法正常完成指定工作； (2) 作业过程中无法清醒判断设备是否带电	(1) 触电； (2) 机械伤害； (3) 设备故障	1	1	15	15	1	合理安排工作班成员，精神状态不佳者禁止工作
	执行安全措施	(1) 拉错开关、走错间隔； (2) 漏执行安全措施	(1) 触电； (2) 设备事故	1	1	15	15	1	(1) 严格按照工作票执行安全措施； (2) 执行安全措施时必须有监护人在场
	环境	(1) 道路泥泞、湿滑； (2) 雷、雨、雪天气	(1) 车辆伤害； (2) 人身伤害	10	3	3	90	3	(1) 提前注意天气变化，有效规避恶劣天气； (2) 遇特殊路况，减速慢行； (3) 正确使用安全保护用具（安全帽、劳保鞋等）
	车辆	(1) 车辆缺陷； (2) 超速行驶	人身伤害	6	3	3	54	2	(1) 行车前检查车辆状况； (2) 系好安全带，减速慢行
检修过程	核对设备位置	(1) 走错间隔； (2) 误碰带电设备	(1) 触电、灼伤； (2) 其他人身伤害； (3) 设备事故	3	1	15	45	2	(1) 戴绝缘手套、安全帽，穿绝缘鞋； (2) 谨防误碰或接触带电体
	电压、电流互感器故障处理	(1) 设备带电； (2) 设备缺陷； (3) 机械伤害	(1) 触电； (2) 人身伤害； (3) 设备事故	3	1	15	45	2	(1) 正确使用安全工器具； (2) 与带电设备保持安全距离； (3) 执行工作监护制度； (4) 确保设备断电后再开始工作； (5) 严禁抛、丢工器具
完工阶段	完工恢复	(1) 连接件和紧固件螺栓紧固未达标； (2) 临时短接线、接地线未拆除； (3) 检修后设备接线不正确	(1) 设备事故； (2) 电灼伤	1	1	15	15	1	(1) 用力矩扳手检查连接件和紧固件螺栓； (2) 严格按照工作票执行恢复工作； (3) 恢复工作后，经工作负责人最终检查确认，方可办理工作终结手续
	结束工作	(1) 遗漏工器具； (2) 现场遗留检修杂物； (3) 不结束工作票	设备事故	1	1	15	15	1	(1) 收齐并检查工器具； (2) 清扫检修现场； (3) 结束工作票

12. 更换绝缘子

<table>
<tr><td colspan="3">部门：</td><td colspan="5">分析日期：</td><td>记录编号：</td></tr>
<tr><td colspan="3">作业地点或分析范围：箱式变压器</td><td colspan="6">分析人：</td></tr>
<tr><td colspan="9">作业内容描述：更换绝缘子</td></tr>
<tr><td colspan="9">主要作业风险：（1）因使用不合适的工器具、穿戴不合适的劳动防护用品导致巡检人员受伤害；（2）触电；（3）灼伤；（4）跌倒；（5）车辆伤害；（6）高处坠落</td></tr>
<tr><td colspan="9">控制措施：（1）正确穿戴劳动防护用品，正确使用工器具；（2）进入巡检现场检查周围环境；（3）配备防暑药品</td></tr>
<tr><td colspan="2">工作执行人签名：</td><td>日期：</td><td colspan="5">工作负责人开工前确认签名：</td><td>日期：</td></tr>
<tr><td colspan="2" rowspan="2">作业步骤</td><td rowspan="2">危害因素</td><td rowspan="2">可能导致的后果</td><td colspan="5">风险评价</td><td rowspan="2">控制措施</td></tr>
<tr><td>L</td><td>E</td><td>C</td><td>D</td><td>风险程度</td></tr>
<tr><td rowspan="3">作业环境</td><td>环境潮湿</td><td>（1）设备潮湿引起短路；
（2）安全距离不够</td><td>（1）触电、电弧灼伤；
（2）其他人身伤害；
（3）设备事故</td><td>1</td><td>3</td><td>15</td><td>45</td><td>2</td><td>（1）加强通风；
（2）保持设备干燥</td></tr>
<tr><td>雷、雨、雪天气</td><td>（1）感应雷电流；
（2）道路湿滑、泥泞</td><td>（1）触电、火灾灼伤；
（2）跌倒</td><td>1</td><td>3</td><td>7</td><td>21</td><td>2</td><td>（1）正确戴安全帽；
（2）正确穿绝缘鞋；
（3）雷雨天气禁止外出作业</td></tr>
<tr><td>高温天气</td><td>中暑</td><td>人身伤害</td><td>1</td><td>3</td><td>7</td><td>21</td><td>2</td><td>（1）合理安排外出工作，及时规避高温天气；
（2）配备防暑药品</td></tr>
<tr><td rowspan="3">检修前准备</td><td>安全措施确认</td><td>（1）安全措施不全或不正确；
（2）走错间隔</td><td>（1）触电；
（2）设备事故</td><td>1</td><td>1</td><td>7</td><td>7</td><td>1</td><td>（1）工作负责人、工作许可人应认真检查工作票所列安全措施是否正确、完备，是否符合现场实际条件；
（2）检修前确认设备间隔位置；
（3）戴绝缘手套，穿绝缘鞋和防电弧服；
（4）使用合格的验电设备验电</td></tr>
<tr><td>安全交底</td><td>（1）扩大工作范围；
（2）走错间隔或误碰带电设备</td><td>（1）触电；
（2）设备事故</td><td>1</td><td>1</td><td>7</td><td>7</td><td>1</td><td>（1）工作前对工作班成员进行工作任务明示；
（2）对工作班成员进行安全技术交底</td></tr>
<tr><td>工器具准备</td><td>（1）使用的工器具无法达到检修作业要求；
（2）工具不全，或工具破损；
（3）使用的试验仪器超过检验期</td><td>触电</td><td>1</td><td>1</td><td>7</td><td>7</td><td>1</td><td>检修前确认工器具及试验仪器状态，使用合格的工器具及试验仪器</td></tr>
</table>

续表

作业步骤		危害因素	可能导致的后果	风险评价					控制措施
				L	E	C	D	风险程度	
检修前准备	个人防护用品准备	（1）未正确使用安全帽、绝缘手套、绝缘靴； （2）个人防护用品防护等级不符合要求或过期	（1）触电； （2）机械伤害	1	1	15	15	1	（1）正确戴安全帽、绝缘手套，穿绝缘靴； （2）使用合格的个人防护用品
	工作班成员精神状态确认	（1）无法正常完成指定工作； （2）作业过程中无法清醒判断设备是否带电	（1）触电； （2）机械伤害； （3）设备故障	1	1	15	15	1	合理安排工作班成员，精神状态不佳者禁止工作
	执行安全措施	（1）拉错开关、走错间隔； （2）漏执行安全措施	（1）触电； （2）设备事故	1	1	15	15	1	（1）严格按照工作票执行安全措施； （2）执行安全措施时必须有监护人在场
	环境	（1）道路泥泞、湿滑； （2）雷、雨、雪天气	（1）车辆伤害； （2）人身伤害	10	3	3	90	3	（1）提前注意天气变化，有效规避恶劣天气； （2）遇特殊路况，减速慢行； （3）正确使用安全保护用具（安全帽、劳保鞋等）
	车辆	（1）车辆缺陷； （2）超速行驶	人身伤害	6	3	3	54	2	（1）行车前检查车辆状况； （2）系好安全带，减速慢行
检修过程	核对设备位置	（1）走错间隔； （2）误碰带电设备	（1）触电、灼伤； （2）其他人身伤害； （3）设备事故	3	1	15	45	2	（1）戴绝缘手套、安全帽，穿绝缘鞋； （2）谨防误碰或接触带电体
	更换绝缘子	（1）设备带电； （2）设备缺陷； （3）机械伤害	（1）触电； （2）人身伤害； （3）设备事故	3	1	15	45	2	（1）正确使用安全工器具； （2）与带电设备保持安全距离； （3）执行工作监护制度； （4）确保设备断电后再开始工作； （5）严禁抛、丢工器具
完工阶段	完工恢复	（1）连接件和紧固件螺栓紧固未达标； （2）临时短接线、接地线未拆除； （3）检修后设备接线不正确	（1）设备事故； （2）电灼伤	1	1	15	15	1	（1）用力矩扳手检查连接件和紧固件螺栓； （2）严格按照工作票执行恢复工作； （3）恢复工作后，经工作负责人最终检查确认，方可办理工作终结手续
	结束工作	（1）遗漏工器具； （2）现场遗留检修杂物； （3）不结束工作票	设备事故	1	1	15	15	1	（1）收齐并检查工器具； （2）清扫检修现场； （3）结束工作票

13. 温、湿度控制器故障处理

<table>
<tr><td colspan="3">部门：</td><td colspan="5">分析日期：</td><td>记录编号：</td></tr>
<tr><td colspan="3">作业地点或分析范围：箱式变压器</td><td colspan="6">分析人：</td></tr>
<tr><td colspan="9">作业内容描述：温、湿度控制器故障处理</td></tr>
<tr><td colspan="9">主要作业风险：(1) 因使用不合适的工器具、穿戴不合适的劳动防护用品导致巡检人员受伤害；(2) 触电；(3) 灼伤；(4) 跌倒；(5) 车辆伤害；(6) 高处坠落</td></tr>
<tr><td colspan="9">控制措施：(1) 正确穿戴劳动防护用品，正确使用工器具；(2) 进入巡检现场检查周围环境；(3) 配备防暑药品</td></tr>
<tr><td colspan="2">工作执行人签名：</td><td>日期：</td><td colspan="5">工作负责人开工前确认签名：</td><td>日期：</td></tr>
<tr><td colspan="2" rowspan="2">作业步骤</td><td rowspan="2">危害因素</td><td rowspan="2">可能导致的后果</td><td colspan="5">风险评价</td><td rowspan="2">控制措施</td></tr>
<tr><td>L</td><td>E</td><td>C</td><td>D</td><td>风险程度</td></tr>
<tr><td rowspan="3">作业环境</td><td>环境潮湿</td><td>(1) 设备潮湿引起短路；
(2) 安全距离不够</td><td>(1) 触电、电弧灼伤；
(2) 其他人身伤害；
(3) 设备事故</td><td>1</td><td>3</td><td>15</td><td>45</td><td>2</td><td>(1) 加强通风；
(2) 保持设备干燥</td></tr>
<tr><td>雷、雨、雪天气</td><td>(1) 感应雷电流；
(2) 道路湿滑、泥泞</td><td>(1) 触电、火灾灼伤；
(2) 跌倒</td><td>1</td><td>3</td><td>7</td><td>21</td><td>2</td><td>(1) 正确戴安全帽；
(2) 正确穿绝缘鞋；
(3) 雷雨天气禁止外出作业</td></tr>
<tr><td>高温天气</td><td>中暑</td><td>人身伤害</td><td>1</td><td>3</td><td>7</td><td>21</td><td>2</td><td>(1) 合理安排外出工作，及时规避高温天气；
(2) 配备防暑药品</td></tr>
<tr><td rowspan="3">检修前准备</td><td>安全措施确认</td><td>(1) 安全措施不全或不正确；
(2) 走错间隔</td><td>(1) 触电；
(2) 设备事故</td><td>1</td><td>1</td><td>7</td><td>7</td><td>1</td><td>(1) 工作负责人、工作许可人应认真检查工作票所列安全措施是否正确、完备，是否符合现场实际条件；
(2) 检修前确认设备间隔位置；
(3) 戴绝缘手套，穿绝缘鞋和防电弧服；
(4) 使用合格的验电设备验电</td></tr>
<tr><td>安全交底</td><td>(1) 扩大工作范围；
(2) 走错间隔或误碰带电设备</td><td>(1) 触电；
(2) 设备事故</td><td>1</td><td>1</td><td>7</td><td>7</td><td>1</td><td>(1) 工作前对工作班成员进行工作任务明示；
(2) 对工作班成员进行安全技术交底</td></tr>
<tr><td>工器具准备</td><td>(1) 使用的工器具无法达到检修作业要求；
(2) 工具不全，或工具破损；
(3) 使用的试验仪器超过检验期</td><td>触电</td><td>1</td><td>1</td><td>7</td><td>7</td><td>1</td><td>检修前确认工器具及试验仪器状态，使用合格的工器具及试验仪器</td></tr>
</table>

续表

作业步骤		危害因素	可能导致的后果	风险评价					控制措施
				L	E	C	D	风险程度	
检修前准备	个人防护用品准备	(1) 未正确使用安全帽、绝缘手套、绝缘靴； (2) 个人防护用品防护等级不符合要求或过期	(1) 触电； (2) 机械伤害	1	1	15	15	1	(1) 正确戴安全帽、绝缘手套，穿绝缘靴； (2) 使用合格的个人防护用品
	工作班成员精神状态确认	(1) 无法正常完成指定工作； (2) 作业过程中无法清醒判断设备是否带电	(1) 触电； (2) 机械伤害； (3) 设备故障	1	1	15	15	1	合理安排工作班成员，精神状态不佳者禁止工作
	执行安全措施	(1) 拉错开关、走错间隔； (2) 漏执行安全措施	(1) 触电； (2) 设备事故	1	1	15	15	1	(1) 严格按照工作票执行安全措施； (2) 执行安全措施时必须有监护人在场
	环境	(1) 道路泥泞、湿滑； (2) 雷、雨、雪天气	(1) 车辆伤害； (2) 人身伤害	10	3	3	90	3	(1) 提前注意天气变化，有效规避恶劣天气； (2) 遇特殊路况，减速慢行； (3) 正确使用安全保护用具（安全帽、劳保鞋等）
	车辆	(1) 车辆缺陷； (2) 超速行驶	人身伤害	6	3	3	54	2	(1) 行车前检查车辆状况； (2) 系好安全带，减速慢行
检修过程	核对设备位置	(1) 走错间隔； (2) 误碰带电设备	(1) 触电、灼伤； (2) 其他人身伤害； (3) 设备事故	3	1	15	45	2	(1) 戴绝缘手套、安全帽，穿绝缘鞋； (2) 谨防误碰或接触带电体
	温、湿度控制器故障处理	(1) 设备带电； (2) 设备缺陷； (3) 机械伤害	(1) 触电； (2) 人身伤害； (3) 设备事故	3	1	15	45	2	(1) 正确使用安全工器具； (2) 与带电设备保持安全距离； (3) 执行工作监护制度； (4) 确保设备断电后再开始工作； (5) 严禁抛、丢工器具
完工阶段	完工恢复	(1) 连接件和紧固件螺栓紧固未达标； (2) 临时短接线、接地线未拆除； (3) 检修后设备接线不正确	(1) 设备事故； (2) 电灼伤	1	1	15	15	1	(1) 用力矩扳手检查连接件和紧固件螺栓； (2) 严格按照工作票执行恢复工作； (3) 恢复工作后，经工作负责人最终检查确认，方可办理工作终结手续
	结束工作	(1) 遗漏工器具； (2) 现场遗留检修杂物； (3) 不结束工作票	设备事故	1	1	15	15	1	(1) 收齐并检查工器具； (2) 清扫检修现场； (3) 结束工作票

14. 温度传感器故障处理

<table>
<tr><td colspan="5">部门：</td><td colspan="4">分析日期：</td><td>记录编号：</td></tr>
<tr><td colspan="5">作业地点或分析范围：箱式变压器</td><td colspan="5">分析人：</td></tr>
<tr><td colspan="10">作业内容描述：温度传感器故障处理</td></tr>
<tr><td colspan="10">主要作业风险：（1）因使用不合适的工器具、穿戴不合适的劳动防护用品导致巡检人员受伤害；（2）触电；（3）灼伤；（4）跌倒；（5）车辆伤害；（6）高处坠落</td></tr>
<tr><td colspan="10">控制措施：（1）正确穿戴劳动防护用品，正确使用工器具；（2）进入巡检现场检查周围环境；（3）配备防暑药品</td></tr>
<tr><td colspan="3">工作执行人签名：</td><td>日期：</td><td colspan="5">工作负责人开工前确认签名：</td><td>日期：</td></tr>
<tr><td colspan="2" rowspan="2">作业步骤</td><td rowspan="2">危害因素</td><td rowspan="2">可能导致的后果</td><td colspan="5">风险评价</td><td rowspan="2">控制措施</td></tr>
<tr><td>L</td><td>E</td><td>C</td><td>D</td><td>风险程度</td></tr>
<tr><td rowspan="3">作业环境</td><td>环境潮湿</td><td>（1）设备潮湿引起短路；
（2）安全距离不够</td><td>（1）触电、电弧灼伤；
（2）其他人身伤害；
（3）设备事故</td><td>1</td><td>3</td><td>15</td><td>45</td><td>2</td><td>（1）加强通风；
（2）保持设备干燥</td></tr>
<tr><td>雷、雨、雪天气</td><td>（1）感应雷电流；
（2）道路湿滑、泥泞</td><td>（1）触电、火灾灼伤；
（2）跌倒</td><td>1</td><td>3</td><td>7</td><td>21</td><td>2</td><td>（1）正确戴安全帽；
（2）正确穿绝缘鞋；
（3）雷雨天气禁止外出作业</td></tr>
<tr><td>高温天气</td><td>中暑</td><td>人身伤害</td><td>1</td><td>3</td><td>7</td><td>21</td><td>2</td><td>（1）合理安排外出工作，及时规避高温天气；
（2）配备防暑药品</td></tr>
<tr><td rowspan="3">检修前准备</td><td>安全措施确认</td><td>（1）安全措施不全或不正确；
（2）走错间隔</td><td>（1）触电；
（2）设备事故</td><td>1</td><td>1</td><td>7</td><td>7</td><td>1</td><td>（1）工作负责人、工作许可人应认真检查工作票所列安全措施是否正确、完备，是否符合现场实际条件；
（2）检修前确认设备间隔位置；
（3）戴绝缘手套，穿绝缘鞋和防电弧服；
（4）使用合格的验电设备验电</td></tr>
<tr><td>安全交底</td><td>（1）扩大工作范围；
（2）走错间隔或误碰带电设备</td><td>（1）触电；
（2）设备事故</td><td>1</td><td>1</td><td>7</td><td>7</td><td>1</td><td>（1）工作前对工作班成员进行工作任务明示；
（2）对工作班成员进行安全技术交底</td></tr>
<tr><td>工器具准备</td><td>（1）使用的工器具无法达到检修作业要求；
（2）工具不全，或工具破损；
（3）使用的试验仪器超过检验期</td><td>触电</td><td>1</td><td>1</td><td>7</td><td>7</td><td>1</td><td>检修前确认工器具及试验仪器状态，使用合格的工器具及试验仪器</td></tr>
</table>

续表

作业步骤		危害因素	可能导致的后果	风险评价					控制措施
				L	E	C	D	风险程度	
检修前准备	个人防护用品准备	（1）未正确使用安全帽、绝缘手套、绝缘靴； （2）个人防护用品防护等级不符合要求或过期	（1）触电； （2）机械伤害	1	1	15	15	1	（1）正确戴安全帽、绝缘手套，穿绝缘靴； （2）使用合格的个人防护用品
	工作班成员精神状态确认	（1）无法正常完成指定工作； （2）作业过程中无法清醒判断设备是否带电	（1）触电； （2）机械伤害； （3）设备故障	1	1	15	15	1	合理安排工作班成员，精神状态不佳者禁止工作
	执行安全措施	（1）拉错开关、走错间隔； （2）漏执行安全措施	（1）触电； （2）设备事故	1	1	15	15	1	（1）严格按照工作票执行安全措施； （2）执行安全措施时必须有监护人在场
	环境	（1）道路泥泞、湿滑； （2）雷、雨、雪天气	（1）车辆伤害； （2）人身伤害	10	3	3	90	3	（1）提前注意天气变化，有效规避恶劣天气； （2）遇特殊路况，减速慢行； （3）正确使用安全保护用具（安全帽、劳保鞋等）
	车辆	（1）车辆缺陷； （2）超速行驶	人身伤害	6	3	3	54	2	（1）行车前检查车辆状况； （2）系好安全带，减速慢行
检修过程	核对设备位置	（1）走错间隔； （2）误碰带电设备	（1）触电、灼伤； （2）其他人身伤害； （3）设备事故	3	1	15	45	2	（1）戴绝缘手套、安全帽，穿绝缘鞋； （2）谨防误碰或接触带电体
	温度传感器故障处理	（1）设备带电； （2）设备缺陷； （3）机械伤害	（1）触电； （2）人身伤害； （3）设备事故	3	1	15	45	2	（1）正确使用安全工器具； （2）与带电设备保持安全距离； （3）执行工作监护制度； （4）确保设备断电后再开始工作； （5）严禁抛、丢工器具
完工阶段	完工恢复	（1）连接件和紧固件螺栓紧固未达标； （2）检修后设备接线不正确	（1）设备事故； （2）电灼伤	1	1	15	15	1	（1）用力矩扳手检查连接件和紧固件螺栓； （2）严格按照工作票执行恢复工作； （3）恢复工作后，经工作负责人最终检查确认，方可办理工作终结手续
	结束工作	（1）遗漏工器具； （2）现场遗留检修杂物； （3）不结束工作票	设备事故	1	1	15	15	1	（1）收齐并检查工器具； （2）清扫检修现场； （3）结束工作票

15. 湿度传感器故障处理

<table>
<tr><td colspan="3">部门：</td><td colspan="5">分析日期：</td><td>记录编号：</td></tr>
<tr><td colspan="3">作业地点或分析范围：箱式变压器</td><td colspan="6">分析人：</td></tr>
<tr><td colspan="9">作业内容描述：湿度传感器故障处理</td></tr>
<tr><td colspan="9">主要作业风险：（1）因使用不合适的工器具、穿戴不合适的劳动防护用品导致巡检人员受伤害；（2）触电；（3）灼伤；（4）跌倒；（5）车辆伤害；（6）高处坠落</td></tr>
<tr><td colspan="9">控制措施：（1）正确穿戴劳动防护用品，正确使用工器具；（2）进入巡检现场检查周围环境；（3）配备防暑药品</td></tr>
<tr><td colspan="3">工作执行人签名：</td><td>日期：</td><td colspan="4">工作负责人开工前确认签名：</td><td>日期：</td></tr>
<tr><td colspan="2" rowspan="2">作业步骤</td><td rowspan="2">危害因素</td><td rowspan="2">可能导致的后果</td><td colspan="5">风险评价</td><td rowspan="2">控制措施</td></tr>
<tr><td>L</td><td>E</td><td>C</td><td>D</td><td>风险程度</td></tr>
<tr><td rowspan="3">作业环境</td><td>环境潮湿</td><td>（1）设备潮湿引起短路；
（2）安全距离不够</td><td>（1）触电、电弧灼伤；
（2）其他人身伤害；
（3）设备事故</td><td>1</td><td>3</td><td>15</td><td>45</td><td>2</td><td>（1）加强通风；
（2）保持设备干燥</td></tr>
<tr><td>雷、雨、雪天气</td><td>（1）感应雷电流；
（2）道路湿滑、泥泞</td><td>（1）触电、火灾灼伤；
（2）跌倒</td><td>1</td><td>3</td><td>7</td><td>21</td><td>2</td><td>（1）正确戴安全帽；
（2）正确穿绝缘鞋；
（3）雷雨天气禁止外出作业</td></tr>
<tr><td>高温天气</td><td>中暑</td><td>人身伤害</td><td>1</td><td>3</td><td>7</td><td>21</td><td>2</td><td>（1）合理安排外出工作，及时规避高温天气；
（2）配备防暑药品</td></tr>
<tr><td rowspan="3">检修前准备</td><td>安全措施确认</td><td>（1）安全措施不全或不正确；
（2）走错间隔</td><td>（1）触电；
（2）设备事故</td><td>1</td><td>1</td><td>7</td><td>7</td><td>1</td><td>（1）工作负责人、工作许可人应认真检查工作票所列安全措施是否正确完备，符合现场实际条件；
（2）检修前确认设备间隔位置；
（3）戴绝缘手套，穿绝缘鞋和防电弧服；
（4）使用合格的验电设备验电</td></tr>
<tr><td>安全交底</td><td>（1）扩大工作范围；
（2）走错间隔或误碰带电设备</td><td>（1）触电；
（2）设备事故</td><td>1</td><td>1</td><td>7</td><td>7</td><td>1</td><td>（1）工作前对工作班成员进行工作任务明示；
（2）对工作班成员进行安全技术交底</td></tr>
<tr><td>工器具准备</td><td>（1）使用的工器具无法达到检修作业要求；
（2）工具不全，或工具破损；
（3）使用的试验仪器超过检验期</td><td>触电</td><td>1</td><td>1</td><td>7</td><td>7</td><td>1</td><td>检修前确认工器具及试验仪器状态，使用合格的工器具及试验仪器</td></tr>
</table>

续表

作业步骤		危害因素	可能导致的后果	风险评价					控制措施
				L	E	C	D	风险程度	
检修前准备	个人防护用品准备	(1) 未正确使用安全帽、绝缘手套、穿绝缘靴； (2) 个人防护用品防护等级不符合要求或过期	(1) 触电； (2) 机械伤害	1	1	15	15	1	(1) 正确戴安全帽、绝缘手套，穿绝缘靴； (2) 使用合格的个人防护用品
	工作班成员精神状态确认	(1) 无法正常完成指定工作； (2) 作业过程中无法清醒判断设备是否带电	(1) 触电； (2) 机械伤害； (3) 设备故障	1	1	15	15	1	合理安排工作班成员，精神状态不佳者禁止工作
	执行安全措施	(1) 拉错开关、走错间隔； (2) 漏执行安全措施	(1) 触电； (2) 设备事故	1	1	15	15	1	(1) 严格按照工作票执行安全措施； (2) 执行安全措施时必须有监护人在场
	环境	(1) 道路泥泞、湿滑； (2) 雷、雨、雪天气	(1) 车辆伤害； (2) 人身伤害	10	3	3	90	3	(1) 提前注意天气变化，有效规避恶劣天气； (2) 遇特殊路况，减速慢行； (3) 正确使用安全保护用具（安全帽、劳保鞋等）
	车辆	(1) 车辆缺陷； (2) 超速行驶	人身伤害	6	3	3	54	2	(1) 行车前检查车辆状况； (2) 系好安全带，减速慢行
检修过程	核对设备位置	(1) 走错间隔； (2) 误碰带电设备	(1) 触电、灼伤； (2) 其他人身伤害； (3) 设备事故	3	1	15	45	2	(1) 戴绝缘手套、安全帽，穿绝缘鞋； (2) 谨防误碰或接触带电体
	湿度传感器故障处理	(1) 设备带电； (2) 设备缺陷； (3) 机械伤害	(1) 触电； (2) 人身伤害； (3) 设备事故	3	1	15	45	2	(1) 正确使用安全工器具； (2) 与带电设备保持安全距离； (3) 执行工作监护制度； (4) 确保设备断电后再开始工作； (5) 严禁抛、丢工器具
完工阶段	完工恢复	(1) 连接件和紧固件螺栓紧固未达标； (2) 检修后设备接线不正确	(1) 设备事故； (2) 电灼伤	1	1	15	15	1	(1) 用力矩扳手检查连接件和紧固件螺栓； (2) 严格按照工作票执行恢复工作； (3) 恢复工作后，经工作负责人最终检查确认，方可办理工作终结手续
	结束工作	(1) 遗漏工器具； (2) 现场遗留检修杂物； (3) 不结束工作票	设备事故	1	1	15	15	1	(1) 收齐并检查工器具； (2) 清扫检修现场； (3) 结束工作票

16. 浪涌保护器故障处理

部门：	分析日期：	记录编号：
作业地点或分析范围：箱式变压器	分析人：	
作业内容描述：浪涌保护器故障处理		
主要作业风险：（1）因使用不合适的工器具、穿戴不合适的劳动防护用品导致巡检人员受伤害；（2）触电；（3）灼伤；（4）跌倒；（5）车辆伤害；（6）高处坠落		
控制措施：（1）正确穿戴劳动防护用品，正确使用工器具；（2）进入巡检现场检查周围环境；（3）配备防暑药品		

工作执行人签名：	日期：	工作负责人开工前确认签名：	日期：

作业步骤		危害因素	可能导致的后果	风险评价					控制措施
				L	*E*	*C*	*D*	风险程度	
作业环境	环境潮湿	（1）设备潮湿引起短路； （2）安全距离不够	（1）触电、电弧灼伤； （2）其他人身伤害； （3）设备事故	1	3	15	45	2	（1）加强通风； （2）保持设备干燥
	雷、雨、雪天气	（1）感应雷电流； （2）道路湿滑、泥泞	（1）触电、火灾灼伤； （2）跌倒	1	3	7	21	2	（1）正确戴安全帽； （2）正确穿绝缘鞋； （3）雷雨天气禁止外出作业
	高温天气	中暑	人身伤害	1	3	7	21	2	（1）合理安排外出工作，及时规避高温天气； （2）配备防暑药品
检修前准备	安全措施确认	（1）安全措施不全或不正确； （2）走错间隔	（1）触电； （2）设备事故	1	1	7	7	1	（1）工作负责人、工作许可人应认真检查工作票所列安全措施是否正确、完备，是否符合现场实际条件； （2）检修前确认设备间隔位置； （3）戴绝缘手套，穿绝缘鞋和防电弧服； （4）使用合格的验电设备验电
	安全交底	（1）扩大工作范围； （2）走错间隔或误碰带电设备	（1）触电； （2）设备事故	1	1	7	7	1	（1）工作前对工作班成员进行工作任务明示； （2）对工作班成员进行安全技术交底
	工器具准备	（1）使用的工器具无法达到检修作业要求； （2）工具不全，或工具破损； （3）使用的试验仪器超过检验期	触电	1	1	7	7	1	检修前确认工器具及试验仪器状态，使用合格的工器具及试验仪器

续表

作业步骤		危害因素	可能导致的后果	风险评价					控制措施
				L	E	C	D	风险程度	
检修前准备	个人防护用品准备	（1）未正确使用安全帽、绝缘手套、绝缘靴； （2）个人防护用品防护等级不符合要求或过期	（1）触电； （2）机械伤害	1	1	15	15	1	（1）正确戴安全帽、绝缘手套，穿绝缘靴； （2）使用合格的个人防护用品
	工作班成员精神状态确认	（1）无法正常完成指定工作； （2）作业过程中无法清醒判断设备是否带电	（1）触电； （2）机械伤害； （3）设备故障	1	1	15	15	1	合理安排工作班成员，精神状态不佳者禁止工作
	执行安全措施	（1）拉错开关、走错间隔； （2）漏执行安全措施	（1）触电； （2）设备事故	1	1	15	15	1	（1）严格按照工作票执行安全措施； （2）执行安全措施时必须有监护人在场
	环境	（1）道路泥泞、湿滑； （2）雷、雨、雪天气	（1）车辆伤害； （2）人身伤害	10	3	3	90	3	（1）提前注意天气变化，有效规避恶劣天气； （2）遇特殊路况，减速慢行； （3）正确使用安全保护用具（安全帽、劳保鞋等）
	车辆	（1）车辆缺陷； （2）超速行驶	人身伤害	6	3	3	54	2	（1）行车前检查车辆状况； （2）系好安全带，减速慢行
检修过程	核对设备位置	（1）走错间隔； （2）误碰带电设备	（1）触电、灼伤； （2）其他人身伤害； （3）设备事故	3	1	15	45	2	（1）戴绝缘手套、安全帽，穿绝缘鞋； （2）谨防误碰或接触带电体
	浪涌保护器故障处理	（1）设备带电； （2）设备缺陷； （3）机械伤害	（1）触电； （2）人身伤害； （3）设备事故	3	1	15	45	2	（1）正确使用安全工器具； （2）与带电设备保持安全距离； （3）执行工作监护制度； （4）确保设备断电后再开始工作； （5）严禁抛、丢工器具
完工阶段	完工恢复	（1）连接件和紧固件螺栓紧固未达标； （2）临时短接线、接地线未拆除； （3）检修后设备接线不正确	（1）设备事故； （2）电灼伤	1	1	15	15	1	（1）用力矩扳手检查连接件和紧固件螺栓； （2）严格按照工作票执行恢复工作； （3）恢复工作后，经工作负责人最终检查确认，方可办理工作终结手续
	结束工作	（1）遗漏工器具； （2）现场遗留检修杂物； （3）不结束工作票	设备事故	1	1	15	15	1	（1）收齐并检查工器具； （2）清扫检修现场； （3）结束工作票

17. 熔断器故障处理

<table>
<tr><td colspan="3">部门：</td><td colspan="5">分析日期：</td><td>记录编号：</td></tr>
<tr><td colspan="3">作业地点或分析范围：箱式变压器</td><td colspan="6">分析人：</td></tr>
<tr><td colspan="9">作业内容描述：熔断器故障处理</td></tr>
<tr><td colspan="9">主要作业风险：(1) 因使用不合适的工器具、穿戴不合适的劳动防护用品导致巡检人员受伤害；(2) 触电；(3) 灼伤；(4) 跌倒；(5) 车辆伤害；(6) 高处坠落</td></tr>
<tr><td colspan="9">控制措施：(1) 正确穿戴劳动防护用品，正确使用工器具；(2) 进入巡检现场检查周围环境；(3) 配备防暑药品</td></tr>
<tr><td colspan="3">工作执行人签名：</td><td>日期：</td><td colspan="4">工作负责人开工前确认签名：</td><td>日期：</td></tr>
<tr><td colspan="2" rowspan="2">作业步骤</td><td rowspan="2">危害因素</td><td rowspan="2">可能导致的后果</td><td colspan="5">风险评价</td><td rowspan="2">控制措施</td></tr>
<tr><td>L</td><td>E</td><td>C</td><td>D</td><td>风险程度</td></tr>
<tr><td rowspan="3">作业环境</td><td>环境潮湿</td><td>(1) 设备潮湿引起短路；
(2) 安全距离不够</td><td>(1) 触电、电弧灼伤；
(2) 其他人身伤害；
(3) 设备事故</td><td>1</td><td>3</td><td>15</td><td>45</td><td>2</td><td>(1) 加强通风；
(2) 保持设备干燥</td></tr>
<tr><td>雷、雨、雪天气</td><td>(1) 感应雷电流；
(2) 道路湿滑、泥泞</td><td>(1) 触电、火灾灼伤；
(2) 跌倒</td><td>1</td><td>3</td><td>7</td><td>21</td><td>2</td><td>(1) 正确戴安全帽；
(2) 正确穿绝缘鞋；
(3) 雷雨天气禁止外出作业</td></tr>
<tr><td>高温天气</td><td>中暑</td><td>人身伤害</td><td>1</td><td>3</td><td>7</td><td>21</td><td>2</td><td>(1) 合理安排外出工作，及时规避高温天气；
(2) 配备防暑药品</td></tr>
<tr><td rowspan="3">检修前准备</td><td>安全措施确认</td><td>(1) 安全措施不全或不正确；
(2) 走错间隔</td><td>(1) 触电；
(2) 设备事故</td><td>1</td><td>1</td><td>7</td><td>7</td><td>1</td><td>(1) 工作负责人、工作许可人应认真检查工作票所列安全措施是否正确、完备，是否符合现场实际条件；
(2) 检修前确认设备间隔位置；
(3) 戴绝缘手套，穿绝缘鞋和防电弧服；
(4) 使用合格的验电设备验电</td></tr>
<tr><td>安全交底</td><td>(1) 扩大工作范围；
(2) 走错间隔或误碰带电设备</td><td>(1) 触电；
(2) 设备事故</td><td>1</td><td>1</td><td>7</td><td>7</td><td>1</td><td>(1) 工作前对工作班成员进行工作任务明示；
(2) 对工作班成员进行安全技术交底</td></tr>
<tr><td>工器具准备</td><td>(1) 使用的工器具无法达到检修作业要求；
(2) 工具不全，或工具破损；
(3) 使用的试验仪器超过检验期</td><td>触电</td><td>1</td><td>1</td><td>7</td><td>7</td><td>1</td><td>检修前确认工器具及试验仪器状态，使用合格的工器具及试验仪器</td></tr>
</table>

续表

作业步骤		危害因素	可能导致的后果	风险评价					控制措施
				L	E	C	D	风险程度	
检修前准备	个人防护用品准备	（1）未正确使用安全帽、绝缘手套、绝缘靴； （2）个人防护用品防护等级不符合要求或过期	（1）触电； （2）机械伤害	1	1	15	15	1	（1）正确戴安全帽、绝缘手套，穿绝缘靴； （2）使用合格的个人防护用品
	工作班成员精神状态确认	（1）无法正常完成指定工作； （2）作业过程中无法清醒判断设备是否带电	（1）触电； （2）机械伤害； （3）设备故障	1	1	15	15	1	合理安排工作班成员，精神状态不佳者禁止工作
	执行安全措施	（1）拉错开关、走错间隔； （2）漏执行安全措施	（1）触电； （2）设备事故	1	1	15	15	1	（1）严格按照工作票执行安全措施； （2）执行安全措施时必须有监护人在场
	环境	（1）道路泥泞、湿滑； （2）雷、雨、雪天气	（1）车辆伤害； （2）人身伤害	10	3	3	90	3	（1）提前注意天气变化，有效规避恶劣天气； （2）遇特殊路况，减速慢行； （3）正确使用安全保护用具（安全帽、劳保鞋等）
	车辆	（1）车辆缺陷； （2）超速行驶	人身伤害	6	3	3	54	2	（1）行车前检查车辆状况； （2）系好安全带，减速慢行
检修过程	核对设备位置	（1）走错间隔； （2）误碰带电设备	（1）触电、灼伤； （2）其他人身伤害； （3）设备事故	3	1	15	45	2	（1）戴绝缘手套、安全帽，穿绝缘鞋； （2）谨防误碰或接触带电体
	熔断器故障处理	（1）设备带电； （2）设备缺陷； （3）机械伤害	（1）触电； （2）人身伤害； （3）设备事故	3	1	15	45	2	（1）正确使用安全工器具； （2）与带电设备保持安全距离； （3）执行工作监护制度； （4）确保设备断电后再开始工作； （5）严禁抛、丢工器具
完工阶段	完工恢复	（1）连接件和紧固件螺栓紧固未达标； （2）临时短接线、接地线未拆除； （3）检修后设备接线不正确	（1）设备事故； （2）电灼伤	1	1	15	15	1	（1）用力矩扳手检查连接件和紧固件螺栓； （2）严格按照工作票执行恢复工作； （3）恢复工作后，经工作负责人最终检查确认，方可办理工作终结手续
	结束工作	（1）遗漏工器具； （2）现场遗留检修杂物； （3）不结束工作票	设备事故	1	1	15	15	1	（1）收齐并检查工器具； （2）清扫检修现场； （3）结束工作票

18. 不间断电源（UPS）故障处理

<table>
<tr><td colspan="3">部门：</td><td colspan="6">分析日期：</td><td>记录编号：</td></tr>
<tr><td colspan="4">作业地点或分析范围：箱式变压器</td><td colspan="6">分析人：</td></tr>
<tr><td colspan="10">作业内容描述：不间断电源（UPS）故障处理</td></tr>
<tr><td colspan="10">主要作业风险：（1）因使用不合适的工器具、穿戴不合适的劳动防护用品导致巡检人员受伤害；（2）触电；（3）灼伤；（4）跌倒；（5）车辆伤害；（6）高处坠落</td></tr>
<tr><td colspan="10">控制措施：（1）正确穿戴劳动防护用品，正确使用工器具；（2）进入巡检现场检查周围环境；（3）配备防暑药品</td></tr>
<tr><td colspan="3">工作执行人签名：</td><td>日期：</td><td colspan="5">工作负责人开工前确认签名：</td><td>日期：</td></tr>
<tr><td colspan="2" rowspan="2">作业步骤</td><td rowspan="2">危害因素</td><td rowspan="2">可能导致的后果</td><td colspan="5">风险评价</td><td rowspan="2">控制措施</td></tr>
<tr><td>L</td><td>E</td><td>C</td><td>D</td><td>风险程度</td></tr>
<tr><td rowspan="3">作业环境</td><td>环境潮湿</td><td>（1）设备潮湿引起短路；
（2）安全距离不够</td><td>（1）触电、电弧灼伤；
（2）其他人身伤害；
（3）设备事故</td><td>1</td><td>3</td><td>15</td><td>45</td><td>2</td><td>（1）加强通风；
（2）保持设备干燥</td></tr>
<tr><td>雷、雨、雪天气</td><td>（1）感应雷电流；
（2）道路湿滑、泥泞</td><td>（1）触电、火灾灼伤；
（2）跌倒</td><td>1</td><td>3</td><td>7</td><td>21</td><td>2</td><td>（1）正确戴安全帽；
（2）正确穿绝缘鞋；
（3）雷雨天气禁止外出作业</td></tr>
<tr><td>高温天气</td><td>中暑</td><td>人身伤害</td><td>1</td><td>3</td><td>7</td><td>21</td><td>2</td><td>（1）合理安排外出工作，及时规避高温天气；
（2）配备防暑药品</td></tr>
<tr><td rowspan="3">检修前准备</td><td>安全措施确认</td><td>（1）安全措施不全或不正确；
（2）走错间隔</td><td>（1）触电；
（2）设备事故</td><td>1</td><td>1</td><td>7</td><td>7</td><td>1</td><td>（1）工作负责人、工作许可人应认真检查工作票所列安全措施是否正确、完备，是否符合现场实际条件；
（2）检修前确认设备间隔位置；
（3）戴绝缘手套，穿绝缘鞋和防电弧服；
（4）使用合格的验电设备验电</td></tr>
<tr><td>安全交底</td><td>（1）扩大工作范围；
（2）走错间隔或误碰带电设备</td><td>（1）触电；
（2）设备事故</td><td>1</td><td>1</td><td>7</td><td>7</td><td>1</td><td>（1）工作前对工作班成员进行工作任务明示；
（2）对工作班成员进行安全技术交底</td></tr>
<tr><td>工器具准备</td><td>（1）使用的工器具无法达到检修作业要求；
（2）工具不全，或工具破损；
（3）使用的试验仪器超过检验期</td><td>触电</td><td>1</td><td>1</td><td>7</td><td>7</td><td>1</td><td>检修前确认工器具及试验仪器状态，使用合格的工器具及试验仪器</td></tr>
</table>

续表

作业步骤		危害因素	可能导致的后果	风险评价					控制措施
				L	*E*	*C*	*D*	风险程度	
检修前准备	个人防护用品准备	（1）未正确使用安全帽、绝缘手套、绝缘靴； （2）个人防护用品防护等级不符合要求或过期	（1）触电； （2）机械伤害	1	1	15	15	1	（1）正确戴安全帽、绝缘手套，穿绝缘靴； （2）使用合格的个人防护用品
	工作班成员精神状态确认	（1）无法正常完成指定工作； （2）作业过程中无法清醒判断设备是否带电	（1）触电； （2）机械伤害； （3）设备故障	1	1	15	15	1	合理安排工作班成员，精神状态不佳者禁止工作
	执行安全措施	（1）拉错开关、走错间隔； （2）漏执行安全措施	（1）触电； （2）设备事故	1	1	15	15	1	（1）严格按照工作票执行安全措施； （2）执行安全措施时必须有监护人在场
	环境	（1）道路泥泞、湿滑； （2）雷、雨、雪天气	（1）车辆伤害； （2）人身伤害	10	3	3	90	3	（1）提前注意天气变化，有效规避恶劣天气； （2）遇特殊路况，减速慢行； （3）正确使用安全保护用具（安全帽、劳保鞋等）
	车辆	（1）车辆缺陷； （2）超速行驶	人身伤害	6	3	3	54	2	（1）行车前检查车辆状况； （2）系好安全带，减速慢行
检修过程	核对设备位置	（1）走错间隔； （2）误碰带电设备	（1）触电、灼伤； （2）其他人身伤害； （3）设备事故	3	1	15	45	2	（1）戴绝缘手套、安全帽，穿绝缘鞋； （2）谨防误碰或接触带电体
	不间断电源（UPS）故障处理	（1）设备带电； （2）设备缺陷； （3）机械伤害	（1）触电； （2）人身伤害； （3）设备事故	3	1	15	45	2	（1）正确使用安全工器具； （2）与带电设备保持安全距离； （3）执行工作监护制度； （4）确保设备断电后再开始工作； （5）严禁抛、丢工器具
完工阶段	完工恢复	（1）连接件和紧固件螺栓紧固未达标； （2）临时短接线、接地线未拆除； （3）检修后设备接线不正确	（1）设备事故； （2）电灼伤	1	1	15	15	1	（1）用力矩扳手检查连接件和紧固件螺栓； （2）严格按照工作票执行恢复工作； （3）恢复工作后，经工作负责人最终检查确认，方可办理工作终结手续
	结束工作	（1）遗漏工器具； （2）现场遗留检修杂物； （3）不结束工作票	设备事故	1	1	15	15	1	（1）收齐并检查工器具； （2）清扫检修现场； （3）结束工作票

19. 箱式变压器辅助变压器故障处理

部门：				分析日期：					记录编号：
作业地点或分析范围：箱式变压器				分析人：					
作业内容描述：箱式变压器辅助变压器故障处理									
主要作业风险：（1）因使用不合适的工器具、穿戴不合适的劳动防护用品导致巡检人员受伤害；（2）触电；（3）灼伤；（4）跌倒；（5）车辆伤害；（6）高处坠落									
控制措施：（1）正确穿戴劳动防护用品，正确使用工器具；（2）进入巡检现场检查周围环境；（3）配备防暑药品									
工作执行人签名：			日期：	工作负责人开工前确认签名：					日期：
作业步骤		危害因素	可能导致的后果	风险评价					控制措施
				L	*E*	*C*	*D*	风险程度	
作业环境	环境潮湿	（1）设备潮湿引起短路； （2）安全距离不够	（1）触电、电弧灼伤； （2）其他人身伤害； （3）设备事故	1	3	15	45	2	（1）加强通风； （2）保持设备干燥
	雷、雨、雪天气	（1）感应雷电流； （2）道路湿滑、泥泞	（1）触电、火灾灼伤； （2）跌倒	1	3	7	21	2	（1）正确戴安全帽； （2）正确穿绝缘鞋； （3）雷雨天气禁止外出作业
	高温天气	中暑	人身伤害	1	3	7	21	2	（1）合理安排外出工作，及时规避高温天气； （2）配备防暑药品
检修前准备	安全措施确认	（1）安全措施不全或不正确； （2）走错间隔	（1）触电； （2）设备事故	1	1	7	7	1	（1）工作负责人、工作许可人应认真检查工作票所列安全措施是否正确完备，符合现场实际条件； （2）检修前确认设备间隔位置； （3）戴绝缘手套，穿绝缘鞋和防电弧服； （4）使用合格的验电设备验电
	安全交底	（1）扩大工作范围； （2）走错间隔或误碰带电设备	（1）触电； （2）设备事故	1	1	7	7	1	（1）工作前对工作班成员进行工作任务明示； （2）对工作班成员进行安全技术交底
	工器具准备	（1）使用的工器具无法达到检修作业要求； （2）工具不全，或工具破损； （3）使用的试验仪器超过检验期	触电	1	1	7	7	1	检修前确认工器具及试验仪器状态，使用合格的工器具及试验仪器

续表

作业步骤		危害因素	可能导致的后果	风险评价					控制措施
				L	E	C	D	风险程度	
检修前准备	个人防护用品准备	（1）未正确使用安全帽、绝缘手套、绝缘靴； （2）个人防护用品防护等级不符合要求或过期	（1）触电； （2）机械伤害	1	1	15	15	1	（1）正确戴安全帽、绝缘手套，穿绝缘靴； （2）使用合格的个人防护用品
	工作班成员精神状态确认	（1）无法正常完成指定工作； （2）作业过程中无法清醒判断设备是否带电	（1）触电； （2）机械伤害； （3）设备故障	1	1	15	15	1	合理安排工作班成员，精神状态不佳者禁止工作
	执行安全措施	（1）拉错开关、走错间隔； （2）漏执行安全措施	（1）触电； （2）设备事故	1	1	15	15	1	（1）严格按照工作票执行安全措施； （2）执行安全措施时必须有监护人在场
	环境	（1）道路泥泞、湿滑； （2）雷、雨、雪天气	（1）车辆伤害； （2）人身伤害	10	3	3	90	3	（1）提前注意天气变化，有效规避恶劣天气； （2）遇特殊路况，减速慢行； （3）正确使用安全保护用具（安全帽、劳保鞋等）
	车辆	（1）车辆缺陷； （2）超速行驶	人身伤害	6	3	3	54	2	（1）行车前检查车辆状况； （2）系好安全带，减速慢行
检修过程	核对设备位置	（1）走错间隔； （2）误碰带电设备	（1）触电、灼伤； （2）其他人身伤害； （3）设备事故	3	1	15	45	2	（1）戴绝缘手套、安全帽，穿绝缘鞋； （2）谨防误碰或接触带电体
	箱式变压器辅助变压器故障处理	（1）设备带电； （2）设备缺陷； （3）机械伤害	（1）触电； （2）人身伤害； （3）设备事故	3	1	15	45	2	（1）正确使用安全工器具； （2）与带电设备保持安全距离； （3）执行工作监护制度； （4）确保设备断电后再开始工作； （5）严禁抛、丢工器具
完工阶段	完工恢复	（1）连接件和紧固件螺栓紧固未达标； （2）临时短接线、接地线未拆除； （3）检修后设备接线不正确	（1）设备事故； （2）电灼伤	1	1	15	15	1	（1）用力矩扳手检查连接件和紧固件螺栓； （2）严格按照工作票执行恢复工作； （3）恢复工作后，经工作负责人最终检查确认，方可办理工作终结手续
	结束工作	（1）遗漏工器具； （2）现场遗留检修杂物； （3）不结束工作票	设备事故	1	1	15	15	1	（1）收齐并检查工器具； （2）清扫检修现场； （3）结束工作票

20. 箱式变压器一般故障处理

部门：		分析日期：	记录编号：
作业地点或分析范围：箱式变压器		分析人：	
作业内容描述：风扇故障处理			
主要作业风险：（1）因使用不合适的工器具、穿戴不合适的劳动防护用品导致巡检人员受伤害；（2）触电；（3）灼伤；（4）跌倒；（5）车辆伤害；（6）高处坠落			
控制措施：（1）正确穿戴劳动防护用品，正确使用工器具；（2）进入巡检现场检查周围环境；（3）配备防暑药品			
工作执行人签名：	日期：	工作负责人开工前确认签名：	日期：

作业步骤		危害因素	可能导致的后果	风险评价					控制措施
				L	*E*	*C*	*D*	风险程度	
作业环境	环境潮湿	（1）设备潮湿引起短路； （2）安全距离不够	（1）触电、电弧灼伤； （2）其他人身伤害； （3）设备事故	1	3	15	45	2	（1）加强通风； （2）保持设备干燥
	雷、雨、雪天气	（1）感应雷电流； （2）道路湿滑、泥泞	（1）触电、火灾灼伤； （2）跌倒	1	3	7	21	2	（1）正确戴安全帽； （2）正确穿绝缘鞋； （3）雷雨天气禁止外出作业
	高温天气	中暑	人身伤害	1	3	7	21	2	（1）合理安排外出工作，及时规避高温天气； （2）配备防暑药品
检修前准备	工器具准备	（1）使用的工器具无法达到检修作业要求； （2）工具不全，或工具破损； （3）使用的试验仪器超过检验期	触电	1	1	7	7	1	检修前确认工器具及试验仪器状态，使用合格的工器具及试验仪器
	个人防护用品准备	（1）未正确使用安全帽、绝缘手套、绝缘靴； （2）个人防护用品防护等级不符合要求或过期	（1）触电； （2）机械伤害	1	1	15	15	1	（1）正确戴安全帽、绝缘手套，穿绝缘靴； （2）使用合格的个人防护用品
	工作班成员精神状态确认	（1）无法正常完成指定工作； （2）作业过程中无法清醒判断设备是否带电	（1）触电； （2）机械伤害； （3）设备故障	1	1	15	15	1	合理安排工作班成员，精神状态不佳者禁止工作

续表

作业步骤		危害因素	可能导致的后果	风险评价					控制措施
				L	*E*	*C*	*D*	风险程度	
检修前准备	执行安全措施	(1) 拉错开关、走错间隔； (2) 漏执行安全措施	(1) 触电； (2) 设备事故	1	1	15	15	1	(1) 严格按照工作票执行安全措施； (2) 执行安全措施时必须有监护人在场
	环境	(1) 道路泥泞、湿滑； (2) 雷、雨、雪天气	(1) 车辆伤害； (2) 人身伤害	10	3	3	90	3	(1) 提前注意天气变化，有效规避恶劣天气； (2) 遇特殊路况，减速慢行； (3) 正确使用安全保护用具（安全帽、劳保鞋等）
	车辆	(1) 车辆缺陷； (2) 超速行驶	人身伤害	6	3	3	54	2	(1) 行车前检查车辆状况； (2) 系好安全带，减速慢行
检修过程	核对设备位置	(1) 走错间隔； (2) 误碰带电设备	(1) 触电、灼伤； (2) 其他人身伤害； (3) 设备事故	3	1	15	45	2	(1) 戴绝缘手套、安全帽，穿绝缘鞋； (2) 谨防误碰或接触带电体
	风扇故障处理	(1) 设备带电； (2) 设备缺陷； (3) 机械伤害	(1) 触电； (2) 人身伤害； (3) 设备事故	3	1	15	45	2	(1) 正确使用安全工器具； (2) 与带电设备保持安全距离； (3) 执行工作监护制度； (4) 确保设备断电后再开始工作； (5) 严禁抛、丢工器具
	照明故障处理	(1) 设备带电； (2) 设备缺陷； (3) 机械伤害	(1) 触电； (2) 人身伤害； (3) 设备事故	3	1	15	45	2	(1) 正确使用安全工器具； (2) 与带电设备保持安全距离； (3) 执行工作监护制度； (4) 确保设备断电后再开始工作； (5) 严禁抛、丢工器具
	电磁锁故障处理	(1) 设备带电； (2) 设备缺陷； (3) 机械伤害	(1) 触电； (2) 人身伤害； (3) 设备事故	3	1	15	45	2	(1) 正确使用安全工器具； (2) 与带电设备保持安全距离； (3) 执行工作监护制度； (4) 确保设备断电后再开始工作； (5) 严禁抛、丢工器具
	带电显示器故障处理	(1) 设备带电； (2) 设备缺陷； (3) 机械伤害	(1) 触电； (2) 人身伤害； (3) 设备事故	3	1	15	45	2	(1) 正确使用安全工器具； (2) 与带电设备保持安全距离； (3) 执行工作监护制度； (4) 确保设备断电后再开始工作； (5) 严禁抛、丢工器具

续表

作业步骤		危害因素	可能导致的后果	风险评价					控制措施
				L	E	C	D	风险程度	
检修过程	加热器故障处理	（1）设备带电； （2）设备缺陷； （3）机械伤害	（1）触电； （2）人身伤害； （3）设备事故	3	1	15	45	2	（1）正确使用安全工器具； （2）与带电设备保持安全距离； （3）执行工作监护制度； （4）确保设备断电后再开始工作； （5）严禁抛、丢工器具
	箱式变压器本体清扫	（1）设备带电； （2）设备缺陷； （3）机械伤害	（1）触电； （2）人身伤害； （3）设备事故	3	1	15	45	2	（1）正确使用安全工器具； （2）与带电设备保持安全距离； （3）执行工作监护制度； （4）确保设备断电后再开始工作； （5）严禁抛、丢工器具
完工阶段	完工恢复	（1）连接件和紧固件螺栓紧固未达标； （2）检修后设备接线不正确	（1）设备事故； （2）电灼伤	1	1	15	15	1	（1）用力矩扳手检查连接件和紧固件螺栓； （2）严格按照工作票执行恢复工作； （3）恢复工作后，经工作负责人最终检查确认，方可办理工作终结手续
	结束工作	（1）遗漏工器具； （2）现场遗留检修杂物； （3）不结束工作票	设备事故	1	1	15	15	1	（1）收齐并检查工器具； （2）清扫检修现场； （3）结束工作票

21. 变压器漏油处理

部门：	分析日期：	记录编号：
作业地点或分析范围：箱式变压器	分析人：	
作业内容描述：变压器漏油处理		
主要作业风险：(1) 人员精神状态不佳；(2) 触电；(3) 设备事故；(4) 走错间隔；(5) 机械伤害；(6) 灼伤		
控制措施：(1) 办理工作票、操作票；(2) 穿戴个人防护用品；(3) 设备恢复运行状态前进行全面检查；(4) 工作前对工作班成员进行安全交底		
工作执行人签名： 日期：	工作负责人开工前确认签名：	日期：

作业步骤		危害因素	可能导致的后果	风险评价					控制措施
				L	E	C	D	风险程度	
作业环境	环境潮湿	(1) 设备潮湿引起短路； (2) 安全距离不够	(1) 触电、电弧灼伤； (2) 其他人身伤害； (3) 设备事故	1	3	15	45	2	(1) 加强通风； (2) 保持设备干燥
	雷、雨、雪天气	(1) 感应雷电流； (2) 道路湿滑、泥泞	(1) 触电、火灾灼伤； (2) 跌倒	1	3	7	21	2	(1) 正确戴安全帽； (2) 正确穿绝缘鞋； (3) 雷雨天气禁止外出作业
	高温天气	中暑	人身伤害	1	3	7	21	2	(1) 合理安排外出工作，及时规避高温天气； (2) 配备防暑药品
检修前准备	工器具准备	(1) 使用的工器具无法达到检修作业要求； (2) 工具不全，或工具破损； (3) 使用的试验仪器超过检验期	触电	1	1	7	7	1	检修前确认工器具及试验仪器状态，使用合格的工器具及试验仪器
	个人防护用品准备	(1) 未正确使用安全帽、绝缘手套、绝缘靴； (2) 个人防护用品防护等级不符合要求或过期	(1) 触电； (2) 机械伤害	1	1	15	15	1	(1) 正确戴安全帽、绝缘手套，穿绝缘靴； (2) 使用合格的个人防护用品
	工作班成员精神状态确认	(1) 无法正常完成指定工作； (2) 作业过程中无法清醒判断设备是否带电	(1) 触电； (2) 机械伤害； (3) 设备故障	1	1	15	15	1	合理安排工作班成员，精神状态不佳者禁止工作

续表

作业步骤		危害因素	可能导致的后果	风险评价					控制措施
				L	*E*	*C*	*D*	风险程度	
检修前准备	执行安全措施	(1) 拉错开关、走错间隔； (2) 漏执行安全措施	(1) 触电； (2) 设备事故	1	1	15	15	1	(1) 严格按照工作票执行安全措施； (2) 执行安全措施时必须有监护人在场
	环境	(1) 道路泥泞、湿滑； (2) 雷、雨、雪天气	(1) 车辆伤害； (2) 人身伤害	10	3	3	90	3	(1) 提前注意天气变化，有效规避恶劣天气； (2) 遇特殊路况，减速慢行； (3) 正确使用安全保护用具（安全帽、劳保鞋等）
检修过程	核对设备位置	(1) 走错间隔； (2) 误碰带电设备	(1) 触电、灼伤； (2) 其他人身伤害； (3) 设备事故	3	1	15	45	2	(1) 戴绝缘手套、安全帽，穿绝缘鞋； (2) 谨防误碰或接触带电体
	变压器漏油处理	(1) 设备带电； (2) 设备缺陷； (3) 机械伤害	(1) 触电； (2) 人身伤害； (3) 设备事故	3	1	15	45	2	(1) 正确使用安全工器具； (2) 与带电设备保持安全距离； (3) 执行工作监护制度； (4) 确保设备断电后再开始工作； (5) 严禁抛、丢工器具
完工阶段	完工恢复	设备带电	(1) 设备事故； (2) 电灼伤	1	1	15	15	1	(1) 严格按照工作票执行恢复工作； (2) 恢复工作后，经工作负责人最终检查确认，方可办理工作终结手续
	结束工作	(1) 遗漏工器具； (2) 现场遗留检修杂物； (3) 不结束工作票	设备事故	1	1	15	15	1	(1) 收齐并检查工器具； (2) 清扫检修现场； (3) 结束工作票

七、环境检测设备

1. 环境检测主机故障处理

部门：		分析日期：	记录编号：
作业地点或分析范围：环境检测设备		分析人：	
作业内容描述：环境检测主机故障处理			
主要作业风险：（1）因使用不合适的工器具、穿戴不合适的劳动防护用品导致巡检人员受伤害；（2）触电；（3）灼伤；（4）跌倒；（5）车辆伤害；（6）高处坠落			
控制措施：（1）正确穿戴劳动防护用品，正确使用工器具；（2）进入巡检现场检查周围环境；（3）配备防暑药品			
工作执行人签名：	日期：	工作负责人开工前确认签名：	日期：

作业步骤		危害因素	可能导致的后果	风险评价					控制措施
				L	*E*	*C*	*D*	风险程度	
作业环境	环境潮湿	（1）设备潮湿引起短路； （2）安全距离不够	（1）触电、电弧灼伤； （2）其他人身伤害； （3）设备事故	1	3	15	45	2	（1）加强通风； （2）保持设备干燥
作业环境	雷、雨、雪天气	（1）感应雷电流； （2）道路湿滑、泥泞	（1）触电、火灾灼伤； （2）跌倒	1	3	7	21	2	（1）正确戴安全帽； （2）正确穿绝缘鞋； （3）雷雨天气禁止外出作业
作业环境	高温天气	中暑	人身伤害	1	3	7	21	2	（1）合理安排外出工作，及时规避高温天气； （2）配备防暑药品
检修前准备	安全措施确认	（1）安全措施不全或不正确； （2）走错间隔	（1）触电； （2）设备事故	1	1	7	7	1	（1）工作负责人、工作许可人应认真检查工作票所列安全措施是否正确、完备，是否符合现场实际条件； （2）检修前确认设备间隔位置； （3）戴绝缘手套，穿绝缘鞋和防电弧服； （4）使用合格的验电设备验电
检修前准备	安全交底	（1）扩大工作范围； （2）走错间隔或误碰带电设备	（1）触电； （2）设备事故	1	1	7	7	1	（1）工作前对工作班成员进行工作任务明示； （2）对工作班成员进行安全技术交底
检修前准备	工器具准备	（1）使用的工器具无法达到检修作业要求； （2）工具不全，或工具破损； （3）使用的试验仪器超过检验期	触电	1	1	7	7	1	检修前确认工器具及试验仪器状态，使用合格的工器具及试验仪器

续表

作业步骤		危害因素	可能导致的后果	风险评价					控制措施
				L	E	C	D	风险程度	
检修前准备	个人防护用品准备	（1）未正确戴安全帽、绝缘手套，穿绝缘靴；（2）个人防护用品防护等级不符合要求或过期	（1）触电；（2）机械伤害	1	1	15	15	1	（1）正确戴安全帽、绝缘手套，穿绝缘靴；（2）使用合格的个人防护用品
	工作班成员精神状态确认	（1）无法正常完成指定工作；（2）作业过程中无法清醒判断设备是否带电	（1）触电；（2）机械伤害；（3）设备故障	1	1	15	15	1	合理安排工作班成员，精神状态不佳者禁止工作
	执行安全措施	（1）拉错开关、走错间隔；（2）漏执行安全措施	（1）触电；（2）设备事故	1	1	15	15	1	（1）严格按照工作票执行安全措施；（2）执行安全措施时必须有监护人在场
	环境	（1）道路泥泞、湿滑；（2）雷、雨、雪天气	（1）车辆伤害；（2）人身伤害	10	3	3	90	3	（1）提前注意天气变化，有效规避恶劣天气；（2）遇特殊路况，减速慢行；（3）正确使用安全保护用具（安全帽、劳保鞋等）
	车辆	（1）车辆缺陷；（2）超速行驶	人身伤害	6	3	3	54	2	（1）行车前检查车辆状况；（2）系好安全带，减速慢行
检修过程	核对设备位置	（1）走错间隔；（2）误碰带电设备；（3）高处坠落	（1）触电、灼伤；（2）其他人身伤害；（3）设备事故	3	1	15	45	2	（1）戴绝缘手套、安全帽，穿绝缘鞋；（2）谨防误碰或接触带电体；（3）正确佩戴安全带、安全帽
	环境检测主机故障处理	（1）带电作业；（2）设备缺陷；（3）高处作业	（1）触电；（2）人身伤害；（3）设备事故	3	1	15	45	2	（1）正确使用安全工器具；（2）与带电设备保持安全距离；（3）执行工作监护制度；（4）确保设备断电后再开始工作；（5）严禁抛、丢工器具；（6）高处作业前佩戴安全帽、安全带、限位绳
完工阶段	完工恢复	（1）连接件和紧固件螺栓紧固未达标；（2）临时短接线、接地线未拆除；（3）检修后设备接线不正确	（1）设备事故；（2）电灼伤	1	1	15	15	1	（1）用力矩扳手检查连接件和紧固件螺栓；（2）严格按照工作票执行恢复工作；（3）恢复工作后，经工作负责人最终检查确认，方可办理工作终结手续
	结束工作	（1）遗漏工器具；（2）现场遗留检修杂物；（3）不结束工作票	设备事故	1	1	15	15	1	（1）收齐并检查工器具；（2）清扫检修现场；（3）结束工作票

2. 温度传感器故障处理

<table>
<tr><td colspan="3">部门：</td><td colspan="5">分析日期：</td><td colspan="2">记录编号：</td></tr>
<tr><td colspan="3">作业地点或分析范围：环境检测设备</td><td colspan="7">分析人：</td></tr>
<tr><td colspan="10">作业内容描述：温度传感器故障处理</td></tr>
<tr><td colspan="10">主要作业风险：（1）因使用不合适的工器具、穿戴不合适的劳动防护用品导致巡检人员受伤害；（2）触电；（3）灼伤；（4）跌倒；（5）车辆伤害；（6）高处坠落</td></tr>
<tr><td colspan="10">控制措施：（1）正确穿戴劳动防护用品，正确使用工器具；（2）进入巡检现场检查周围环境；（3）配备防暑药品</td></tr>
<tr><td colspan="3">工作执行人签名：</td><td>日期：</td><td colspan="5">工作负责人开工前确认签名：</td><td>日期：</td></tr>
<tr><td colspan="2" rowspan="2">作业步骤</td><td rowspan="2">危害因素</td><td rowspan="2">可能导致的后果</td><td colspan="5">风险评价</td><td rowspan="2">控制措施</td></tr>
<tr><td>L</td><td>E</td><td>C</td><td>D</td><td>风险程度</td></tr>
<tr><td rowspan="3">作业环境</td><td>环境潮湿</td><td>（1）设备潮湿引起短路；
（2）安全距离不够</td><td>（1）触电、电弧灼伤；
（2）其他人身伤害；
（3）设备事故</td><td>1</td><td>3</td><td>15</td><td>45</td><td>2</td><td>（1）加强通风；
（2）保持设备干燥</td></tr>
<tr><td>雷、雨、雪天气</td><td>（1）感应雷电流；
（2）道路湿滑、泥泞</td><td>（1）触电、火灾灼伤；
（2）跌倒</td><td>1</td><td>3</td><td>7</td><td>21</td><td>2</td><td>（1）正确戴安全帽；
（2）正确穿绝缘鞋；
（3）雷雨天气禁止外出作业</td></tr>
<tr><td>高温天气</td><td>中暑</td><td>人身伤害</td><td>1</td><td>3</td><td>7</td><td>21</td><td>2</td><td>（1）合理安排外出工作，及时规避高温天气；
（2）配备防暑药品</td></tr>
<tr><td rowspan="3">检修前准备</td><td>安全措施确认</td><td>（1）安全措施不全或不正确；
（2）走错间隔</td><td>（1）触电；
（2）设备事故</td><td>1</td><td>1</td><td>7</td><td>7</td><td>1</td><td>（1）工作负责人、工作许可人应认真检查工作票所列安全措施是否正确、完备，是否符合现场实际条件；
（2）检修前确认设备间隔位置；
（3）戴绝缘手套，穿绝缘鞋和防电弧服；
（4）使用合格的验电设备进行验电</td></tr>
<tr><td>安全交底</td><td>（1）扩大工作范围；
（2）走错间隔或误碰带电设备</td><td>（1）触电；
（2）设备事故</td><td>1</td><td>1</td><td>7</td><td>7</td><td>1</td><td>（1）工作前对工作班成员进行工作任务明示；
（2）对工作班成员进行安全技术交底</td></tr>
<tr><td>工器具准备</td><td>（1）使用的工器具无法达到检修作业要求；
（2）工具不全，或工具破损；
（3）使用的试验仪器超过检验期</td><td>触电</td><td>1</td><td>1</td><td>7</td><td>7</td><td>1</td><td>检修前确认工器具及试验仪器状态，使用合格的工器具及试验仪器</td></tr>
</table>

续表

作业步骤		危害因素	可能导致的后果	风险评价					控制措施
				L	E	C	D	风险程度	
检修前准备	个人防护用品准备	（1）未正确使用安全帽、绝缘手套、绝缘靴； （2）个人防护用品防护等级不符合要求或过期	（1）触电； （2）机械伤害	1	1	15	15	1	（1）正确戴安全帽、绝缘手套，穿绝缘靴； （2）使用合格的个人防护用品
	工作班成员精神状态确认	（1）无法正常完成指定工作； （2）作业过程中无法清醒判断设备是否带电	（1）触电； （2）机械伤害； （3）设备故障	1	1	15	15	1	合理安排工作班成员，精神状态不佳者禁止工作
	执行安全措施	（1）拉错开关、走错间隔； （2）漏执行安全措施	（1）触电； （2）设备事故	1	1	15	15	1	（1）严格按照工作票执行安全措施； （2）执行安全措施时必须有监护人在场
	环境	（1）道路泥泞、湿滑； （2）雷、雨、雪天气	（1）车辆伤害； （2）人身伤害	10	3	3	90	3	（1）提前注意天气变化，有效规避恶劣天气； （2）遇特殊路况，减速慢行； （3）正确使用安全保护用具（安全帽、劳保鞋等）
	车辆	（1）车辆缺陷； （2）超速行驶	人身伤害	6	3	3	54	2	（1）行车前检查车辆状况； （2）系好安全带，减速慢行
检修过程	核对设备位置	（1）走错间隔； （2）误碰带电设备； （3）高处坠落	（1）触电、灼伤； （2）其他人身伤害； （3）设备事故	3	1	15	45	2	（1）戴绝缘手套、安全帽，穿绝缘鞋； （2）谨防误碰或接触带电体； （3）正确佩戴安全带、安全帽
	温度传感器故障处理	（1）带电作业； （2）设备缺陷； （3）高处作业	（1）触电； （2）人身伤害； （3）设备事故	3	1	15	45	2	（1）正确使用安全工器具； （2）与带电设备保持安全距离； （3）执行工作监护制度； （4）确保设备断电后再开始工作； （5）严禁抛、丢工器具； （6）高处作业前佩戴安全帽、安全带、限位绳
完工阶段	完工恢复	检修后设备接线不正确	（1）设备事故； （2）电灼伤	1	1	15	15	1	（1）严格按照工作票执行恢复工作； （2）恢复工作后，经工作负责人最终检查确认，方可办理工作终结手续
	结束工作	（1）遗漏工器具； （2）现场遗留检修杂物； （3）不结束工作票	设备事故	1	1	15	15	1	（1）收齐并检查工器具； （2）清扫检修现场； （3）结束工作票

3. 湿度传感器故障处理

部门：									分析日期：	记录编号：
作业地点或分析范围：环境检测设备									分析人：	
作业内容描述：湿度传感器故障处理										
主要作业风险：（1）因使用不合适的工器具、穿戴不合适的劳动防护用品导致巡检人员受伤害；（2）触电；（3）灼伤；（4）跌倒；（5）车辆伤害；（6）高处坠落										
控制措施：（1）正确穿戴劳动防护用品，正确使用工器具；（2）进入巡检现场检查周围环境；（3）配备防暑药品										
工作执行人签名：			日期：						工作负责人开工前确认签名：	日期：

作业步骤		危害因素	可能导致的后果	风险评价					控制措施
				L	E	C	D	风险程度	
作业环境	环境潮湿	（1）设备潮湿引起短路； （2）安全距离不够	（1）触电、电弧灼伤； （2）其他人身伤害； （3）设备事故	1	3	15	45	2	（1）加强通风； （2）保持设备干燥
	雷、雨、雪天气	（1）感应雷电流； （2）道路湿滑、泥泞	（1）触电、火灾灼伤； （2）跌倒	1	3	7	21	2	（1）正确戴安全帽； （2）正确穿绝缘鞋； （3）雷雨天气禁止外出作业
	高温天气	中暑	人身伤害	1	3	7	21	2	（1）合理安排外出工作，及时规避高温天气； （2）配备防暑药品
检修前准备	安全措施确认	（1）安全措施不全或不正确； （2）走错间隔	（1）触电； （2）设备事故	1	1	7	7	1	（1）工作负责人、工作许可人应认真检查工作票所列安全措施是否正确、完备，是否符合现场实际条件； （2）检修前确认设备间隔位置； （3）戴绝缘手套，穿绝缘鞋和防电弧服； （4）使用合格的验电设备验电
	安全交底	（1）扩大工作范围； （2）走错间隔或误碰带电设备	（1）触电； （2）设备事故	1	1	7	7	1	（1）工作前对工作班成员进行工作任务明示； （2）对工作班成员进行安全技术交底
	工器具准备	（1）使用的工器具无法达到检修作业要求； （2）工具不全，或工具破损； （3）使用的试验仪器超过检验期	触电	1	1	7	7	1	检修前确认工器具及试验仪器状态，使用合格的工器具及试验仪器

续表

作业步骤		危害因素	可能导致的后果	风险评价					控制措施
				L	*E*	*C*	*D*	风险程度	
检修前准备	个人防护用品准备	（1）未正确使用安全帽、绝缘手套、绝缘靴； （2）个人防护用品防护等级不符合要求或过期	（1）触电； （2）机械伤害	1	1	15	15	1	（1）正确戴安全帽、绝缘手套，穿绝缘靴； （2）使用合格的个人防护用品
	工作班成员精神状态确认	（1）无法正常完成指定工作； （2）作业过程中无法清醒判断设备是否带电	（1）触电； （2）机械伤害； （3）设备故障	1	1	15	15	1	合理安排工作班成员，精神状态不佳者禁止工作
	执行安全措施	（1）拉错开关、走错间隔； （2）漏执行安全措施	（1）触电； （2）设备事故	1	1	15	15	1	（1）严格按照工作票执行安全措施； （2）执行安全措施时必须有监护人在场
	环境	（1）道路泥泞、湿滑； （2）雷、雨、雪天气	（1）车辆伤害； （2）人身伤害	10	3	3	90	3	（1）提前注意天气变化，有效规避恶劣天气； （2）遇特殊路况，减速慢行； （3）正确使用安全保护用具（安全帽、劳保鞋等）
	车辆	（1）车辆缺陷； （2）超速行驶	人身伤害	6	3	3	54	2	（1）行车前检查车辆状况； （2）系好安全带，减速慢行
检修过程	核对设备位置	（1）走错间隔； （2）误碰带电设备； （3）高处坠落	（1）触电、灼伤； （2）其他人身伤害； （3）设备事故	3	1	15	45	2	（1）戴绝缘手套、安全帽，穿绝缘鞋； （2）谨防误碰或接触带电体； （3）正确佩戴安全带、安全帽
	湿度传感器故障处理	（1）带电作业； （2）设备缺陷； （3）高处作业	（1）触电； （2）人身伤害； （3）设备事故	3	1	15	45	2	（1）正确使用安全工器具； （2）与带电设备保持安全距离； （3）执行工作监护制度； （4）确保设备断电后再开始工作； （5）严禁抛、丢工器具； （6）高处作业前佩戴安全帽、安全带、限位绳
完工阶段	完工恢复	检修后设备接线不正确	（1）设备事故； （2）电灼伤	1	1	15	15	1	（1）严格按照工作票执行恢复工作； （2）恢复工作后，经工作负责人最终检查确认，方可办理工作终结手续
	结束工作	（1）遗漏工器具； （2）现场遗留检修杂物； （3）不结束工作票	设备事故	1	1	15	15	1	（1）收齐并检查工器具； （2）清扫检修现场； （3）结束工作票

4. 辐射传感器故障处理

<table>
<tr><td colspan="4">部门：</td><td colspan="5">分析日期：</td><td>记录编号：</td></tr>
<tr><td colspan="4">作业地点或分析范围：环境检测设备</td><td colspan="6">分析人：</td></tr>
<tr><td colspan="10">作业内容描述：辐射传感器故障处理</td></tr>
<tr><td colspan="10">主要作业风险：（1）因使用不合适的工器具、穿戴不合适的劳动防护用品导致巡检人员受伤害；（2）触电；（3）灼伤；（4）跌倒；（5）车辆伤害；（6）高处坠落</td></tr>
<tr><td colspan="10">控制措施：（1）正确穿戴劳动防护用品，正确使用工器具；（2）进入巡检现场检查周围环境；（3）配备防暑药品</td></tr>
<tr><td colspan="3">工作执行人签名：</td><td>日期：</td><td colspan="5">工作负责人开工前确认签名：</td><td>日期：</td></tr>
<tr><td colspan="2" rowspan="2">作业步骤</td><td rowspan="2">危害因素</td><td rowspan="2">可能导致的后果</td><td colspan="5">风险评价</td><td rowspan="2">控制措施</td></tr>
<tr><td>L</td><td>E</td><td>C</td><td>D</td><td>风险程度</td></tr>
<tr><td rowspan="3">作业环境</td><td>环境潮湿</td><td>（1）设备潮湿引起短路；
（2）安全距离不够</td><td>（1）触电、电弧灼伤；
（2）其他人身伤害；
（3）设备事故</td><td>1</td><td>3</td><td>15</td><td>45</td><td>2</td><td>（1）加强通风；
（2）保持设备干燥</td></tr>
<tr><td>雷、雨、雪天气</td><td>（1）感应雷电流；
（2）道路湿滑、泥泞</td><td>（1）触电、火灾灼伤；
（2）跌倒</td><td>1</td><td>3</td><td>7</td><td>21</td><td>2</td><td>（1）正确戴安全帽；
（2）正确穿绝缘鞋；
（3）雷雨天气禁止外出作业</td></tr>
<tr><td>高温天气</td><td>中暑</td><td>人身伤害</td><td>1</td><td>3</td><td>7</td><td>21</td><td>2</td><td>（1）合理安排外出工作，及时规避高温天气；
（2）配备防暑药品</td></tr>
<tr><td rowspan="3">检修前准备</td><td>安全措施确认</td><td>（1）安全措施不全或不正确；
（2）走错间隔</td><td>（1）触电；
（2）设备事故</td><td>1</td><td>1</td><td>7</td><td>7</td><td>1</td><td>（1）工作负责人、工作许可人应认真检查工作票所列安全措施是否正确、完备，是否符合现场实际条件；
（2）检修前确认设备间隔位置；
（3）戴绝缘手套，穿绝缘鞋和防电弧服；
（4）使用合格的验电设备验电</td></tr>
<tr><td>安全交底</td><td>（1）扩大工作范围；
（2）走错间隔或误碰带电设备</td><td>（1）触电；
（2）设备事故</td><td>1</td><td>1</td><td>7</td><td>7</td><td>1</td><td>（1）工作前对工作班成员进行工作任务明示；
（2）对工作班成员进行安全技术交底</td></tr>
<tr><td>工器具准备</td><td>（1）使用的工器具无法达到检修作业要求；
（2）工具不全，或工具破损；
（3）使用的试验仪器超过检验期</td><td>触电</td><td>1</td><td>1</td><td>7</td><td>7</td><td>1</td><td>检修前确认工器具及试验仪器状态，使用合格的工器具及试验仪器</td></tr>
</table>

续表

作业步骤		危害因素	可能导致的后果	风险评价					控制措施
				L	E	C	D	风险程度	
检修前准备	个人防护用品准备	（1）未正确佩戴安全帽、绝缘手套，穿绝缘靴； （2）个人防护用品防护等级不符合要求或过期	（1）触电； （2）机械伤害	1	1	15	15	1	（1）正确戴安全帽、绝缘手套，穿绝缘靴； （2）使用合格的个人防护用品
	工作班成员精神状态确认	（1）无法正常完成指定工作； （2）作业过程中无法清醒判断设备是否带电	（1）触电； （2）机械伤害； （3）设备故障	1	1	15	15	1	合理安排工作班成员，精神状态不佳者禁止工作
	执行安全措施	（1）拉错开关、走错间隔； （2）漏执行安全措施	（1）触电； （2）设备事故	1	1	15	15	1	（1）严格按照工作票执行安全措施； （2）执行安全措施时必须有监护人在场
	环境	（1）道路泥泞、湿滑； （2）雷、雨、雪天气	（1）车辆伤害； （2）人身伤害	10	3	3	90	3	（1）提前注意天气变化，有效规避恶劣天气； （2）遇特殊路况，减速慢行； （3）正确使用安全保护用具（安全帽、劳保鞋等）
	车辆	（1）车辆缺陷； （2）超速行驶	人身伤害	6	3	3	54	2	（1）行车前检查车辆状况； （2）系好安全带，减速慢行
检修过程	核对设备位置	（1）走错间隔； （2）误碰带电设备； （3）高处坠落	（1）触电、灼伤； （2）其他人身伤害； （3）设备事故	3	1	15	45	2	（1）戴绝缘手套、安全帽，穿绝缘鞋； （2）谨防误碰或接触带电体； （3）正确佩戴安全带、安全帽
	辐射传感器故障处理	（1）带电作业； （2）设备缺陷； （3）高处作业	（1）触电； （2）人身伤害； （3）设备事故	3	1	15	45	2	（1）正确使用安全工器具； （2）与带电设备保持安全距离； （3）执行工作监护制度； （4）确保设备断电后再开始工作； （5）严禁抛、丢工器具； （6）高处作业前佩戴安全帽、安全带、限位绳
完工阶段	完工恢复	检修后设备接线不正确	（1）设备事故； （2）电灼伤	1	1	15	15	1	（1）严格按照工作票执行恢复工作； （2）恢复工作后，经工作负责人最终检查确认，方可办理工作终结手续
	结束工作	（1）遗漏工器具； （2）现场遗留检修杂物； （3）不结束工作票	设备事故	1	1	15	15	1	（1）收齐并检查工器具； （2）清扫检修现场； （3）结束工作票

5. 风向、风速仪故障处理

部门：	分析日期：	记录编号：
作业地点或分析范围：环境检测设备	分析人：	
作业内容描述：风向、风速仪故障处理		
主要作业风险：（1）因使用不合适的工器具、穿戴不合适的劳动防护用品导致巡检人员受伤害；（2）触电；（3）灼伤；（4）跌倒；（5）车辆伤害；（6）高处坠落		
控制措施：（1）正确穿戴劳动防护用品，正确使用工器具；（2）进入巡检现场检查周围环境；（3）配备防暑药品		
工作执行人签名： 日期：	工作负责人开工前确认签名：	日期：

作业步骤		危害因素	可能导致的后果	风险评价					控制措施
				L	E	C	D	风险程度	
作业环境	环境潮湿	（1）设备潮湿引起短路； （2）安全距离不够	（1）触电、电弧灼伤； （2）其他人身伤害； （3）设备事故	1	3	15	45	2	（1）加强通风； （2）保持设备干燥
作业环境	雷、雨、雪天气	（1）感应雷电流； （2）道路湿滑、泥泞	（1）触电、火灾灼伤； （2）跌倒	1	3	7	21	2	（1）正确戴安全帽； （2）正确穿绝缘鞋； （3）雷雨天气禁止外出作业
作业环境	高温天气	中暑	人身伤害	1	3	7	21	2	（1）合理安排外出工作，及时规避高温天气； （2）配备防暑药品
检修前准备	安全措施确认	（1）安全措施不全或不正确； （2）走错间隔	（1）触电； （2）设备事故	1	1	7	7	1	（1）工作负责人、工作许可人应认真检查工作票所列安全措施是否正确、完备，是否符合现场实际条件； （2）检修前确认设备间隔位置； （3）戴绝缘手套，穿绝缘鞋和防电弧服； （4）使用合格的验电设备验电
检修前准备	安全交底	（1）扩大工作范围； （2）走错间隔或误碰带电设备	（1）触电； （2）设备事故	1	1	7	7	1	（1）工作前对工作班成员进行工作任务明示； （2）对工作班成员进行安全技术交底
检修前准备	工器具准备	（1）使用的工器具无法达到检修作业要求； （2）工具不全，或工具破损； （3）使用的试验仪器超过检验期	触电	1	1	7	7	1	检修前确认工器具及试验仪器状态，使用合格的工器具及试验仪器

续表

作业步骤		危害因素	可能导致的后果	风险评价					控制措施
				L	E	C	D	风险程度	
检修前准备	个人防护用品准备	(1) 未正确使用安全帽、绝缘手套、绝缘靴； (2) 个人防护用品防护等级不符合要求或过期	(1) 触电； (2) 机械伤害	1	1	15	15	1	(1) 正确戴安全帽、绝缘手套，穿绝缘靴； (2) 使用合格的个人防护用品
	工作班成员精神状态确认	(1) 无法正常完成指定工作； (2) 作业过程中无法清醒判断设备是否带电	(1) 触电； (2) 机械伤害； (3) 设备故障	1	1	15	15	1	合理安排工作班成员，精神状态不佳者禁止工作
	执行安全措施	(1) 拉错开关、走错间隔； (2) 漏执行安全措施	(1) 触电； (2) 设备事故	1	1	15	15	1	(1) 严格按照工作票执行安全措施； (2) 执行安全措施时必须有监护人在场
	环境	(1) 道路泥泞、湿滑； (2) 雷、雨、雪天气	(1) 车辆伤害； (2) 人身伤害	10	3	3	90	3	(1) 提前注意天气变化，有效规避恶劣天气； (2) 遇特殊路况，减速慢行； (3) 正确使用安全保护用具（安全帽、劳保鞋等）
	车辆	(1) 车辆缺陷； (2) 超速行驶	人身伤害	6	3	3	54	2	(1) 行车前检查车辆状况； (2) 系好安全带，减速慢行
检修过程	核对设备位置	(1) 走错间隔； (2) 误碰带电设备； (3) 高处坠落	(1) 触电、灼伤； (2) 其他人身伤害； (3) 设备事故	3	1	15	45	2	(1) 戴绝缘手套、安全帽，穿绝缘鞋； (2) 谨防误碰或接触带电体； (3) 正确佩戴安全带、安全帽
	风向、风速仪故障处理	(1) 带电作业； (2) 设备缺陷； (3) 高处作业	(1) 触电； (2) 人身伤害； (3) 设备事故	3	1	15	45	2	(1) 正确使用安全工器具； (2) 与带电设备保持安全距离； (3) 执行工作监护制度； (4) 确保设备断电后再开始工作； (5) 严禁抛、丢工器具； (6) 高处作业前佩戴安全帽、安全带、限位绳
完工阶段	完工恢复	检修后设备接线不正确	(1) 设备事故； (2) 电灼伤	1	1	15	15	1	(1) 严格按照工作票执行恢复工作； (2) 恢复工作后，经工作负责人最终检查确认，方可办理工作终结手续
	结束工作	(1) 遗漏工器具； (2) 现场遗留检修杂物； (3) 不结束工作票	设备事故	1	1	15	15	1	(1) 收齐并检查工器具； (2) 清扫检修现场； (3) 结束工作票

八、电气设备操作

1. 10kV 箱式变压器由运行改为热备用

<table>
<tr><td colspan="5">风电场/光伏电站：</td><td colspan="5">分析日期：</td><td>记录编号：</td></tr>
<tr><td colspan="5">作业地点或分析范围：箱式变压器</td><td colspan="6">分析人：</td></tr>
<tr><td colspan="11">作业内容描述：10kV 箱式变压器由运行改为热备用</td></tr>
<tr><td colspan="11">主要作业风险：（1）因工作对象不清或错误，或填错操作票造成误送电或设备带电；（2）因走错间隔、误拉或误合开关造成触电、电弧灼伤、火灾、设备异常、设备故障</td></tr>
<tr><td colspan="11">控制措施：（1）正确填写、核对工作票，双人确认操作电源系统、标牌和设备的双重名称；（2）操作时戴绝缘手套、面罩，穿绝缘鞋和防电弧服，正确使用验电器</td></tr>
<tr><td colspan="3">工作执行人签名：</td><td>日期：</td><td colspan="6">工作负责人开工前确认签名：</td><td>日期：</td></tr>
<tr><td colspan="2" rowspan="2">作业步骤</td><td rowspan="2">危害因素</td><td rowspan="2">可能导致的后果</td><td colspan="5">风险评价</td><td colspan="2" rowspan="2">控制措施</td></tr>
<tr><td>L</td><td>E</td><td>C</td><td>D</td><td>风险程度</td></tr>
<tr><td>作业环境</td><td>天气潮湿</td><td>设备潮湿引起短路</td><td>（1）触电、电弧灼伤；
（2）设备事故</td><td>1</td><td>3</td><td>15</td><td>45</td><td>2</td><td colspan="2">（1）选择适当时机操作，湿度过大时应采取相应措施；
（2）保持设备干燥</td></tr>
<tr><td rowspan="6">操作前准备</td><td>接收操作指令</td><td>工作对象不清楚</td><td>（1）触电；
（2）设备事故</td><td>1</td><td>1</td><td>15</td><td>15</td><td>1</td><td colspan="2">明确操作目的，防止弄错对象</td></tr>
<tr><td>确定操作对象、核对设备运行方式</td><td>误操作其他设备</td><td>（1）触电；
（2）设备事故</td><td>1</td><td>1</td><td>15</td><td>15</td><td>1</td><td colspan="2">正确核对设备位置、名称和状态</td></tr>
<tr><td>填写操作票</td><td>填错操作票引起误操作</td><td>（1）触电；
（2）设备事故</td><td>3</td><td>1</td><td>15</td><td>15</td><td>1</td><td colspan="2">（1）正确填写操作票，检查操作票填写内容是否正确；
（2）操作票填完后必须经监护人和值长确认无误</td></tr>
<tr><td>选择合适的工器具</td><td>工器具选择不当</td><td>（1）触电；
（2）拖延检修进度</td><td>3</td><td>1</td><td>45</td><td>45</td><td>2</td><td colspan="2">（1）选择合适的工器具；
（2）检查工器具，应完好、可靠；
（3）正确使用工器具</td></tr>
<tr><td>穿戴合适的防护用品</td><td>防护用品穿戴不规范</td><td>（1）触电；
（2）电弧灼伤；
（3）机械伤害</td><td>3</td><td>1</td><td>45</td><td>45</td><td>2</td><td colspan="2">（1）戴安全帽、穿绝缘鞋；
（2）穿长袖工作服，扣好衣服和袖口；
（3）戴绝缘手套</td></tr>
<tr><td>通信联系</td><td>通信不畅或通信错误</td><td>（1）扩大事故；
（2）加重人员伤害</td><td>3</td><td>1</td><td>45</td><td>45</td><td>2</td><td colspan="2">（1）携带对讲机，操作时保持联系；
（2）保持通信设备电量充足</td></tr>
</table>

续表

作业步骤		危害因素	可能导致的后果	风险评价					控制措施
				L	E	C	D	风险程度	
操作前准备	工作班成员精神状态确认	（1）无法正常完成指定工作； （2）作业过程中无法清醒判断危险点	（1）触电； （2）设备事故	3	1	15	45	2	合理安排工作班成员，精神状态不佳者禁止工作
	环境	雷雨天气	（1）触电； （2）设备事故	3	1	15	45	2	雷雨天气禁止工作
操作过程	核对设备初始位置	（1）走错间隔； （2）误分合开关或闸刀	（1）触电； （2）电弧灼伤； （3）设备事故	3	1	15	45	2	（1）戴绝缘手套、安全帽，穿绝缘鞋； （2）核实操作票内容和设备状态； （3）执行监护制度，唱票，确认设备位置、名称标牌，严格执行操作票制度； （4）与带电体保持安全距离
	拉开箱式变压器低压侧开关	（1）未确认操作内容； （2）误碰带电体； （3）操作顺序不当	（1）触电； （2）电弧灼伤； （3）设备事故	3	1	15	45	2	（1）核对设备名称和编号，检查设备状态； （2）戴绝缘手套、安全帽，穿绝缘鞋； （3）操作时与带电设备保持安全距离； （4）操作开关后要对机械、电气指示进行确认
	拉开箱式变压器10kV负荷开关	（1）未确认操作内容； （2）误碰带电体； （3）操作顺序不当	（1）触电； （2）电弧灼伤； （3）设备事故	3	1	15	45	2	（1）核对设备名称和编号，检查设备状态； （2）戴绝缘手套、安全帽，穿绝缘鞋； （3）操作时与带电设备保持安全距离； （4）操作开关后要对机械、电气指示进行确认
操作结束	检查作业现场	有工具遗留在作业现场	设备事故	3	1	15	45	2	操作完成后对现场进行检查，确保没有工具遗漏

2. 10kV箱式变压器由热备用改为检修

<table>
<tr><td colspan="3">风电场/光伏电站：</td><td colspan="5">分析日期：</td><td>记录编号：</td></tr>
<tr><td colspan="3">作业地点或分析范围：箱式变压器</td><td colspan="6">分析人：</td></tr>
<tr><td colspan="9">作业内容描述：10kV箱式变压器由热备用改为检修</td></tr>
<tr><td colspan="9">主要作业风险：(1) 因工作对象不清或错误，或填错操作票造成误送电或设备带电；(2) 因走错间隔、误拉或误合开关造成触电、电弧灼伤、火灾、设备异常、设备故障</td></tr>
<tr><td colspan="9">控制措施：(1) 正确填写、核对工作票，双人确认操作电源系统、标牌和设备的双重名称；(2) 操作时戴绝缘手套、面罩，穿绝缘鞋和防电弧服，正确使用验电器</td></tr>
<tr><td colspan="2">工作执行人签名：</td><td>日期：</td><td colspan="5">工作负责人开工前确认签名：</td><td>日期：</td></tr>
<tr><td colspan="2" rowspan="2">作业步骤</td><td rowspan="2">危害因素</td><td rowspan="2">可能导致的后果</td><td colspan="5">风险评价</td><td rowspan="2">控制措施</td></tr>
<tr><td>L</td><td>E</td><td>C</td><td>D</td><td>风险程度</td></tr>
<tr><td>作业环境</td><td>天气潮湿</td><td>设备潮湿引起短路</td><td>(1) 触电、电弧灼伤；
(2) 设备事故</td><td>1</td><td>3</td><td>15</td><td>45</td><td>2</td><td>(1) 选择适当时机操作，湿度过大时应采取相应措施；
(2) 保持设备干燥</td></tr>
<tr><td rowspan="6">操作前准备</td><td>接收操作指令</td><td>工作对象不清楚</td><td>(1) 触电；
(2) 设备事故</td><td>1</td><td>1</td><td>15</td><td>15</td><td>1</td><td>明确操作目的，防止弄错对象</td></tr>
<tr><td>确定操作对象、核对设备运行方式</td><td>误操作其他设备</td><td>(1) 触电；
(2) 设备事故</td><td>1</td><td>1</td><td>15</td><td>15</td><td>1</td><td>正确核对设备位置、名称和状态</td></tr>
<tr><td>填写操作票</td><td>填错操作票引起误操作</td><td>(1) 触电；
(2) 设备事故</td><td>3</td><td>1</td><td>15</td><td>15</td><td>1</td><td>(1) 正确填写操作票，检查操作票填写内容是否正确；
(2) 操作票填完后必须经监护人和值长确认无误</td></tr>
<tr><td>选择合适的工器具</td><td>工器具选择不当</td><td>(1) 触电；
(2) 拖延检修进度</td><td>3</td><td>1</td><td>45</td><td>45</td><td>2</td><td>(1) 选择合适的工器具；
(2) 检查工器具，应完好、可靠；
(3) 正确使用工器具</td></tr>
<tr><td>穿戴合适的防护用品</td><td>防护用品穿戴不规范</td><td>(1) 触电；
(2) 电弧灼伤；
(3) 机械伤害</td><td>3</td><td>1</td><td>45</td><td>45</td><td>2</td><td>(1) 戴安全帽、穿绝缘鞋；
(2) 穿长袖工作服，扣好衣服和袖口；
(3) 戴绝缘手套</td></tr>
<tr><td>通信联系</td><td>通信不畅或通信错误</td><td>(1) 扩大事故；
(2) 加重人员伤害</td><td>3</td><td>1</td><td>45</td><td>45</td><td>2</td><td>(1) 携带对讲机，操作时保持联系；
(2) 保持通信设备电量充足</td></tr>
</table>

续表

作业步骤		危害因素	可能导致的后果	风险评价					控制措施
				L	E	C	D	风险程度	
操作前准备	工作班成员精神状态确认	（1）无法正常完成指定工作； （2）作业过程中无法清醒判断危险点	（1）触电； （2）设备事故	3	1	15	45	2	合理安排工作班成员，精神状态不佳者禁止工作
	环境	雷雨天气	（1）触电； （2）设备事故	3	1	15	45	2	雷雨天气禁止工作
操作过程	核对设备初始位置	（1）走错间隔； （2）误分、合开关或闸刀	（1）触电； （2）电弧灼伤； （3）设备事故	3	1	15	45	2	（1）戴绝缘手套、安全帽，穿绝缘鞋； （2）核实操作票内容和设备状态； （3）执行监护制度，唱票，确认设备位置、名称标牌，严格执行操作票制度； （4）与带电体保持安全距离
	在箱式变压器高、低压侧验明确无电压	（1）未确认操作内容； （2）误碰带电体； （3）操作顺序不当	（1）触电； （2）电弧灼伤； （3）设备事故	3	1	15	45	2	（1）核对设备名称和编号，检查设备状态； （2）戴绝缘手套、安全帽，穿绝缘鞋； （3）操作时与带电设备保持安全距离； （4）操作开关后要对机械、电气指示进行确认
	合上箱式变压器接地开关（闸刀）	（1）未确认操作内容； （2）误碰带电体； （3）操作顺序不当	（1）触电； （2）电弧灼伤； （3）设备事故	3	1	15	45	2	（1）核对设备名称和编号，检查设备状态； （2）戴绝缘手套、安全帽，穿绝缘鞋； （3）操作时与带电设备保持安全距离； （4）操作开关后要对机械、电气指示进行确认
操作结束	检查作业现场	有工具遗留在作业现场	设备事故	3	1	15	45	2	操作完成后对现场进行检查，确保没有工具遗漏

3. 10kV 集电开关由运行改为冷备用

风电场/光伏电站：		分析日期：	记录编号：
作业地点或分析范围：集电柜		分析人：	
作业内容描述：10kV 集电开关由运行改为冷备用			
主要作业风险：(1) 因工作对象不清或错误，或填错操作票造成误送电或设备带电；(2) 因走错间隔、误拉或误合开关造成触电、电弧灼伤、火灾、设备异常、设备故障			
控制措施：(1) 正确填写、核对工作票，双人确认操作电源系统、标牌和设备的双重名称；(2) 操作时戴绝缘手套、面罩，穿绝缘鞋和防电弧服，正确使用验电器			
工作执行人签名：	日期：	工作负责人开工前确认签名：	日期：

作业步骤		危害因素	可能导致的后果	风险评价					控制措施
				L	E	C	D	风险程度	
作业环境	天气潮湿	设备潮湿引起短路	(1) 触电、电弧灼伤； (2) 设备事故	1	3	15	45	2	(1) 选择适当时机操作，湿度过大时应采取相应措施； (2) 保持设备干燥
操作前准备	接收操作指令	工作对象不清楚	(1) 触电； (2) 设备事故	1	1	15	15	1	明确操作目的，防止弄错对象
	确定操作对象、核对设备运行方式	误操作其他设备	(1) 触电； (2) 设备事故	1	1	15	15	1	正确核对设备位置、名称和状态
	填写操作票	填错操作票引起误操作	(1) 触电； (2) 设备事故	3	1	15	15	1	(1) 正确填写操作票，检查操作票填写内容是否正确； (2) 操作票填完后必须经监护人和值长确认无误
	选择合适的工器具	工器具选择不当	(1) 触电； (2) 拖延检修进度	3	1	45	45	2	(1) 选择合适的工器具； (2) 检查工器具，应完好、可靠； (3) 正确使用工器具
	穿戴合适的防护用品	防护用品穿戴不规范	(1) 触电； (2) 电弧灼伤； (3) 机械伤害	3	1	45	45	2	(1) 戴安全帽、穿绝缘鞋； (2) 穿长袖工作服，扣好衣服和袖口； (3) 戴绝缘手套
	通信联系	通信不畅或通信错误	(1) 扩大事故； (2) 加重人员伤害	3	1	45	45	2	(1) 携带对讲机，操作时保持联系； (2) 保持通信设备电量充足

续表

作业步骤		危害因素	可能导致的后果	风险评价					控制措施
				L	E	C	D	风险程度	
操作前准备	工作班成员精神状态确认	（1）无法正常完成指定工作； （2）作业过程中无法清醒判断危险点	（1）触电； （2）设备事故	3	1	15	45	2	合理安排工作班成员，精神状态不佳者禁止工作
	环境	雷雨天气	（1）触电； （2）设备事故	3	1	15	45	2	雷雨天气禁止工作
操作过程	核对设备初始位置	（1）走错间隔； （2）误分、合开关或闸刀	（1）触电； （2）电弧灼伤； （3）设备事故	3	1	15	45	2	（1）戴绝缘手套、安全帽，穿绝缘鞋； （2）核实操作票内容和设备状态； （3）执行监护制度，唱票，确认设备位置、名称标牌，严格执行操作票制度； （4）与带电体保持安全距离
	拉开10kV集电开关	（1）未确认操作内容； （2）误碰带电体； （3）操作顺序不当	（1）触电； （2）电弧灼伤； （3）设备事故	3	1	15	45	2	（1）核对设备名称和编号，检查设备状态； （2）戴绝缘手套、安全帽，穿绝缘鞋； （3）操作时与带电设备保持安全距离； （4）操作开关后要对机械、电气指示进行确认
	将10kV集电开关小车摇至“试验”位置	（1）未确认操作内容； （2）误碰带电体； （3）操作顺序不当	（1）触电； （2）电弧灼伤； （3）设备事故	3	1	15	45	2	（1）核对设备名称和编号，检查设备状态； （2）戴绝缘手套、安全帽，穿绝缘鞋； （3）操作时与带电设备保持安全距离； （4）操作开关后要对机械、电气指示进行确认
操作结束	检查作业现场	有工具遗留在作业现场	设备事故	3	1	15	45	2	操作完成后对现场进行检查，确保没有工具遗漏

4. 10kV 集电开关由冷备用改为检修

风电场/光伏电站：			分析日期：					记录编号：
作业地点或分析范围：集电柜			分析人：					
作业内容描述：10kV 集电开关由冷备用改为检修								
主要作业风险：(1) 因工作对象不清或错误，或填错操作票造成误送电或设备带电；(2) 因走错间隔、误拉或误合开关造成触电、电弧灼伤、火灾、设备异常、设备故障								
控制措施：(1) 正确填写、核对工作票，双人确认操作电源系统、标牌和设备的双重名称；(2) 操作时戴绝缘手套、面罩，穿绝缘鞋和防电弧服，正确使用验电器								
工作执行人签名：		日期：	工作负责人开工前确认签名：					日期：

作业步骤		危害因素	可能导致的后果	风险评价					控制措施
				L	*E*	*C*	*D*	风险程度	
作业环境	天气潮湿	设备潮湿引起短路	(1) 触电、电弧灼伤； (2) 设备事故	1	3	15	45	2	(1) 选择适当时机操作，湿度过大时应采取相应措施； (2) 保持设备干燥
操作前准备	接收操作指令	工作对象不清楚	(1) 触电； (2) 设备事故	1	1	15	15	1	明确操作目的，防止弄错对象
	确定操作对象、核对设备运行方式	误操作其他设备	(1) 触电； (2) 设备事故	1	1	15	15	1	正确核对设备位置、名称和状态
	填写操作票	填错操作票引起误操作	(1) 触电； (2) 设备事故	3	1	15	15	1	(1) 正确填写操作票、检查操作票填写内容是否正确； (2) 操作票填完后必须经监护人和值长确认无误
	选择合适的工器具	工器具选择不当	(1) 触电； (2) 拖延检修进度	3	1	45	45	2	(1) 选择合适的工器具； (2) 检查工器具，应完好、可靠； (3) 正确使用工器具
	穿戴合适的防护用品	防护用品穿戴不规范	(1) 触电； (2) 电弧灼伤； (3) 机械伤害	3	1	45	45	2	(1) 戴安全帽、穿绝缘鞋； (2) 穿长袖工作服，扣好衣服和袖口； (3) 戴绝缘手套
	通信联系	通信不畅或通信错误	(1) 扩大事故； (2) 加重人员伤害	3	1	45	45	2	(1) 携带对讲机，操作时保持联系； (2) 保持通信设备电量充足

续表

作业步骤		危害因素	可能导致的后果	风险评价					控制措施
				L	E	C	D	风险程度	
操作前准备	工作班成员精神状态确认	（1）无法正常完成指定工作； （2）作业过程中无法清醒判断危险点	（1）触电； （2）设备事故	3	1	15	45	2	合理安排工作班成员，精神状态不佳者禁止工作
	环境	雷雨天气	（1）触电； （2）设备事故	3	1	15	45	2	雷雨天气禁止工作
操作过程	核对设备初始位置	（1）走错间隔； （2）误分、合开关或闸刀	（1）触电； （2）电弧灼伤； （3）设备事故	3	1	15	45	2	（1）戴绝缘手套、安全帽，穿绝缘鞋； （2）核实操作票内容和设备状态； （3）执行监护制度，唱票，确认设备位置、名称标牌，严格执行操作票制度； （4）与带电体保持安全距离
	将10kV集电开关拉至“检修”位置	（1）未确认操作内容； （2）误碰带电体； （3）操作顺序不当	（1）触电； （2）电弧灼伤； （3）设备事故	3	1	15	45	2	（1）核对设备名称和编号，检查设备状态； （2）戴绝缘手套、安全帽，穿绝缘鞋； （3）操作时与带电设备保持安全距离； （4）操作开关后要对机械、电气指示进行确认
操作结束	检查作业现场	有工具遗留在作业现场	设备事故	3	1	15	45	2	操作完成后对现场进行检查，确保没有工具遗漏

5. 10kV 集电开关由检修改为冷备用

<table>
<tr><td colspan="3">风电场/光伏电站：</td><td colspan="5">分析日期：</td><td>记录编号：</td></tr>
<tr><td colspan="3">作业地点或分析范围：集电柜</td><td colspan="6">分析人：</td></tr>
<tr><td colspan="9">作业内容描述：10kV 集电开关由检修改为冷备用</td></tr>
<tr><td colspan="9">主要作业风险：(1) 因工作对象不清或错误，或填错操作票造成误送电或设备带电；(2) 因走错间隔、误拉或误合开关造成触电、电弧灼伤、火灾、设备异常、设备故障</td></tr>
<tr><td colspan="9">控制措施：(1) 正确填写和核对工作票，双人确认操作电源系统、标牌和设备的双重名称；(2) 操作时戴绝缘手套、面罩，穿绝缘鞋和防电弧服，正确使用验电器</td></tr>
<tr><td colspan="3">工作执行人签名：</td><td>日期：</td><td colspan="4">工作负责人开工前确认签名：</td><td>日期：</td></tr>
<tr><td colspan="2" rowspan="2">作业步骤</td><td rowspan="2">危害因素</td><td rowspan="2">可能导致的后果</td><td colspan="5">风险评价</td><td rowspan="2">控制措施</td></tr>
<tr><td>L</td><td>E</td><td>C</td><td>D</td><td>风险程度</td></tr>
<tr><td>作业环境</td><td>天气潮湿</td><td>设备潮湿引起短路</td><td>(1) 触电、电弧灼伤；
(2) 设备事故</td><td>1</td><td>3</td><td>15</td><td>45</td><td>2</td><td>(1) 选择适当时机操作，湿度过大时应采取相应措施；
(2) 保持设备干燥</td></tr>
<tr><td rowspan="7">操作前准备</td><td>接收操作指令</td><td>工作对象不清楚</td><td>(1) 触电；
(2) 设备事故</td><td>1</td><td>1</td><td>15</td><td>15</td><td>1</td><td>明确操作目的，防止弄错对象</td></tr>
<tr><td>确定操作对象、核对设备运行方式</td><td>误操作其他设备</td><td>(1) 触电；
(2) 设备事故</td><td>1</td><td>1</td><td>15</td><td>15</td><td>1</td><td>正确核对设备位置、名称和状态</td></tr>
<tr><td>填写操作票</td><td>填错操作票引起误操作</td><td>(1) 触电；
(2) 设备事故</td><td>3</td><td>1</td><td>15</td><td>15</td><td>1</td><td>(1) 正确填写操作票，检查操作票填写内容是否正确；
(2) 操作票填完后须经监护人和值长确认无误</td></tr>
<tr><td>选择合适的工器具</td><td>工器具选择不当</td><td>(1) 触电；
(2) 拖延检修进度</td><td>3</td><td>1</td><td>45</td><td>45</td><td>2</td><td>(1) 选择合适的工器具；
(2) 检查工器具，应完好、可靠；
(3) 正确使用工器具</td></tr>
<tr><td>穿戴合适的防护用品</td><td>防护用品穿戴不规范</td><td>(1) 触电；
(2) 电弧灼伤；
(3) 机械伤害</td><td>3</td><td>1</td><td>45</td><td>45</td><td>2</td><td>(1) 戴安全帽、穿绝缘鞋；
(2) 穿长袖工作服，扣好衣服和袖口；
(3) 戴绝缘手套</td></tr>
<tr><td>通信联系</td><td>通信不畅或通信错误</td><td>(1) 扩大事故；
(2) 加重人员伤害</td><td>3</td><td>1</td><td>45</td><td>45</td><td>2</td><td>(1) 携带对讲机，操作时保持联系；
(2) 保持通信设备电量充足</td></tr>
</table>

续表

作业步骤		危害因素	可能导致的后果	风险评价					控制措施
				L	E	C	D	风险程度	
操作前准备	工作班成员精神状态确认	(1) 无法正常完成指定工作； (2) 作业过程中无法清醒判断危险点	(1) 触电； (2) 设备事故	3	1	15	45	2	合理安排工作班成员，精神状态不佳者禁止工作
	环境	雷雨天气	(1) 触电； (2) 设备事故	3	1	15	45	2	雷雨天气禁止工作
操作过程	核对设备初始位置	(1) 走错间隔； (2) 误分、合开关或闸刀	(1) 触电； (2) 电弧灼伤； (3) 设备事故	3	1	15	45	2	(1) 戴绝缘手套、安全帽，穿绝缘鞋； (2) 核实操作票内容和设备状态； (3) 执行监护制度，唱票，确认设备位置、名称标牌，严格执行操作票制度； (4) 与带电体保持安全距离
	测量10kV集电开关绝缘电阻	操作不当	(1) 触电； (2) 机械伤害	3	1	15	45	2	(1) 核对设备名称和编号，检查设备状态； (2) 戴绝缘手套、安全帽，穿绝缘鞋； (3) 操作前确认上一步骤已完成； (4) 对机械、电气指示进行确认； (5) 验电、放电
	将10kV集电开关摇至“试验”位置	(1) 未确认操作内容； (2) 误碰带电体； (3) 操作顺序不当	(1) 触电； (2) 电弧灼伤； (3) 设备事故	3	1	15	45	2	(1) 核对设备名称和编号，检查设备状态； (2) 戴绝缘手套、安全帽，穿绝缘鞋； (3) 操作时与带电设备保持安全距离； (4) 操作开关后要对机械、电气指示进行确认
操作结束	检查作业现场	有工具遗留在作业现场	设备事故	3	1	15	45	2	操作完成后对现场进行检查，确保没有工具遗漏

6. 10kV 集电开关由冷备用改为运行

风电场/光伏电站：	分析日期：	记录编号：
作业地点或分析范围：集电柜	分析人：	
作业内容描述：10kV 集电开关由冷备用改为运行		
主要作业风险：(1) 因工作对象不清或错误，或填错操作票造成误送电或设备带电；(2) 因走错间隔、误拉或误合开关造成触电、电弧灼伤、火灾、设备异常、设备故障		
控制措施：(1) 正确填写、核对工作票，双人确认操作电源系统、标牌和设备的双重名称；(2) 操作时戴绝缘手套、面罩，穿绝缘鞋和防电弧服，正确使用验电器		
工作执行人签名： 日期：	工作负责人开工前确认签名：	日期：

作业步骤		危害因素	可能导致的后果	风险评价					控制措施
				L	*E*	*C*	*D*	风险程度	
作业环境	天气潮湿	设备潮湿引起短路	(1) 触电、电弧灼伤； (2) 设备事故	1	3	15	45	2	(1) 选择适当时机操作，湿度过大时应采取相应措施； (2) 保持设备干燥
操作前准备	接收操作指令	工作对象不清楚	(1) 触电； (2) 设备事故	1	1	15	15	1	明确操作目的，防止弄错对象
	确定操作对象、核对设备运行方式	误操作其他设备	(1) 触电； (2) 设备事故	1	1	15	15	1	正确核对设备位置、名称和状态
	填写操作票	填错操作票引起误操作	(1) 触电； (2) 设备事故	3	1	15	15	1	(1) 正确填写操作票，检查操作票填写内容是否正确； (2) 操作票填完后须经监护人和值长确认无误
	选择合适的工器具	工器具选择不当	(1) 触电； (2) 拖延检修进度	3	1	45	45	2	(1) 选择合适的工器具； (2) 检查工器具，应完好、可靠； (3) 正确使用工器具
	穿戴合适的防护用品	防护用品穿戴不规范	(1) 触电； (2) 电弧灼伤； (3) 机械伤害	3	1	45	45	2	(1) 戴安全帽、穿绝缘鞋； (2) 穿长袖工作服，扣好衣服和袖口； (3) 戴绝缘手套
	通信联系	通信不畅或通信错误	(1) 扩大事故； (2) 加重人员伤害	3	1	45	45	2	(1) 携带对讲机，操作时保持联系； (2) 保持通信设备电量充足

续表

作业步骤		危害因素	可能导致的后果	风险评价					控制措施
				L	*E*	*C*	*D*	风险程度	
操作前准备	工作班成员精神状态确认	(1) 无法正常完成指定工作; (2) 作业过程中无法清醒判断危险点	(1) 触电; (2) 设备事故	3	1	15	45	2	合理安排工作班成员,精神状态不佳者禁止工作
	环境	雷雨天气	(1) 触电; (2) 设备事故	3	1	15	45	2	雷雨天气禁止工作
操作过程	核对设备初始位置	(1) 走错间隔; (2) 误分、合开关或闸刀	(1) 触电; (2) 电弧灼伤; (3) 设备事故	3	1	15	45	2	(1) 戴绝缘手套、安全帽,穿绝缘鞋; (2) 核实操作票内容和设备状态; (3) 执行监护制度,唱票,确认设备位置、名称标牌,严格执行操作票制度; (4) 与带电体保持安全距离
	将10kV集电开关小车摇至“工作”位置	(1) 未确认操作内容; (2) 误碰带电体; (3) 操作顺序不当	(1) 触电; (2) 电弧灼伤; (3) 设备事故	3	1	15	45	2	(1) 核对设备名称和编号,检查设备状态; (2) 戴绝缘手套、安全帽,穿绝缘鞋; (3) 操作时与带电设备保持安全距离; (4) 操作开关后要对机械、电气指示进行确认
	合上10kV集电开关	(1) 未确认操作内容; (2) 误碰带电体; (3) 操作顺序不当	(1) 触电; (2) 电弧灼伤; (3) 设备事故	3	1	15	45	2	(1) 核对设备名称和编号,检查设备状态; (2) 戴绝缘手套、安全帽,穿绝缘鞋; (3) 操作时与带电设备保持安全距离; (4) 操作开关后要对机械、电气指示进行确认
操作结束	检查作业现场	有工具遗留在作业现场	设备事故	3	1	15	45	2	操作完成后对现场进行检查,确保没有工具遗漏

7. 10kV并网开关由运行改为冷备用

<table>
<tr><td colspan="4">风电场/光伏电站：</td><td colspan="6">分析日期：</td><td>记录编号：</td></tr>
<tr><td colspan="4">作业地点或分析范围：并网柜</td><td colspan="7">分析人：</td></tr>
<tr><td colspan="11">作业内容描述：10kV并网开关由运行改为冷备用</td></tr>
<tr><td colspan="11">主要作业风险：(1) 因工作对象不清或错误，或填错操作票造成误送电或设备带电；(2) 因走错间隔、误拉或误合开关造成触电、电弧灼伤、火灾、设备异常、设备故障</td></tr>
<tr><td colspan="11">控制措施：(1) 正确填写、核对工作票，双人确认操作电源系统、标牌和设备的双重名称；(2) 操作时戴绝缘手套、面罩，穿绝缘鞋和防电弧服，正确使用验电器</td></tr>
<tr><td colspan="3">工作执行人签名：</td><td>日期：</td><td colspan="6">工作负责人开工前确认签名：</td><td>日期：</td></tr>
<tr><td colspan="2" rowspan="2">作业步骤</td><td rowspan="2">危害因素</td><td rowspan="2">可能导致的后果</td><td colspan="5">风险评价</td><td colspan="2" rowspan="2">控制措施</td></tr>
<tr><td>L</td><td>E</td><td>C</td><td>D</td><td>风险程度</td></tr>
<tr><td>作业环境</td><td>天气潮湿</td><td>设备潮湿引起短路</td><td>(1) 触电、电弧灼伤；
(2) 设备事故</td><td>1</td><td>3</td><td>15</td><td>45</td><td>2</td><td colspan="2">(1) 选择适当时机操作，湿度过大时应采取相应措施；
(2) 保持设备干燥</td></tr>
<tr><td rowspan="7">操作前准备</td><td>接收操作指令</td><td>工作对象不清楚</td><td>(1) 触电；
(2) 设备事故</td><td>1</td><td>1</td><td>15</td><td>15</td><td>1</td><td colspan="2">明确操作目的，防止弄错对象</td></tr>
<tr><td>确定操作对象、核对设备运行方式</td><td>误操作其他设备</td><td>(1) 触电；
(2) 设备事故</td><td>1</td><td>1</td><td>15</td><td>15</td><td>1</td><td colspan="2">正确核对设备位置、名称和状态</td></tr>
<tr><td>填写操作票</td><td>填错操作票引起误操作</td><td>(1) 触电；
(2) 设备事故</td><td>3</td><td>1</td><td>15</td><td>15</td><td>1</td><td colspan="2">(1) 正确填写操作票，检查操作票填写内容是否正确；
(2) 操作票填完后必须经监护人和值长确认无误</td></tr>
<tr><td>选择合适的工器具</td><td>工器具选择不当</td><td>(1) 触电；
(2) 拖延检修进度</td><td>3</td><td>1</td><td>45</td><td>45</td><td>2</td><td colspan="2">(1) 选择合适的工器具；
(2) 检查所带的工器具，应完好、可靠；
(3) 正确使用工器具</td></tr>
<tr><td>穿戴合适的防护用品</td><td>防护用品穿戴不规范</td><td>(1) 触电；
(2) 电弧灼伤；
(3) 机械伤害</td><td>3</td><td>1</td><td>45</td><td>45</td><td>2</td><td colspan="2">(1) 戴安全帽、穿绝缘鞋；
(2) 穿长袖工作服，扣好衣服和袖口；
(3) 戴绝缘手套</td></tr>
<tr><td>通信联系</td><td>通信不畅或通信错误</td><td>(1) 扩大事故；
(2) 加重人员伤害</td><td>3</td><td>1</td><td>45</td><td>45</td><td>2</td><td colspan="2">(1) 携带对讲机，操作时保持联系；
(2) 保持通信设备电量充足</td></tr>
</table>

续表

作业步骤		危害因素	可能导致的后果	风险评价					控制措施
				L	E	C	D	风险程度	
操作前准备	工作班成员精神状态确认	(1) 无法正常完成指定工作； (2) 作业过程中无法清醒判断危险点	(1) 触电； (2) 设备事故	3	1	15	45	2	合理安排工作班成员，精神状态不佳者禁止工作
	环境	雷雨天气	(1) 触电； (2) 设备事故	3	1	15	45	2	雷雨天气禁止工作
操作过程	核对设备初始位置	(1) 走错间隔； (2) 误分、合开关或闸刀	(1) 触电； (2) 电弧灼伤； (3) 设备事故	3	1	15	45	2	(1) 戴绝缘手套、安全帽，穿绝缘鞋； (2) 核实操作票内容和设备状态； (3) 执行监护制度，唱票，确认设备位置、名称标牌，严格执行操作票制度； (4) 与带电体保持安全距离
	拉开 10kV 并网开关	(1) 未确认操作内容； (2) 误碰带电体； (3) 操作顺序不当	(1) 触电； (2) 电弧灼伤； (3) 设备事故	3	1	15	45	2	(1) 核对设备名称和编号，检查设备状态； (2) 戴绝缘手套、安全帽，穿绝缘鞋； (3) 操作时与带电设备保持安全距离； (4) 操作开关后要对机械、电气指示进行确认
	将 10kV 并网开关小车摇至“试验”位置	(1) 未确认操作内容； (2) 误碰带电体； (3) 操作顺序不当	(1) 触电； (2) 电弧灼伤； (3) 设备事故	3	1	15	45	2	(1) 核对设备名称和编号，检查设备状态； (2) 戴绝缘手套、安全帽，穿绝缘鞋； (3) 操作时与带电设备保持安全距离； (4) 操作开关后要对机械、电气指示进行确认
操作结束	检查作业现场	有工具遗留在作业现场	设备事故	3	1	15	45	2	操作完成后对现场进行检查，确保没有工具遗漏

8. 10kV 并网开关由冷备用改为运行

风电场/光伏电站：		分析日期：	记录编号：
作业地点或分析范围：并网柜		分析人：	
作业内容描述：10kV 并网开关由冷备用改为运行			
主要作业风险：（1）因工作对象不清或错误，或填错操作票造成误送电或设备带电；（2）因走错间隔、误拉或误合开关造成触电、电弧灼伤、火灾、设备异常、设备故障			
控制措施：（1）正确填写、核对工作票，双人确认操作电源系统、标牌和设备的双重名称；（2）操作时戴绝缘手套、面罩，穿绝缘鞋和防电弧服，正确使用验电器			
工作执行人签名：	日期：	工作负责人开工前确认签名：	日期：

作业步骤		危害因素	可能导致的后果	风险评价					控制措施
				L	*E*	*C*	*D*	风险程度	
作业环境	天气潮湿	设备潮湿引起短路	（1）触电、电弧灼伤； （2）设备事故	1	3	15	45	2	（1）选择适当时机操作，湿度过大时应采取相应措施； （2）保持设备干燥
操作前准备	接收操作指令	工作对象不清楚	（1）触电； （2）设备事故	1	1	15	15	1	明确操作目的，防止弄错对象
	确定操作对象、核对设备运行方式	误操作其他设备	（1）触电； （2）设备事故	1	1	15	15	1	正确核对设备位置、名称和状态
	填写操作票	填错操作票引起误操作	（1）触电； （2）设备事故	3	1	15	15	1	（1）正确填写操作票、检查操作票填写内容是否正确； （2）操作票填完后必须经监护人和值长确认无误
	选择合适的工器具	工器具选择不当	（1）触电； （2）拖延检修进度	3	1	45	45	2	（1）选择合适的工器具； （2）检查工器具，应完好、可靠； （3）正确使用工器具
	穿戴合适的防护用品	防护用品穿戴不规范	（1）触电； （2）电弧灼伤； （3）机械伤害	3	1	45	45	2	（1）戴安全帽、穿绝缘鞋； （2）穿长袖工作服，扣好衣服和袖口； （3）戴绝缘手套
	通信联系	通信不畅或通信错误	（1）扩大事故； （2）加重人员伤害	3	1	45	45	2	（1）携带对讲机，操作时保持联系； （2）保持通信设备电量充足

续表

作业步骤		危害因素	可能导致的后果	风险评价					控制措施
				L	E	C	D	风险程度	
操作前准备	工作班成员精神状态确认	(1) 无法正常完成指定工作； (2) 作业过程中无法清醒判断危险点	(1) 触电； (2) 设备事故	3	1	15	45	2	合理安排工作班成员，精神状态不佳者禁止工作
	环境	雷雨天气	(1) 触电； (2) 设备事故	3	1	15	45	2	雷雨天气禁止工作
操作过程	核对设备初始位置	(1) 走错间隔； (2) 误操作分合开关或闸刀	(1) 触电； (2) 电弧灼伤； (3) 设备事故	3	1	15	45	2	(1) 戴绝缘手套、安全帽，穿绝缘鞋； (2) 核实操作票内容和设备状态； (3) 执行监护制度，唱票，确认设备位置、名称标牌，严格执行操作票制度； (4) 与带电体保持安全距离
	将 10kV 并网开关小车摇至“工作”位置	(1) 未确认操作内容； (2) 误碰带电体； (3) 操作顺序不当	(1) 触电； (2) 电弧灼伤； (3) 设备事故	3	1	15	45	2	(1) 核对设备名称和编号，检查设备状态； (2) 戴绝缘手套、安全帽，穿绝缘鞋； (3) 操作时与带电设备保持安全距离； (4) 操作开关后要对机械、电气指示进行确认
	合上 10kV 并网开关	(1) 未确认操作内容； (2) 误碰带电体； (3) 操作顺序不当	(1) 触电； (2) 电弧灼伤； (3) 设备事故	3	1	15	45	2	(1) 核对设备名称和编号，检查设备状态； (2) 戴绝缘手套、安全帽，穿绝缘鞋； (3) 操作时与带电设备保持安全距离； (4) 操作开关后要对机械、电气指示进行确认
操作结束	检查作业现场	有工具遗留在作业现场	设备事故	3	1	15	45	2	操作完成后对现场进行检查，确保没有工具遗漏

9. 10kV 接入开关由运行改为冷备用

<table>
<tr><td colspan="3">风电场/光伏电站：</td><td colspan="6">分析日期：</td><td>记录编号：</td></tr>
<tr><td colspan="3">作业地点或分析范围：接入柜</td><td colspan="7">分析人：</td></tr>
<tr><td colspan="10">作业内容描述：10kV 接入开关由运行改为冷备用</td></tr>
<tr><td colspan="10">主要作业风险：(1) 因工作对象不清或错误，或填错操作票造成误送电或设备带电；(2) 因走错间隔、误拉或误合开关造成触电、电弧灼伤、火灾、设备异常、设备故障</td></tr>
<tr><td colspan="10">控制措施：(1) 正确填写、核对工作票，双人确认操作电源系统、标牌和设备的双重名称；(2) 操作时戴绝缘手套、面罩，穿绝缘鞋和防电弧服，正确使用验电器</td></tr>
<tr><td colspan="3">工作执行人签名：</td><td>日期：</td><td colspan="5">工作负责人开工前确认签名：</td><td>日期：</td></tr>
<tr><td colspan="2" rowspan="2">作业步骤</td><td rowspan="2">危害因素</td><td rowspan="2">可能导致的后果</td><td colspan="5">风险评价</td><td rowspan="2">控制措施</td></tr>
<tr><td>L</td><td>E</td><td>C</td><td>D</td><td>风险程度</td></tr>
<tr><td>作业环境</td><td>天气潮湿</td><td>设备潮湿引起短路</td><td>(1) 触电、电弧灼伤；
(2) 设备事故</td><td>1</td><td>3</td><td>15</td><td>45</td><td>2</td><td>(1) 选择适当时机操作，湿度过大时应采取相应措施；
(2) 保持设备干燥</td></tr>
<tr><td rowspan="6">操作前准备</td><td>接收操作指令</td><td>工作对象不清楚</td><td>(1) 触电；
(2) 设备事故</td><td>1</td><td>1</td><td>15</td><td>15</td><td>1</td><td>明确操作目的，防止弄错对象</td></tr>
<tr><td>确定操作对象、核对设备运行方式</td><td>误操作其他设备</td><td>(1) 触电；
(2) 设备事故</td><td>1</td><td>1</td><td>15</td><td>15</td><td>1</td><td>正确核对设备位置、名称和状态</td></tr>
<tr><td>填写操作票</td><td>填错操作票引起误操作</td><td>(1) 触电；
(2) 设备事故</td><td>3</td><td>1</td><td>15</td><td>15</td><td>1</td><td>(1) 正确填写操作票，检查操作票填写内容是否正确；
(2) 操作票填完后必须经监护人和值长确认无误</td></tr>
<tr><td>选择合适的工器具</td><td>工器具选择不当</td><td>(1) 触电；
(2) 拖延检修进度</td><td>3</td><td>1</td><td>45</td><td>45</td><td>2</td><td>(1) 选择合适的工器具；
(2) 检查工器具，应完好、可靠；
(3) 正确使用工器具</td></tr>
<tr><td>穿戴合适的防护用品</td><td>防护用品穿戴不规范</td><td>(1) 触电；
(2) 电弧灼伤；
(3) 机械伤害</td><td>3</td><td>1</td><td>45</td><td>45</td><td>2</td><td>(1) 戴安全帽、穿绝缘鞋；
(2) 穿长袖工作服，扣好衣服和袖口；
(3) 戴绝缘手套</td></tr>
<tr><td>通信联系</td><td>通信不畅或通信错误</td><td>(1) 扩大事故；
(2) 加重人员伤害</td><td>3</td><td>1</td><td>45</td><td>45</td><td>2</td><td>(1) 携带对讲机，操作时保持联系；
(2) 保持通信设备电量充足</td></tr>
</table>

续表

作业步骤		危害因素	可能导致的后果	风险评价					控制措施
				L	E	C	D	风险程度	
操作前准备	工作班成员精神状态确认	（1）无法正常完成指定工作； （2）作业过程中无法清醒判断危险点	（1）触电； （2）设备事故	3	1	15	45	2	合理安排工作班成员，精神状态不佳者禁止工作
	环境	雷雨天气	（1）触电； （2）设备事故	3	1	15	45	2	雷雨天气禁止工作
操作过程	核对设备初始位置	（1）走错间隔； （2）误分合开关或闸刀	（1）触电； （2）电弧灼伤； （3）设备事故	3	1	15	45	2	（1）戴绝缘手套、安全帽，穿绝缘鞋； （2）核实操作票内容和设备状态； （3）执行监护制度，唱票，确认设备位置、名称标牌，严格执行操作票制度； （4）与带电体保持安全距离
	拉开10kV接入开关	（1）未确认操作内容； （2）误碰带电体； （3）操作顺序不当	（1）触电； （2）电弧灼伤； （3）设备事故	3	1	15	45	2	（1）核对设备名称和编号，检查设备状态； （2）戴绝缘手套、安全帽，穿绝缘鞋； （3）操作时与带电设备保持安全距离； （4）操作开关后要对机械、电气指示进行确认
	将10kV接入开关小车摇至“试验”位置	（1）未确认操作内容； （2）误碰带电体； （3）操作顺序不当	（1）触电； （2）电弧灼伤； （3）设备事故	3	1	15	45	2	（1）核对设备名称和编号，检查设备状态； （2）戴绝缘手套、安全帽，穿绝缘鞋； （3）操作时与带电设备保持安全距离； （4）操作开关后要对机械、电气指示进行确认
操作结束	检查作业现场	有工具遗留在作业现场	设备事故	3	1	15	45	2	操作完成后对现场进行检查，确保没有工具遗漏

10. 10kV 接入开关由冷备用改为运行

风电场/光伏电站：		分析日期：	记录编号：
作业地点或分析范围：接入柜		分析人：	
作业内容描述：10kV 接入开关由冷备用改为运行			
主要作业风险：(1) 因工作对象不清或错误，或填错操作票造成误送电或设备带电；(2) 因走错间隔、误拉或误合开关造成触电、电弧灼伤、火灾、设备异常、设备故障			
控制措施：(1) 正确填写、核对工作票，双人确认操作电源系统、标牌和设备的双重名称；(2) 操作时戴绝缘手套、面罩，穿绝缘鞋和防电弧服，正确使用验电器			
工作执行人签名：	日期：	工作负责人开工前确认签名：	日期：

作业步骤		危害因素	可能导致的后果	风险评价					控制措施
				L	*E*	*C*	*D*	风险程度	
作业环境	天气潮湿	设备潮湿引起短路	(1) 触电、电弧灼伤； (2) 设备事故	1	3	15	45	2	(1) 选择适当时机操作，湿度过大时应采取相应措施； (2) 保持设备干燥
操作前准备	接收操作指令	工作对象不清楚	(1) 触电； (2) 设备事故	1	1	15	15	1	明确操作目的，防止弄错对象
	确定操作对象、核对设备运行方式	误操作其他设备	(1) 触电； (2) 设备事故	1	1	15	15	1	正确核对设备位置、名称和状态
	填写操作票	填错操作票引起误操作	(1) 触电； (2) 设备事故	3	1	15	15	1	(1) 正确填写操作票，检查操作票填写内容是否正确； (2) 操作票填完后须经监护人和值长确认无误
	选择合适的工器具	工器具选择不当	(1) 触电； (2) 拖延检修进度	3	1	45	45	2	(1) 选择合适的工器具； (2) 检查工器具，应完好、可靠； (3) 正确使用工器具
	穿戴合适的防护用品	防护用品穿戴不规范	(1) 触电； (2) 电弧灼伤； (3) 机械伤害	3	1	45	45	2	(1) 戴安全帽、穿绝缘鞋； (2) 穿长袖工作服，扣好衣服和袖口； (3) 戴绝缘手套
	通信联系	通信不畅或通信错误	(1) 扩大事故； (2) 加重人员伤害	3	1	45	45	2	(1) 携带对讲机，操作时保持联系； (2) 保持通信设备电量充足

续表

作业步骤		危害因素	可能导致的后果	风险评价					控制措施
				L	E	C	D	风险程度	
操作前准备	工作班成员精神状态确认	(1) 无法正常完成指定工作； (2) 作业过程中无法清醒判断危险点	(1) 触电； (2) 设备事故	3	1	15	45	2	合理安排工作班成员，精神状态不佳者禁止工作
	环境	雷雨天气	(1) 触电； (2) 设备事故	3	1	15	45	2	雷雨天气禁止工作
操作过程	核对设备初始位置	(1) 走错间隔； (2) 误分、合开关或闸刀	(1) 触电； (2) 电弧灼伤； (3) 设备事故	3	1	15	45	2	(1) 戴绝缘手套、安全帽，穿绝缘鞋； (2) 核实操作票内容和设备状态； (3) 执行监护制度，唱票，确认设备位置、名称标牌，严格执行操作票制度； (4) 与带电体保持安全距离
	将10kV接入开关小车摇至“工作”位置	(1) 未确认操作内容； (2) 误碰带电体； (3) 操作顺序不当	(1) 触电； (2) 电弧灼伤； (3) 设备事故	3	1	15	45	2	(1) 核对设备名称和编号，检查设备状态； (2) 戴绝缘手套、安全帽，穿绝缘鞋； (3) 操作时与带电设备保持安全距离； (4) 操作开关后要对机械、电气指示进行确认
	合上10kV接入开关	(1) 未确认操作内容； (2) 误碰带电体； (3) 操作顺序不当	(1) 触电； (2) 电弧灼伤； (3) 设备事故	3	1	15	45	2	(1) 核对设备名称和编号，检查设备状态； (2) 戴绝缘手套、安全帽，穿绝缘鞋； (3) 操作时与带电设备保持安全距离； (4) 操作开关后要对机械、电气指示进行确认
操作结束	检查作业现场	有工具遗留在作业现场	设备事故	3	1	15	45	2	操作完成后对现场进行检查，确保没有工具遗漏

11. 10kV 站用变压器由运行改为冷备用

风电场/光伏电站：		分析日期：	记录编号：
作业地点或分析范围：站用变压器柜		分析人：	
作业内容描述：10kV 站用变压器由运行改为冷备用			
主要作业风险：（1）因工作对象不清或错误，或填错操作票造成误送电或设备带电；（2）因走错间隔、误拉或误合开关造成触电、电弧灼伤、火灾、设备异常或故障			
控制措施：（1）正确填写、核对工作票，双人确认操作电源系统、标牌和设备的双重名称；（2）操作时戴绝缘手套、面罩，穿绝缘鞋和防电弧服，正确使用验电器			
工作执行人签名：	日期：	工作负责人开工前确认签名：	日期：

作业步骤		危害因素	可能导致的后果	风险评价					控制措施
				L	*E*	*C*	*D*	风险程度	
作业环境	天气潮湿	设备潮湿引起短路	（1）触电、电弧灼伤； （2）设备事故	1	3	15	45	2	（1）选择适当时机操作，湿度过大时应采取相应措施； （2）保持设备干燥
操作前准备	接收操作指令	工作对象不清楚	（1）触电； （2）设备事故	1	1	15	15	1	明确操作目的，防止弄错对象
	确定操作对象、核对设备运行方式	误操作其他设备	（1）触电； （2）设备事故	1	1	15	15	1	正确核对设备位置、名称和状态
	填写操作票	填错操作票引起误操作	（1）触电； （2）设备事故	3	1	15	15	1	（1）正确填写操作票，检查操作票填写内容是否正确； （2）操作票填完后必须经监护人和值长确认无误
	选择合适的工器具	工器具选择不当	（1）触电； （2）拖延检修进度	3	1	45	45	2	（1）选择合适的工器具； （2）检查工器具，应完好、可靠； （3）正确使用工器具
	穿戴合适的防护用品	防护用品穿戴不规范	（1）触电； （2）电弧灼伤； （3）机械伤害	3	1	45	45	2	（1）戴安全帽、穿绝缘鞋； （2）穿长袖工作服，扣好衣服和袖口； （3）戴绝缘手套
	通信联系	通信不畅或通信错误	（1）扩大事故； （2）加重人员伤害	3	1	45	45	2	（1）携带对讲机，操作时保持联系； （2）保持通信设备电量充足

续表

作业步骤		危害因素	可能导致的后果	风险评价					控制措施
				L	E	C	D	风险程度	
操作前准备	工作班成员精神状态确认	（1）无法正常完成指定工作； （2）作业过程中无法清醒判断危险点	（1）触电； （2）设备事故	3	1	15	45	2	合理安排工作班成员，精神状态不佳者禁止工作
	环境	雷雨天气	（1）触电； （2）设备事故	3	1	15	45	2	雷雨天气禁止工作
操作过程	核设备初始位置	（1）走错间隔； （2）误分、合开关或闸刀	（1）触电； （2）电弧灼伤； （3）设备事故	3	1	15	45	2	（1）戴绝缘手套、安全帽，穿绝缘鞋； （2）核实操作票内容和设备状态； （3）执行监护制度，唱票，确认设备位置、名称标牌，严格执行操作票制度； （4）与带电体保持安全距离
	拉开站用变压器低压侧开关	（1）未确认操作内容； （2）误碰带电体； （3）操作顺序不当	（1）触电； （2）电弧灼伤； （3）设备事故	3	1	15	45	2	（1）核对设备名称和编号，检查设备状态； （2）戴绝缘手套、安全帽，穿绝缘鞋； （3）操作时与带电设备保持安全距离； （4）操作开关后要对机械、电气指示进行确认
	拉开站用变压器10kV负荷开关	（1）未确认操作内容； （2）误碰带电体； （3）操作顺序不当	（1）触电； （2）电弧灼伤； （3）设备事故	3	1	15	45	2	（1）核对设备名称和编号，检查设备状态； （2）戴绝缘手套、安全帽，穿绝缘鞋； （3）操作时与带电设备保持安全距离； （4）操作开关后要对机械、电气指示进行确认
操作结束	检查作业现场	有工具遗留在作业现场	设备事故	3	1	15	45	2	操作完成后对现场进行检查，确保没有工具遗漏

12. 10kV站用变压器由冷备用改为检修

风电场/光伏电站：	分析日期：	记录编号：
作业地点或分析范围：站用变压器柜	分析人：	
作业内容描述：10kV站用变压器由冷备用改为检修		
主要作业风险：（1）因工作对象不清或错误，或填错操作票造成误送电或设备带电；（2）因走错间隔、误拉或误合开关造成触电、电弧灼伤、火灾、设备异常或故障		
控制措施：（1）正确填写和核对工作票，双人确认操作电源系统、标牌和设备的双重名称；（2）操作时戴绝缘手套、面罩，穿绝缘鞋和防电弧服，正确使用验电器		
工作执行人签名： 日期：	工作负责人开工前确认签名：	日期：

作业步骤		危害因素	可能导致的后果	风险评价					控制措施
				L	*E*	*C*	*D*	风险程度	
作业环境	天气潮湿	设备潮湿引起短路	（1）触电、电弧灼伤； （2）设备事故	1	3	15	45	2	（1）选择适当时机操作，湿度过大时应采取相应措施； （2）保持设备干燥
操作前准备	接收操作指令	工作对象不清楚	（1）触电； （2）设备事故	1	1	15	15	1	明确操作目的，防止弄错对象
	确定操作对象、核对设备运行方式	误操作其他设备	（1）触电； （2）设备事故	1	1	15	15	1	正确核对设备位置、名称和状态
	填写操作票	填错操作票引起误操作	（1）触电； （2）设备事故	3	1	15	15	1	（1）正确填写操作票，检查操作票填写内容是否正确； （2）操作票填完后必须经监护人和值长确认无误
	选择合适的工器具	工器具选择不当	（1）触电； （2）拖延检修进度	3	1	45	45	2	（1）选择合适的工器具； （2）检查工器具，应完好、可靠； （3）正确使用工器具
	穿戴合适的防护用品	防护用品穿戴不规范	（1）触电； （2）电弧灼伤； （3）机械伤害	3	1	45	45	2	（1）戴安全帽、穿绝缘鞋； （2）穿长袖工作服，扣好衣服和袖口； （3）戴绝缘手套
	通信联系	通信不畅或通信错误	（1）扩大事故； （2）加重人员伤害	3	1	45	45	2	（1）携带对讲机，操作时保持联系； （2）保持通信设备电量充足

续表

作业步骤		危害因素	可能导致的后果	风险评价					控制措施
				L	E	C	D	风险程度	
操作前准备	工作班成员精神状态确认	(1) 无法正常完成指定工作； (2) 作业过程中无法清醒判断危险点	(1) 触电； (2) 设备事故	3	1	15	45	2	合理安排工作班成员，精神状态不佳者禁止工作
	环境	雷雨天气	(1) 触电； (2) 设备事故	3	1	15	45	2	雷雨天气禁止工作
操作过程	核对设备初始位置	(1) 走错间隔； (2) 误分、合开关或闸刀	(1) 触电； (2) 电弧灼伤； (3) 设备事故	3	1	15	45	2	(1) 戴绝缘手套、安全帽，穿绝缘鞋； (2) 核实操作票内容和设备状态； (3) 执行监护制度，唱票，确认设备位置、名称标牌，严格执行操作票制度； (4) 与带电体保持安全距离
	在站用变压器高、低压侧验明确无电压	(1) 未确认操作内容； (2) 误碰带电体； (3) 操作顺序不当	(1) 触电； (2) 电弧灼伤； (3) 设备事故	3	1	15	45	2	(1) 核对设备名称和编号，检查设备状态； (2) 戴绝缘手套、安全帽，穿绝缘鞋； (3) 操作时与带电设备保持安全距离
	在站用变压器低压侧装设 400 V 接地线一组	(1) 操作不当； (2) 误碰带电体	(1) 触电； (2) 机械伤害	3	1	15	45	2	(1) 核对设备名称和编号，检查设备状态； (2) 戴绝缘手套、安全帽，穿绝缘鞋； (3) 操作前确认上一步骤已完成； (4) 安装牢固、可靠
	在站用变压器 10kV 侧装设 10kV 接地线一组	(1) 操作不当； (2) 误碰带电体	(1) 触电； (2) 机械伤害	3	1	15	45	2	(1) 核对设备名称和编号，检查设备状态； (2) 戴绝缘手套、安全帽，穿绝缘鞋； (3) 操作前确认上一步骤已完成； (4) 安装牢固、可靠
操作结束	检查作业现场	有工具遗留在作业现场	设备事故	3	1	15	45	2	操作完成后对现场进行检查，确保证没有工具遗漏

13. 10kV 站用变压器由检修改为冷备用

<table>
<tr><td colspan="4">风电场/光伏电站：</td><td colspan="6">分析日期：</td><td>记录编号：</td></tr>
<tr><td colspan="4">作业地点或分析范围：站用变压器柜</td><td colspan="7">分析人：</td></tr>
<tr><td colspan="11">作业内容描述：10kV 站用变压器由检修改为冷备用</td></tr>
<tr><td colspan="11">主要作业风险：(1) 因工作对象不清或错误，或填错操作票造成误送电或设备带电；(2) 因走错间隔、误拉或误合开关造成触电、电弧灼伤、火灾、设备异常、设备故障</td></tr>
<tr><td colspan="11">控制措施：(1) 正确填写和核对工作票，双人确认操作电源系统、标牌和设备的双重名称；(2) 操作时戴绝缘手套、面罩，穿绝缘鞋和防电弧服，正确使用验电器</td></tr>
<tr><td colspan="3">工作执行人签名：</td><td>日期：</td><td colspan="6">工作负责人开工前确认签名：</td><td>日期：</td></tr>
<tr><td colspan="2" rowspan="2">作业步骤</td><td rowspan="2">危害因素</td><td rowspan="2">可能导致的后果</td><td colspan="5">风险评价</td><td colspan="2" rowspan="2">控制措施</td></tr>
<tr><td>L</td><td>E</td><td>C</td><td>D</td><td>风险程度</td></tr>
<tr><td>作业环境</td><td>天气潮湿</td><td>设备潮湿引起短路</td><td>(1) 触电、电弧灼伤；
(2) 设备事故</td><td>1</td><td>3</td><td>15</td><td>45</td><td>2</td><td colspan="2">(1) 选择适当时机操作，湿度过大时应采取相应措施；
(2) 保持设备干燥</td></tr>
<tr><td rowspan="7">操作前准备</td><td>接收操作指令</td><td>工作对象不清楚</td><td>(1) 触电；
(2) 设备事故</td><td>1</td><td>1</td><td>15</td><td>15</td><td>1</td><td colspan="2">明确操作目的，防止弄错对象</td></tr>
<tr><td>确定操作对象、核对设备运行方式</td><td>误操作其他设备</td><td>(1) 触电；
(2) 设备事故</td><td>1</td><td>1</td><td>15</td><td>15</td><td>1</td><td colspan="2">正确核对设备位置、名称和状态</td></tr>
<tr><td>填写操作票</td><td>填错操作票引起误操作</td><td>(1) 触电；
(2) 设备事故</td><td>3</td><td>1</td><td>15</td><td>15</td><td>1</td><td colspan="2">(1) 正确填写操作票，检查操作票填写内容是否正确；
(2) 操作票填完后必须经监护人和值长确认无误</td></tr>
<tr><td>选择合适的工器具</td><td>工器具选择不当</td><td>(1) 触电；
(2) 拖延检修进度</td><td>3</td><td>1</td><td>45</td><td>45</td><td>2</td><td colspan="2">(1) 选择合适的工器具；
(2) 检查工器具，应完好、可靠；
(3) 正确使用工器具</td></tr>
<tr><td>穿戴合适的防护用品</td><td>防护用品穿戴不规范</td><td>(1) 触电；
(2) 电弧灼伤；
(3) 机械伤害</td><td>3</td><td>1</td><td>45</td><td>45</td><td>2</td><td colspan="2">(1) 戴安全帽、穿绝缘鞋；
(2) 穿长袖工作服，扣好衣服和袖口；
(3) 戴绝缘手套</td></tr>
<tr><td>通信联系</td><td>通信不畅或通信错误</td><td>(1) 扩大事故；
(2) 加重人员伤害</td><td>3</td><td>1</td><td>45</td><td>45</td><td>2</td><td colspan="2">(1) 携带对讲机，操作时保持联系；
(2) 保持通信设备电量充足</td></tr>
</table>

续表

作业步骤		危害因素	可能导致的后果	风险评价					控制措施
				L	E	C	D	风险程度	
操作前准备	工作班成员精神状态确认	(1) 无法正常完成指定工作; (2) 作业过程中无法清醒判断危险点	(1) 触电; (2) 设备事故	3	1	15	45	2	合理安排工作班成员，精神状态不佳者禁止工作
	环境	雷雨天气	(1) 触电; (2) 设备事故	3	1	15	45	2	雷雨天气禁止工作
操作过程	核对设备初始位置	(1) 走错间隔; (2) 误分、合开关或闸刀	(1) 触电; (2) 电弧灼伤; (3) 设备事故	3	1	15	45	2	(1) 戴绝缘手套、安全帽，穿绝缘鞋; (2) 核实操作票内容和设备状态; (3) 执行监护制度，唱票，确认设备位置、名称标牌，严格执行操作票制度; (4) 与带电体保持安全距离
	拆除站用变压器10kV侧10kV接地线一组	(1) 操作不当; (2) 误碰带电体	(1) 触电; (2) 机械伤害	3	1	15	45	2	(1) 核对设备名称和编号，检查设备状态; (2) 戴绝缘手套、安全帽，穿绝缘鞋; (3) 操作前确认上一步骤已完成
	拆除站用变压器低压侧400V接地线一组	(1) 操作不当; (2) 误碰带电体	(1) 触电; (2) 机械伤害	3	1	15	45	2	(1) 核对设备名称和编号，检查设备状态; (2) 戴绝缘手套、安全帽，穿绝缘鞋; (3) 操作前确认上一步骤已完成
	测量站用变压器及其高、低压侧绝缘电阻	操作不当	(1) 触电; (2) 机械伤害	3	1	15	45	2	(1) 核对设备名称和编号，检查设备状态; (2) 戴绝缘手套、安全帽，穿绝缘鞋; (3) 操作前确认上一步骤已完成; (4) 对机械、电气指示进行确认; (5) 验电、放电
操作结束	检查作业现场	有工具遗留在作业现场	设备事故	3	1	15	45	2	操作完成后对现场进行检查，确保证没有工具遗漏

14. 10kV 站用变压器由冷备用改为运行

风电场/光伏电站：		分析日期：	记录编号：
作业地点或分析范围：站用变压器柜		分析人：	
作业内容描述：10kV 站用变压器由冷备用改为运行			
主要作业风险：（1）因工作对象不清或错误，或填错操作票造成误送电或设备带电；（2）因走错间隔、误拉或误合开关造成触电、电弧灼伤、火灾、设备异常、设备故障			
控制措施：（1）正确填写和核对工作票，双人确认操作电源系统、标牌和设备的双重名称；（2）操作时戴绝缘手套、面罩，穿绝缘鞋和防电弧服，正确使用验电器			
工作执行人签名：	日期：	工作负责人开工前确认签名：	日期：

作业步骤		危害因素	可能导致的后果	风险评价					控制措施
				L	*E*	*C*	*D*	风险程度	
作业环境	天气潮湿	设备潮湿引起短路	（1）触电、电弧灼伤； （2）设备事故	1	3	15	45	2	（1）选择适当时机操作，湿度过大时应采取相应措施； （2）保持设备干燥
操作前准备	接收操作指令	工作对象不清楚	（1）触电； （2）设备事故	1	1	15	15	1	明确操作目的，防止弄错对象
	确定操作对象、核对设备运行方式	误操作其他设备	（1）触电； （2）设备事故	1	1	15	15	1	正确核对设备位置、名称和状态
	填写操作票	填错操作票引起误操作	（1）触电； （2）设备事故	3	1	15	15	1	（1）正确填写操作票，检查操作票填写内容是否正确； （2）操作票填完后必须经监护人和值长确认无误
	选择合适的工器具	工器具选择不当	（1）触电； （2）拖延检修进度	3	1	45	45	2	（1）选择合适的工器具； （2）检查工器具应完好、可靠； （3）正确使用工器具
	穿戴合适的防护用品	防护用品穿戴不规范	（1）触电； （2）电弧灼伤； （3）机械伤害	3	1	45	45	2	（1）戴安全帽、穿绝缘鞋； （2）穿长袖工作服，扣好衣服和袖口； （3）戴绝缘手套
	通信联系	通信不畅或通信错误	（1）扩大事故； （2）加重人员伤害	3	1	45	45	2	（1）携带对讲机，操作时保持联系； （2）保持通信设备电量充足

续表

作业步骤		危害因素	可能导致的后果	风险评价					控制措施
				L	E	C	D	风险程度	
操作前准备	工作班成员精神状态确认	(1) 无法正常完成指定工作； (2) 作业过程中无法清醒判断危险点	(1) 触电； (2) 设备事故	3	1	15	45	2	合理安排工作班成员，精神状态不佳者禁止工作
	环境	雷雨天气	(1) 触电； (2) 设备事故	3	1	15	45	2	雷雨天气禁止工作
操作过程	核对设备初始位置	(1) 走错间隔； (2) 误分、合开关或闸刀	(1) 触电； (2) 电弧灼伤； (3) 设备事故	3	1	15	45	2	(1) 戴绝缘手套、安全帽，穿绝缘鞋； (2) 核实操作票内容和设备状态； (3) 执行监护制度，唱票，确认设备位置、名称标牌，严格执行操作票制度； (4) 与带电体保持安全距离
	合上站用变压器 10kV 负荷开关	(1) 未确认操作内容； (2) 误碰带电体； (3) 操作顺序不当	(1) 触电； (2) 电弧灼伤； (3) 设备事故	3	1	15	45	2	(1) 核对设备名称和编号，检查设备状态； (2) 戴绝缘手套、安全帽，穿绝缘鞋； (3) 操作时与带电设备保持安全距离； (4) 操作开关后要对机械、电气指示进行确认
	合上站用变压器低压侧开关	(1) 未确认操作内容； (2) 误碰带电体； (3) 操作顺序不当	(1) 触电； (2) 电弧灼伤； (3) 设备事故	3	1	15	45	2	(1) 核对设备名称和编号，检查设备状态； (2) 戴绝缘手套、安全帽，穿绝缘鞋； (3) 操作时与带电设备保持安全距离； (4) 操作开关后要对机械、电气指示进行确认
操作结束	检查作业现场	有工具遗留在作业现场	设备事故	3	1	15	45	2	操作完成后对现场进行检查，确保没有工具遗漏

15. 10kV SVG 由运行改为冷备用

<table>
<tr><td colspan="4">风电场/光伏电站：</td><td colspan="5">分析日期：</td><td>记录编号：</td></tr>
<tr><td colspan="4">作业地点或分析范围：无功补偿装置</td><td colspan="6">分析人：</td></tr>
<tr><td colspan="10">作业内容描述：10kV SVG 由运行改为冷备用</td></tr>
<tr><td colspan="10">主要作业风险：(1) 因工作对象不清或错误，或填错操作票造成误送电或设备带电；(2) 因走错间隔、误拉或误合开关造成触电、电弧灼伤、火灾、设备异常、设备故障</td></tr>
<tr><td colspan="10">控制措施：(1) 正确填写、核对工作票，双人确认操作电源系统、标牌和设备的双重名称；(2) 操作时戴绝缘手套、面罩，穿绝缘鞋和防电弧服，正确使用验电器</td></tr>
<tr><td colspan="3">工作执行人签名：</td><td>日期：</td><td colspan="5">工作负责人开工前确认签名：</td><td>日期：</td></tr>
<tr><td colspan="2" rowspan="2">作业步骤</td><td rowspan="2">危害因素</td><td rowspan="2">可能导致的后果</td><td colspan="5">风险评价</td><td rowspan="2">控制措施</td></tr>
<tr><td>L</td><td>E</td><td>C</td><td>D</td><td>风险程度</td></tr>
<tr><td>作业环境</td><td>天气潮湿</td><td>设备潮湿引起短路</td><td>(1) 触电、电弧灼伤；
(2) 设备事故</td><td>1</td><td>3</td><td>15</td><td>45</td><td>2</td><td>(1) 选择适当时机操作，湿度过大时应采取相应措施；
(2) 保持设备干燥</td></tr>
<tr><td rowspan="6">操作前准备</td><td>接收操作指令</td><td>工作对象不清楚</td><td>(1) 触电；
(2) 设备事故</td><td>1</td><td>1</td><td>15</td><td>15</td><td>1</td><td>明确操作目的，防止弄错对象</td></tr>
<tr><td>确定操作对象、核对设备运行方式</td><td>误操作其他设备</td><td>(1) 触电；
(2) 设备事故</td><td>1</td><td>1</td><td>15</td><td>15</td><td>1</td><td>正确核对设备位置、名称和状态</td></tr>
<tr><td>填写操作票</td><td>填错操作票引起误操作</td><td>(1) 触电；
(2) 设备事故</td><td>3</td><td>1</td><td>15</td><td>15</td><td>1</td><td>(1) 正确填写操作票，检查操作票填写内容是否正确；
(2) 操作票填完后必须经监护人和值长确认无误</td></tr>
<tr><td>选择合适的工器具</td><td>工器具选择不当</td><td>(1) 触电；
(2) 拖延检修进度</td><td>3</td><td>1</td><td>45</td><td>45</td><td>2</td><td>(1) 选择合适的工器具；
(2) 检查工器具，应完好、可靠；
(3) 正确使用工器具</td></tr>
<tr><td>穿戴合适的防护用品</td><td>防护用品穿戴不规范</td><td>(1) 触电；
(2) 电弧灼伤；
(3) 机械伤害</td><td>3</td><td>1</td><td>45</td><td>45</td><td>2</td><td>(1) 戴安全帽、穿绝缘鞋；
(2) 穿长袖工作服，扣好衣服和袖口；
(3) 戴绝缘手套</td></tr>
<tr><td>通信联系</td><td>通信不畅或通信错误</td><td>(1) 扩大事故；
(2) 加重人员伤害</td><td>3</td><td>1</td><td>45</td><td>45</td><td>2</td><td>(1) 携带对讲机，操作时保持联系；
(2) 保持通信设备电量充足</td></tr>
</table>

续表

作业步骤		危害因素	可能导致的后果	风险评价					控制措施
				L	E	C	D	风险程度	
操作前准备	工作班成员精神状态确认	(1) 无法正常完成指定工作； (2) 作业过程中无法清醒判断危险点	(1) 触电； (2) 设备事故	3	1	15	45	2	合理安排工作班成员，精神状态不佳者禁止工作
	环境	雷雨天气	(1) 触电； (2) 设备事故	3	1	15	45	2	雷雨天气禁止工作
操作过程	核对设备初始位置	(1) 走错间隔； (2) 误分、合开关或闸刀	(1) 触电； (2) 电弧灼伤； (3) 设备事故	3	1	15	45	2	(1) 戴绝缘手套、安全帽，穿绝缘鞋； (2) 核实操作票内容和设备状态； (3) 执行监护制度，唱票，确认设备位置、名称标牌，严格执行操作票制度； (4) 与带电体保持安全距离
	将 10kV SVG 停机	(1) 未确认操作内容； (2) 误碰带电体； (3) 操作顺序不当	(1) 触电； (2) 电弧灼伤； (3) 设备事故	3	1	15	45	2	(1) 核对设备名称和编号，检查设备状态； (2) 戴绝缘手套、安全帽，穿绝缘鞋； (3) 操作时与带电设备保持安全距离； (4) 操作开关后要对机械、电气指示进行确认
	拉开 10kV SVG 开关	(1) 未确认操作内容； (2) 误碰带电体； (3) 操作顺序不当	(1) 触电； (2) 电弧灼伤； (3) 设备事故	3	1	15	45	2	(1) 核对设备名称和编号，检查设备状态； (2) 戴绝缘手套、安全帽，穿绝缘鞋； (3) 操作时与带电设备保持安全距离； (4) 操作开关后要对机械、电气指示进行确认
	将 10kV SVG 开关摇至“试验”位置	(1) 未确认操作内容； (2) 误碰带电体； (3) 操作顺序不当	(1) 触电； (2) 电弧灼伤； (3) 设备事故	3	1	15	45	2	(1) 核对设备名称和编号，检查设备状态； (2) 戴绝缘手套、安全帽，穿绝缘鞋； (3) 操作时与带电设备保持安全距离； (4) 操作开关后要对机械、电气指示进行确认
操作结束	检查作业现场	有工具遗留在作业现场	设备事故	3	1	15	45	2	操作完成后对现场进行检查，确保没有工具遗漏

16. 10kV SVG 由冷备用改为检修

<table>
<tr><td colspan="5">风电场/光伏电站：</td><td colspan="5">分析日期：</td><td>记录编号：</td></tr>
<tr><td colspan="5">作业地点或分析范围：无功补偿装置</td><td colspan="6">分析人：</td></tr>
<tr><td colspan="11">作业内容描述：10kV SVG 由冷备用改为检修</td></tr>
<tr><td colspan="11">主要作业风险：(1) 因工作对象不清或错误，或填错操作票造成误送电或设备带电；(2) 因走错间隔、误拉或误合开关造成触电、电弧灼伤、火灾、设备异常、设备故障</td></tr>
<tr><td colspan="11">控制措施：(1) 正确填写和核对工作票，双人确认操作电源系统、标牌和设备的双重名称；(2) 操作时戴绝缘手套、面罩，穿绝缘鞋和防电弧服，正确使用验电器</td></tr>
<tr><td colspan="3">工作执行人签名：</td><td>日期：</td><td colspan="6">工作负责人开工前确认签名：</td><td>日期：</td></tr>
<tr><td colspan="2" rowspan="2">作业步骤</td><td rowspan="2">危害因素</td><td rowspan="2">可能导致的后果</td><td colspan="5">风险评价</td><td colspan="2" rowspan="2">控制措施</td></tr>
<tr><td>L</td><td>E</td><td>C</td><td>D</td><td>风险程度</td></tr>
<tr><td>作业环境</td><td>天气潮湿</td><td>设备潮湿引起短路</td><td>(1) 触电、电弧灼伤；
(2) 设备事故</td><td>1</td><td>3</td><td>15</td><td>45</td><td>2</td><td colspan="2">(1) 选择适当时机操作，湿度过大时应采取相应措施；
(2) 保持设备干燥</td></tr>
<tr><td rowspan="7">操作前准备</td><td>接收操作指令</td><td>工作对象不清楚</td><td>(1) 触电；
(2) 设备事故</td><td>1</td><td>1</td><td>15</td><td>15</td><td>1</td><td colspan="2">明确操作目的，防止弄错对象</td></tr>
<tr><td>确定操作对象、核对设备运行方式</td><td>误操作其他设备</td><td>(1) 触电；
(2) 设备事故</td><td>1</td><td>1</td><td>15</td><td>15</td><td>1</td><td colspan="2">正确核对设备位置、名称和状态</td></tr>
<tr><td>填写操作票</td><td>填错操作票引起误操作</td><td>(1) 触电；
(2) 设备事故</td><td>3</td><td>1</td><td>15</td><td>15</td><td>1</td><td colspan="2">(1) 正确填写操作票，检查操作票填写内容是否正确；
(2) 操作票填完后必须经监护人和值长确认无误</td></tr>
<tr><td>选择合适的工器具</td><td>工器具选择不当</td><td>(1) 触电；
(2) 拖延检修进度</td><td>3</td><td>1</td><td>45</td><td>45</td><td>2</td><td colspan="2">(1) 选择合适的工器具；
(2) 检查工器具，应完好、可靠；
(3) 正确使用工器具</td></tr>
<tr><td>穿戴合适的防护用品</td><td>防护用品穿戴不规范</td><td>(1) 触电；
(2) 电弧灼伤；
(3) 机械伤害</td><td>3</td><td>1</td><td>45</td><td>45</td><td>2</td><td colspan="2">(1) 戴安全帽、穿绝缘鞋；
(2) 穿长袖工作服，扣好衣服和袖口；
(3) 戴绝缘手套</td></tr>
<tr><td>通信联系</td><td>通信不畅或通信错误</td><td>(1) 扩大事故；
(2) 加重人员伤害</td><td>3</td><td>1</td><td>45</td><td>45</td><td>2</td><td colspan="2">(1) 携带对讲机，操作时保持联系；
(2) 保持通信设备电量充足</td></tr>
</table>

续表

作业步骤		危害因素	可能导致的后果	风险评价					控制措施
				L	E	C	D	风险程度	
操作前准备	工作班成员精神状态确认	（1）无法正常完成指定工作； （2）作业过程中无法清醒判断危险点	（1）触电； （2）设备事故	3	1	15	45	2	合理安排工作班成员，精神状态不佳者禁止工作
	环境	雷雨天气	（1）触电； （2）设备事故	3	1	15	45	2	雷雨天气禁止工作
操作过程	核对设备初始位置	（1）走错间隔； （2）误分、合开关或闸刀	（1）触电； （2）电弧灼伤； （3）设备事故	3	1	15	45	2	（1）戴绝缘手套、安全帽，穿绝缘鞋； （2）核实操作票内容和设备状态； （3）执行监护制度，唱票，确认设备位置、名称标牌，严格执行操作票制度； （4）与带电体保持安全距离
	验明确无电压	（1）未确认操作内容； （2）误碰带电体； （3）操作顺序不当	（1）触电； （2）电弧灼伤； （3）设备事故	3	1	15	45	2	（1）核对设备名称和编号，检查设备状态； （2）戴绝缘手套、安全帽，穿绝缘鞋； （3）操作时与带电设备保持安全距离； （4）操作开关后要对机械、电气指示进行确认
	将10kV SVG开关摇至“检修”位置	（1）未确认操作内容； （2）误碰带电体； （3）操作顺序不当	（1）触电； （2）电弧灼伤； （3）设备事故	3	1	15	45	2	（1）核对设备名称和编号，检查设备状态； （2）戴绝缘手套、安全帽，穿绝缘鞋； （3）操作时与带电设备保持安全距离； （4）操作开关后要对机械、电气指示进行确认
	合上10kV SVG接地闸刀	（1）未确认操作内容； （2）误碰带电体； （3）操作顺序不当	（1）触电； （2）电弧灼伤； （3）设备事故	3	1	15	45	2	（1）核对设备名称和编号，检查设备状态； （2）戴绝缘手套、安全帽，穿绝缘鞋； （3）操作时与带电设备保持安全距离； （4）操作开关后要对机械、电气指示进行确认
操作结束	检查作业现场	有工具遗留在作业现场	设备事故	3	1	15	45	2	操作完成后对现场进行检查，确保没有工具遗漏

17. 10kV SVG 由检修改为冷备用

风电场/光伏电站：	分析日期：	记录编号：
作业地点或分析范围：无功补偿装置	分析人：	
作业内容描述：10kV SVG 由检修改为冷备用		
主要作业风险：(1) 因工作对象不清或错误，或填错操作票造成误送电或设备带电；(2) 因走错间隔、误拉或误合开关造成触电、电弧灼伤、火灾、设备异常、设备故障		
控制措施：(1) 正确填写、核对工作票，双人确认操作电源系统、标牌和设备的双重名称；(2) 操作时戴绝缘手套、面罩，穿绝缘鞋和防电弧服，正确使用验电器		
工作执行人签名： 日期：	工作负责人开工前确认签名：	日期：

作业步骤		危害因素	可能导致的后果	风险评价					控制措施
				L	E	C	D	风险程度	
作业环境	天气潮湿	设备潮湿引起短路	(1) 触电、电弧灼伤； (2) 设备事故	1	3	15	45	2	(1) 选择适当时机操作，湿度过大时应采取相应措施； (2) 保持设备干燥
操作前准备	接收操作指令	工作对象不清楚	(1) 触电； (2) 设备事故	1	1	15	15	1	明确操作目的，防止弄错对象
	确定操作对象、核对设备运行方式	误操作其他设备	(1) 触电； (2) 设备事故	1	1	15	15	1	正确核对设备位置、名称和状态
	填写操作票	填错操作票引起误操作	(1) 触电； (2) 设备事故	3	1	15	15	1	(1) 正确填写操作票，检查操作票填写内容是否正确； (2) 操作票填完后必须经监护人和值长确认无误
	选择合适的工器具	工器具选择不当	(1) 触电； (2) 拖延检修进度	3	1	45	45	2	(1) 选择合适的工器具； (2) 检查工器具，应完好、可靠； (3) 正确使用工器具
	穿戴合适的防护用品	防护用品穿戴不规范	(1) 触电； (2) 电弧灼伤； (3) 机械伤害	3	1	45	45	2	(1) 戴安全帽、穿绝缘鞋； (2) 穿长袖工作服，扣好衣服和袖口； (3) 戴绝缘手套
	通信联系	通信不畅或通信错误	(1) 扩大事故； (2) 加重人员伤害	3	1	45	45	2	(1) 携带对讲机，操作时保持联系； (2) 保持通信设备电量充足

续表

作业步骤		危害因素	可能导致的后果	风险评价					控制措施
				L	*E*	*C*	*D*	风险程度	
操作前准备	工作班成员精神状态确认	（1）无法正常完成指定工作； （2）作业过程中无法清醒判断危险点	（1）触电； （2）设备事故	3	1	15	45	2	合理安排工作班成员，精神状态不佳者禁止工作
	环境	雷雨天气	（1）触电； （2）设备事故	3	1	15	45	2	雷雨天气禁止工作
操作过程	核对设备初始位置	（1）走错间隔； （2）误分、合开关或闸刀	（1）触电； （2）电弧灼伤； （3）设备事故	3	1	15	45	2	（1）戴绝缘手套、安全帽，穿绝缘鞋； （2）核实操作票内容和设备状态； （3）执行监护制度，唱票，确认设备位置、名称标牌，严格执行操作票制度； （4）与带电体保持安全距离
	测量SVG及开关绝缘电阻	操作不当	（1）触电； （2）机械伤害	3	1	15	45	2	（1）核对设备名称和编号，检查设备状态； （2）戴绝缘手套、安全帽，穿绝缘鞋； （3）操作前确认上一步骤已完成； （4）对机械、电气指示进行确认； （5）验电、放电
	拉开10kV SVG接地开关	（1）未确认操作内容； （2）误碰带电体； （3）操作顺序不当	（1）触电； （2）电弧灼伤； （3）设备事故	3	1	15	45	2	（1）核对设备名称和编号，检查设备状态； （2）戴绝缘手套、安全帽，穿绝缘鞋； （3）操作时与带电设备保持安全距离； （4）操作开关后要对机械、电气指示进行确认
	将10kV SVG开关摇至“试验”位置	（1）未确认操作内容； （2）误碰带电体； （3）操作顺序不当	（1）触电； （2）电弧灼伤； （3）设备事故	3	1	15	45	2	（1）核对设备名称和编号，检查设备状态； （2）戴绝缘手套、安全帽，穿绝缘鞋； （3）操作时与带电设备保持安全距离； （4）操作开关后要对机械、电气指示进行确认
操作结束	检查作业现场	有工具遗留在作业现场	设备事故	3	1	15	45	2	操作完成后对现场进行检查，确保没有工具遗漏

18. 10kV SVG 由冷备用改为运行

风电场/光伏电站：				分析日期：				记录编号：	
作业地点或分析范围：无功补偿装置				分析人：					
作业内容描述：10kV SVG 由冷备用改为运行									
主要作业风险：(1) 因工作对象不清或错误，或填错操作票造成误送电或设备带电；(2) 因走错间隔、误拉或误合开关造成触电、电弧灼伤、火灾、设备异常、设备故障									
控制措施：(1) 正确填写、核对工作票，双人确认操作电源系统、标牌和设备的双重名称；(2) 操作时戴绝缘手套、面罩，穿绝缘鞋和防电弧服，正确使用验电器									
工作执行人签名：			日期：	工作负责人开工前确认签名：				日期：	
作业步骤		危害因素	可能导致的后果	风险评价					控制措施
				L	*E*	*C*	*D*	风险程度	
作业环境	天气潮湿	设备潮湿引起短路	(1) 触电、电弧灼伤； (2) 设备事故	1	3	15	45	2	(1) 选择适当时机操作，湿度过大时应采取相应措施； (2) 保持设备干燥
操作前准备	接收操作指令	工作对象不清楚	(1) 触电； (2) 设备事故	1	1	15	15	1	明确操作目的，防止弄错对象
	确定操作对象、核对设备运行方式	误操作其他设备	(1) 触电； (2) 设备事故	1	1	15	15	1	正确核对设备位置、名称和状态
	填写操作票	填错操作票引起误操作	(1) 触电； (2) 设备事故	3	1	15	15	1	(1) 正确填写操作票，检查操作票填写内容是否正确； (2) 操作票填完后必须经监护人和值长确认无误
	选择合适的工器具	工器具选择不当	(1) 触电； (2) 拖延检修进度	3	1	45	45	2	(1) 选择合适的工器具； (2) 检查工器具，应完好、可靠； (3) 正确使用工器具
	穿戴合适的防护用品	防护用品穿戴不规范	(1) 触电； (2) 电弧灼伤； (3) 机械伤害	3	1	45	45	2	(1) 戴安全帽、穿绝缘鞋； (2) 穿长袖工作服，扣好衣服和袖口； (3) 戴绝缘手套
	通信联系	通信不畅或通信错误	(1) 扩大事故； (2) 加重人员伤害	3	1	45	45	2	(1) 携带对讲机，操作时保持联系； (2) 保持通信设备电量充足

续表

作业步骤		危害因素	可能导致的后果	风险评价					控制措施
				L	E	C	D	风险程度	
操作前准备	工作班成员精神状态确认	（1）无法正常完成指定工作； （2）作业过程中无法清醒判断危险点	（1）触电； （2）设备事故	3	1	15	45	2	合理安排工作班成员，精神状态不佳者禁止工作
	环境	雷雨天气	（1）触电； （2）设备事故	3	1	15	45	2	雷雨天气禁止工作
操作过程	核对设备初始位置	（1）走错间隔； （2）误分、合开关或闸刀	（1）触电； （2）电弧灼伤； （3）设备事故	3	1	15	45	2	（1）戴绝缘手套、安全帽，穿绝缘鞋； （2）核实操作票内容和设备状态； （3）执行监护制度，唱票，确认设备位置、名称标牌，严格执行操作票制度； （4）与带电体保持安全距离
	将10kV SVG开关摇至“工作”位置	（1）未确认操作内容； （2）误碰带电体； （3）操作顺序不当	（1）触电； （2）电弧灼伤； （3）设备事故	3	1	15	45	2	（1）核对设备名称和编号，检查设备状态； （2）戴绝缘手套、安全帽，穿绝缘鞋； （3）操作时与带电设备保持安全距离； （4）操作开关后要对机械、电气指示进行确认
	合上10kV SVG开关	（1）未确认操作内容； （2）误碰带电体； （3）操作顺序不当	（1）触电； （2）电弧灼伤； （3）设备事故	3	1	15	45	2	（1）核对设备名称和编号，检查设备状态； （2）戴绝缘手套、安全帽，穿绝缘鞋； （3）操作时与带电设备保持安全距离； （4）操作开关后要对机械、电气指示进行确认
	启动10kV SVG	（1）未确认操作内容； （2）误碰带电体； （3）操作顺序不当	（1）触电； （2）电弧灼伤； （3）设备事故	3	1	15	45	2	（1）核对设备名称和编号，检查设备状态； （2）戴绝缘手套、安全帽，穿绝缘鞋； （3）操作时与带电设备保持安全距离； （4）操作开关后要对机械、电气指示进行确认
操作结束	检查作业现场	有工具遗留在作业现场	设备事故	3	1	15	45	2	操作完成后对现场进行检查，确保证没有工具遗漏

19. 380V 接入开关由运行改为冷备用

<table>
<tr><td colspan="3">风电场/光伏电站：</td><td colspan="5">分析日期：</td><td>记录编号：</td></tr>
<tr><td colspan="3">作业地点或分析范围：接入开关柜</td><td colspan="6">分析人：</td></tr>
<tr><td colspan="9">作业内容描述：380V 接入开关由运行改为冷备用</td></tr>
<tr><td colspan="9">主要作业风险：（1）因工作对象不清或错误，或填错操作票造成误送电或设备带电；（2）因走错间隔、误拉或误合开关造成触电、电弧灼伤、火灾、设备异常、设备故障</td></tr>
<tr><td colspan="9">控制措施：（1）正确填写、核对工作票，双人确认操作电源系统、标牌和设备的双重名称；（2）操作时戴绝缘手套、面罩，穿绝缘鞋和防电弧服，正确使用验电器</td></tr>
<tr><td colspan="2">工作执行人签名：</td><td>日期：</td><td colspan="5">工作负责人开工前确认签名：</td><td>日期：</td></tr>
<tr><td rowspan="2" colspan="2">作业步骤</td><td rowspan="2">危害因素</td><td rowspan="2">可能导致的后果</td><td colspan="5">风险评价</td><td rowspan="2">控制措施</td></tr>
<tr><td>L</td><td>E</td><td>C</td><td>D</td><td>风险程度</td></tr>
<tr><td>作业环境</td><td>天气潮湿</td><td>设备潮湿引起短路</td><td>（1）触电、电弧灼伤；
（2）设备事故</td><td>1</td><td>3</td><td>15</td><td>45</td><td>2</td><td>（1）选择适当时机操作，湿度过大时应采取相应措施；
（2）保持设备干燥</td></tr>
<tr><td rowspan="7">操作前准备</td><td>接收操作指令</td><td>工作对象不清楚</td><td>（1）触电；
（2）设备事故</td><td>1</td><td>1</td><td>15</td><td>15</td><td>1</td><td>明确操作目的，防止弄错对象</td></tr>
<tr><td>确定操作对象、核对设备运行方式</td><td>误操作其他设备</td><td>（1）触电；
（2）设备事故</td><td>1</td><td>1</td><td>15</td><td>15</td><td>1</td><td>正确核对设备位置、名称和状态</td></tr>
<tr><td>填写操作票</td><td>填错操作票引起误操作</td><td>（1）触电；
（2）设备事故</td><td>3</td><td>1</td><td>15</td><td>15</td><td>1</td><td>（1）正确填写操作票，检查操作票填写内容是否正确；
（2）操作票填完后必须经监护人和值长确认无误</td></tr>
<tr><td>选择合适的工器具</td><td>工器具选择不当</td><td>（1）触电；
（2）拖延检修进度</td><td>3</td><td>1</td><td>45</td><td>45</td><td>2</td><td>（1）选择合适的工器具；
（2）检查工器具，应完好、可靠；
（3）正确使用工器具</td></tr>
<tr><td>穿戴合适的防护用品</td><td>防护用品穿戴不规范</td><td>（1）触电；
（2）电弧灼伤；
（3）机械伤害</td><td>3</td><td>1</td><td>45</td><td>45</td><td>2</td><td>（1）戴安全帽、穿绝缘鞋；
（2）穿长袖工作服，扣好衣服和袖口；
（3）戴绝缘手套</td></tr>
<tr><td>通信联系</td><td>通信不畅或通信错误</td><td>（1）扩大事故；
（2）加重人员伤害</td><td>3</td><td>1</td><td>45</td><td>45</td><td>2</td><td>（1）携带对讲机，操作时保持联系；
（2）保持通信设备电量充足</td></tr>
</table>

续表

作业步骤		危害因素	可能导致的后果	风险评价					控制措施
				L	E	C	D	风险程度	
操作前准备	工作班成员精神状态确认	(1) 无法正常完成指定工作; (2) 作业过程中无法清醒判断危险点	(1) 触电; (2) 设备事故	3	1	15	45	2	合理安排工作班成员，精神状态不佳者禁止工作
	环境	雷雨天气	(1) 触电; (2) 设备事故	3	1	15	45	2	雷雨天气禁止工作
操作过程	核对设备初始位置	(1) 走错间隔; (2) 误分、合开关或闸刀	(1) 触电; (2) 电弧灼伤; (3) 设备事故	3	1	15	45	2	(1) 戴绝缘手套、安全帽，穿绝缘鞋; (2) 核实操作票内容和设备状态; (3) 执行监护制度，唱票，确认设备位置、名称标牌，严格执行操作票制度; (4) 与带电体保持安全距离
	拉开380V接入开关	(1) 未确认操作内容; (2) 误碰带电体; (3) 操作顺序不当	(1) 触电; (2) 电弧灼伤; (3) 设备事故	3	1	15	45	2	(1) 核对设备名称和编号，检查设备状态; (2) 戴绝缘手套、安全帽，穿绝缘鞋; (3) 操作时与带电设备保持安全距离; (4) 操作开关后要对机械、电气指示进行确认
	将380V接入开关小车摇至“试验”位置	(1) 未确认操作内容; (2) 误碰带电体; (3) 操作顺序不当	(1) 触电; (2) 电弧灼伤; (3) 设备事故	3	1	15	45	2	(1) 核对设备名称和编号，检查设备状态; (2) 戴绝缘手套、安全帽，穿绝缘鞋; (3) 操作时与带电设备保持安全距离; (4) 操作开关后要对机械、电气指示进行确认
操作结束	检查作业现场	有工具遗留在作业现场	设备事故	3	1	15	45	2	操作完成后对现场进行检查，确保没有工具遗漏

20. 380V 接入开关由冷备用改为运行

<table>
<tr><td colspan="3">风电场/光伏电站：</td><td colspan="5">分析日期：</td><td>记录编号：</td></tr>
<tr><td colspan="3">作业地点或分析范围：接入开关柜</td><td colspan="6">分析人：</td></tr>
<tr><td colspan="9">作业内容描述：380V 接入开关由冷备用改为运行</td></tr>
<tr><td colspan="9">主要作业风险：(1) 因工作对象不清或错误，或填错操作票造成误送电或设备带电；(2) 因走错间隔、误拉或误合开关造成触电、电弧灼伤、火灾、设备异常、设备故障</td></tr>
<tr><td colspan="9">控制措施：(1) 正确填写和核对工作票，双人确认操作电源系统、标牌和设备的双重名称；(2) 操作时戴绝缘手套、面罩，穿绝缘鞋和防电弧服，正确使用验电器</td></tr>
<tr><td colspan="2">工作执行人签名：</td><td>日期：</td><td colspan="5">工作负责人开工前确认签名：</td><td>日期：</td></tr>
<tr><td rowspan="2">作业步骤</td><td rowspan="2">危害因素</td><td rowspan="2">可能导致的后果</td><td colspan="5">风险评价</td><td rowspan="2">控制措施</td></tr>
<tr><td>L</td><td>E</td><td>C</td><td>D</td><td>风险程度</td></tr>
<tr><td>作业环境：天气潮湿</td><td>设备潮湿引起短路</td><td>(1) 触电、电弧灼伤；
(2) 设备事故</td><td>1</td><td>3</td><td>15</td><td>45</td><td>2</td><td>(1) 选择适当时机操作，湿度过大时应采取相应措施；
(2) 保持设备干燥</td></tr>
<tr><td>操作前准备：接收操作指令</td><td>工作对象不清楚</td><td>(1) 触电；
(2) 设备事故</td><td>1</td><td>1</td><td>15</td><td>15</td><td>1</td><td>明确操作目的，防止弄错对象</td></tr>
<tr><td>操作前准备：确定操作对象、核对设备运行方式</td><td>误操作其他设备</td><td>(1) 触电；
(2) 设备事故</td><td>1</td><td>1</td><td>15</td><td>15</td><td>1</td><td>正确核对设备位置、名称和状态</td></tr>
<tr><td>操作前准备：填写操作票</td><td>填错操作票引起误操作</td><td>(1) 触电；
(2) 设备事故</td><td>3</td><td>1</td><td>15</td><td>15</td><td>1</td><td>(1) 正确填写操作票，检查操作票填写内容是否正确；
(2) 操作票填完后必须经监护人和值长确认无误</td></tr>
<tr><td>操作前准备：选择合适的工器具</td><td>工器具选择不当</td><td>(1) 触电；
(2) 拖延检修进度</td><td>3</td><td>1</td><td>45</td><td>45</td><td>2</td><td>(1) 选择合适的工器具；
(2) 检查工器具，应完好、可靠；
(3) 正确使用工器具</td></tr>
<tr><td>操作前准备：穿戴合适的防护用品</td><td>防护用品穿戴不规范</td><td>(1) 触电；
(2) 电弧灼伤；
(3) 机械伤害</td><td>3</td><td>1</td><td>45</td><td>45</td><td>2</td><td>(1) 戴安全帽、穿绝缘鞋；
(2) 穿长袖工作服，扣好衣服和袖口；
(3) 戴绝缘手套</td></tr>
<tr><td>操作前准备：通信联系</td><td>通信不畅或通信错误</td><td>(1) 扩大事故；
(2) 加重人员伤害</td><td>3</td><td>1</td><td>45</td><td>45</td><td>2</td><td>(1) 携带对讲机，操作时保持联系；
(2) 保持通信设备电量充足</td></tr>
</table>

续表

作业步骤		危害因素	可能导致的后果	风险评价					控制措施
				L	E	C	D	风险程度	
操作前准备	工作班成员精神状态确认	（1）无法正常完成指定工作； （2）作业过程中无法清醒判断危险点	（1）触电； （2）设备事故	3	1	15	45	2	合理安排工作班成员，精神状态不佳者禁止工作
	环境	雷雨天气	（1）触电； （2）设备事故	3	1	15	45	2	雷雨天气禁止工作
操作过程	核对设备初始位置	（1）走错间隔； （2）误分、合开关或闸刀	（1）触电； （2）电弧灼伤； （3）设备事故	3	1	15	45	2	（1）戴绝缘手套、安全帽，穿绝缘鞋； （2）核实操作票内容和设备状态； （3）执行监护制度，唱票，确认设备位置、名称标牌，严格执行操作票制度； （4）与带电体保持安全距离
	将380V接入开关小车摇至“工作”位置	（1）未确认操作内容； （2）误碰带电体； （3）操作顺序不当	（1）触电； （2）电弧灼伤； （3）设备事故	3	1	15	45	2	（1）核对设备名称和编号，检查设备状态； （2）戴绝缘手套、安全帽，穿绝缘鞋； （3）操作时与带电设备保持安全距离； （4）操作开关后要对机械、电气指示进行确认
	合上380V接入开关	（1）未确认操作内容； （2）误碰带电体； （3）操作顺序不当	（1）触电； （2）电弧灼伤； （3）设备事故	3	1	15	45	2	（1）核对设备名称和编号，检查设备状态； （2）戴绝缘手套、安全帽，穿绝缘鞋； （3）操作时与带电设备保持安全距离； （4）操作开关后要对机械、电气指示进行确认
操作结束	检查作业现场	有工具遗留在作业现场	设备事故	3	1	15	45	2	操作完成后对现场进行检查，确保没有工具遗漏

21. 380V并网开关由运行改为冷备用

<table>
<tr><td colspan="3">风电场/光伏电站：</td><td colspan="5">分析日期：</td><td>记录编号：</td></tr>
<tr><td colspan="3">作业地点或分析范围：并网开关柜</td><td colspan="6">分析人：</td></tr>
<tr><td colspan="9">作业内容描述：380V并网开关由运行改为冷备用</td></tr>
<tr><td colspan="9">主要作业风险：(1) 因工作对象不清或错误，或填错操作票造成误送电或设备带电；(2) 因走错间隔、误拉或误合开关造成触电、电弧灼伤、火灾、设备异常、设备故障</td></tr>
<tr><td colspan="9">控制措施：(1) 正确填写、核对工作票，双人确认操作电源系统、标牌和设备的双重名称；(2) 操作时戴绝缘手套、面罩，穿绝缘鞋和防电弧服，正确使用验电器</td></tr>
<tr><td colspan="2">工作执行人签名：</td><td>日期：</td><td colspan="5">工作负责人开工前确认签名：</td><td>日期：</td></tr>
<tr><td colspan="2" rowspan="2">作业步骤</td><td rowspan="2">危害因素</td><td rowspan="2">可能导致的后果</td><td colspan="5">风险评价</td><td rowspan="2">控制措施</td></tr>
<tr><td>L</td><td>E</td><td>C</td><td>D</td><td>风险程度</td></tr>
<tr><td>作业环境</td><td>天气潮湿</td><td>设备潮湿引起短路</td><td>(1) 触电、电弧灼伤；
(2) 设备事故</td><td>1</td><td>3</td><td>15</td><td>45</td><td>2</td><td>(1) 选择适当时机操作，湿度过大时应采取相应措施；
(2) 保持设备干燥</td></tr>
<tr><td rowspan="6">操作前准备</td><td>接收操作指令</td><td>工作对象不清楚</td><td>(1) 触电；
(2) 设备事故</td><td>1</td><td>1</td><td>15</td><td>15</td><td>1</td><td>明确操作目的，防止弄错对象</td></tr>
<tr><td>确定操作对象、核对设备运行方式</td><td>误操作其他设备</td><td>(1) 触电；
(2) 设备事故</td><td>1</td><td>1</td><td>15</td><td>15</td><td>1</td><td>正确核对设备位置、名称和状态</td></tr>
<tr><td>填写操作票</td><td>填错操作票引起误操作</td><td>(1) 触电；
(2) 设备事故</td><td>3</td><td>1</td><td>15</td><td>15</td><td>1</td><td>(1) 正确填写操作票，检查操作票填写内容是否正确；
(2) 操作票填完后必须经监护人和值长确认无误</td></tr>
<tr><td>选择合适的工器具</td><td>工器具选择不当</td><td>(1) 触电；
(2) 拖延检修进度</td><td>3</td><td>1</td><td>45</td><td>45</td><td>2</td><td>(1) 选择合适的工器具；
(2) 检查工器具，应完好、可靠；
(3) 正确使用工器具</td></tr>
<tr><td>穿戴合适的防护用品</td><td>防护用品穿戴不规范</td><td>(1) 触电；
(2) 电弧灼伤；
(3) 机械伤害</td><td>3</td><td>1</td><td>45</td><td>45</td><td>2</td><td>(1) 戴安全帽、穿绝缘鞋；
(2) 穿长袖工作服，扣好衣服和袖口；
(3) 戴绝缘手套</td></tr>
<tr><td>通信联系</td><td>通信不畅或通信错误</td><td>(1) 扩大事故；
(2) 加重人员伤害</td><td>3</td><td>1</td><td>45</td><td>45</td><td>2</td><td>(1) 携带对讲机，操作时保持联系；
(2) 保持通信设备电量充足</td></tr>
</table>

续表

作业步骤		危害因素	可能导致的后果	风险评价					控制措施
				L	E	C	D	风险程度	
操作前准备	工作班成员精神状态确认	（1）无法正常完成指定工作； （2）作业过程中无法清醒判断危险点	（1）触电； （2）设备事故	3	1	15	45	2	合理安排工作班成员，精神状态不佳者禁止工作
	环境	雷雨天气	（1）触电； （2）设备事故	3	1	15	45	2	雷雨天气禁止工作
操作过程	核对设备初始位置	（1）走错间隔； （2）误分、合开关或闸刀	（1）触电； （2）电弧灼伤； （3）设备事故	3	1	15	45	2	（1）戴绝缘手套、安全帽，穿绝缘鞋； （2）核实操作票内容和设备状态； （3）执行监护制度，唱票，确认设备位置、名称标牌，严格执行操作票制度； （4）与带电体保持安全距离
	拉开380V并网开关	（1）未确认操作内容； （2）误碰带电体； （3）操作顺序不当	（1）触电； （2）电弧灼伤； （3）设备事故	3	1	15	45	2	（1）核对设备名称和编号，检查设备状态； （2）戴绝缘手套、安全帽，穿绝缘鞋； （3）操作时与带电设备保持安全距离； （4）操作开关后要对机械、电气指示进行确认
	将380V并网开关摇至“试验”位置	（1）未确认操作内容； （2）误碰带电体； （3）操作顺序不当	（1）触电； （2）电弧灼伤； （3）设备事故	3	1	15	45	2	（1）核对设备名称和编号，检查设备状态； （2）戴绝缘手套、安全帽，穿绝缘鞋； （3）操作时与带电设备保持安全距离； （4）操作开关后要对机械、电气指示进行确认
操作结束	检查作业现场	有工具遗留在作业现场	设备事故	3	1	15	45	2	操作完成后对现场进行检查，确保没有工具遗漏

22. 380V 并网开关由冷备用改为运行

风电场/光伏电站：		分析日期：	记录编号：
作业地点或分析范围：并网开关柜		分析人：	
作业内容描述：380V 并网开关由冷备用改为运行			
主要作业风险：(1) 因工作对象不清或错误，或填错操作票造成误送电或设备带电；(2) 因走错间隔、误拉或误合开关造成触电、电弧灼伤、火灾、设备异常、设备故障			
控制措施：(1) 正确填写、核对工作票，双人确认操作电源系统、标牌和设备的双重名称；(2) 操作时戴绝缘手套、面罩，穿绝缘鞋和防电弧服，正确使用验电器			
工作执行人签名：	日期：	工作负责人开工前确认签名：	日期：

作业步骤		危害因素	可能导致的后果	风险评价					控制措施
				L	*E*	*C*	*D*	风险程度	
作业环境	天气潮湿	设备潮湿引起短路	(1) 触电、电弧灼伤； (2) 设备事故	1	3	15	45	2	(1) 选择适当时机操作，湿度过大时应采取相应措施； (2) 保持设备干燥
操作前准备	接收操作指令	工作对象不清楚	(1) 触电； (2) 设备事故	1	1	15	15	1	明确操作目的，防止弄错对象
	确定操作对象、核对设备运行方式	误操作其他设备	(1) 触电； (2) 设备事故	1	1	15	15	1	正确核对设备位置、名称和状态
	填写操作票	填错操作票引起误操作	(1) 触电； (2) 设备事故	3	1	15	15	1	(1) 正确填写操作票，检查操作票填写内容是否正确； (2) 操作票填完后必须经监护人和值长确认无误
	选择合适的工器具	工器具选择不当	(1) 触电； (2) 拖延检修进度	3	1	45	45	2	(1) 选择合适的工器具； (2) 检查工器具，应完好可靠； (3) 正确使用工器具
	穿戴合适的防护用品	防护用品穿戴不规范	(1) 触电； (2) 电弧灼伤； (3) 机械伤害	3	1	45	45	2	(1) 戴安全帽、穿绝缘鞋； (2) 穿长袖工作服，扣好衣服和袖口； (3) 戴绝缘手套
	通信联系	通信不畅或通信错误	(1) 扩大事故； (2) 加重人员伤害	3	1	45	45	2	(1) 携带对讲机，操作时保持联系； (2) 保持通信设备电量充足

续表

作业步骤		危害因素	可能导致的后果	风险评价					控制措施
				L	E	C	D	风险程度	
操作前准备	工作班成员精神状态确认	（1）无法正常完成指定工作； （2）作业过程中无法清醒判断危险点	（1）触电； （2）设备事故	3	1	15	45	2	合理安排工作班成员，精神状态不佳者禁止工作
	环境	雷雨天气	（1）触电； （2）设备事故	3	1	15	45	2	雷雨天气禁止工作
操作过程	核对设备初始位置	（1）走错间隔； （2）误分、合开关或闸刀	（1）触电； （2）电弧灼伤； （3）设备事故	3	1	15	45	2	（1）戴绝缘手套、安全帽，穿绝缘鞋； （2）核实操作票内容和设备状态； （3）执行监护制度，唱票，确认设备位置、名称标牌，严格执行操作票制度； （4）与带电体保持安全距离
	将380V并网开关摇至“工作”位置	（1）未确认操作内容； （2）误碰带电体； （3）操作顺序不当	（1）触电； （2）电弧灼伤； （3）设备事故	3	1	15	45	2	（1）核对设备名称和编号，检查设备状态； （2）戴绝缘手套、安全帽，穿绝缘鞋； （3）操作时与带电设备保持安全距离； （4）操作开关后要对机械、电气指示进行确认
	合上380V并网开关	（1）未确认操作内容； （2）误碰带电体； （3）操作顺序不当	（1）触电； （2）电弧灼伤； （3）设备事故	3	1	15	45	2	（1）核对设备名称和编号，检查设备状态； （2）戴绝缘手套、安全帽，穿绝缘鞋； （3）操作时与带电设备保持安全距离； （4）操作开关后要对机械、电气指示进行确认
操作结束	检查作业现场	有工具遗留在作业现场	设备事故	3	1	15	45	2	操作完成后对现场进行检查，确保没有工具遗漏

23. 集中式逆变器由运行改为冷备用

风电场/光伏电站：	分析日期：	记录编号：
作业地点或分析范围：集中式逆变器	分析人：	
作业内容描述：集中式逆变器由运行改为冷备用		
主要作业风险：(1) 因工作对象不清或错误，或填错操作票造成误送电或设备带电；(2) 因走错间隔、误拉或误合开关造成触电、电弧灼伤、火灾、设备异常、设备故障		
控制措施：(1) 正确填写、核对工作票，双人确认操作电源系统、标牌和设备的双重名称；(2) 操作时戴绝缘手套、面罩，穿绝缘鞋和防电弧服，正确使用验电器		
工作执行人签名： 日期：	工作负责人开工前确认签名：	日期：

作业步骤		危害因素	可能导致的后果	风险评价					控制措施
				L	*E*	*C*	*D*	风险程度	
作业环境	天气潮湿	设备潮湿引起短路	(1) 触电、电弧灼伤； (2) 设备事故	1	3	15	45	2	(1) 选择适当时机操作，湿度过大时应采取相应措施； (2) 保持设备干燥
操作前准备	接收操作指令	工作对象不清楚	(1) 触电； (2) 设备事故	1	1	15	15	1	明确操作目的，防止弄错对象
	确定操作对象、核对设备运行方式	误操作其他设备	(1) 触电； (2) 设备事故	1	1	15	15	1	正确核对设备位置、名称和状态
	填写操作票	填错操作票引起误操作	(1) 触电； (2) 设备事故	3	1	15	15	1	(1) 正确填写操作票，检查操作票填写内容是否正确； (2) 操作票填完后必须经监护人和值长确认无误
	选择合适的工器具	工器具选择不当	(1) 触电； (2) 拖延检修进度	3	1	45	45	2	(1) 选择合适的工器具； (2) 检查工器具，应完好、可靠； (3) 正确使用工器具
	穿戴合适的防护用品	防护用品穿戴不规范	(1) 触电； (2) 电弧灼伤； (3) 机械伤害	3	1	45	45	2	(1) 戴安全帽、穿绝缘鞋； (2) 穿长袖工作服，扣好衣服和袖口； (3) 戴绝缘手套
	通信联系	通信不畅或通信错误	(1) 扩大事故； (2) 加重人员伤害	3	1	45	45	2	(1) 携带对讲机，操作时保持联系； (2) 保持通信设备电量充足

续表

作业步骤		危害因素	可能导致的后果	风险评价					控制措施
				L	*E*	*C*	*D*	风险程度	
操作前准备	工作班成员精神状态确认	（1）无法正常完成指定工作； （2）作业过程中无法清醒判断危险点	（1）触电； （2）设备事故	3	1	15	45	2	合理安排工作班成员，精神状态不佳者禁止工作
	环境	雷雨天气	（1）触电； （2）设备事故	3	1	15	45	2	雷雨天气禁止工作
操作过程	核对设备初始位置	（1）走错间隔； （2）误分、合开关或闸刀	（1）触电； （2）电弧灼伤； （3）设备事故	3	1	15	45	2	（1）戴绝缘手套、安全帽，穿绝缘鞋； （2）核实操作票内容和设备状态； （3）执行监护制度，唱票，确认设备位置、名称标牌，严格执行操作票制度； （4）与带电体保持安全距离
	拉开集中式逆变器直流侧进线开关	（1）未确认操作内容； （2）误碰带电体； （3）操作顺序不当	（1）触电； （2）电弧灼伤； （3）设备事故	3	1	15	45	2	（1）核对设备名称和编号，检查设备状态； （2）戴绝缘手套、安全帽，穿绝缘鞋； （3）操作时与带电设备保持安全距离； （4）操作开关后要对机械、电气指示进行确认
	拉开集中式逆变器交流侧出线开关	（1）未确认操作内容； （2）误碰带电体； （3）操作顺序不当	（1）触电； （2）电弧灼伤； （3）设备事故	3	1	15	45	2	（1）核对设备名称和编号，检查设备状态； （2）戴绝缘手套、安全帽，穿绝缘鞋； （3）操作时与带电设备保持安全距离； （4）操作开关后要对机械、电气指示进行确认
操作结束	检查作业现场	有工具遗留在作业现场	设备事故	3	1	15	45	2	操作完成后对现场进行检查，确保没有工具遗漏

24. 集中式逆变器由冷备用改为运行

风电场/光伏电站：		分析日期：		记录编号：
作业地点或分析范围：集中式逆变器		分析人：		
作业内容描述：集中式逆变器由冷备用改为运行				
主要作业风险：（1）因工作对象不清或错误，或填错操作票造成误送电或设备带电；（2）因走错间隔、误拉或误合开关造成触电、电弧灼伤、火灾、设备异常、设备故障				
控制措施：（1）正确填写、核对工作票，双人确认操作电源系统、标牌和设备的双重名称；（2）操作时戴绝缘手套、面罩，穿绝缘鞋和防电弧服，正确使用验电器				
工作执行人签名：	日期：	工作负责人开工前确认签名：		日期：

作业步骤		危害因素	可能导致的后果	风险评价					控制措施
				L	*E*	*C*	*D*	风险程度	
作业环境	天气潮湿	设备潮湿引起短路	（1）触电、电弧灼伤； （2）设备事故	1	3	15	45	2	（1）选择适当时机操作，湿度过大时应采取相应措施； （2）保持设备干燥
操作前准备	接收操作指令	工作对象不清楚	（1）触电； （2）设备事故	1	1	15	15	1	明确操作目的，防止弄错对象
操作前准备	确定操作对象、核对设备运行方式	误操作其他设备	（1）触电； （2）设备事故	1	1	15	15	1	正确核对设备位置、名称和状态
操作前准备	填写操作票	填错操作票引起误操作	（1）触电； （2）设备事故	3	1	15	15	1	（1）正确填写操作票，检查操作票填写内容是否正确； （2）操作票填完后必须经监护人和值长确认无误
操作前准备	选择合适的工器具	工器具选择不当	（1）触电； （2）拖延检修进度	3	1	45	45	2	（1）选择合适的工器具； （2）检查工器具，应完好、可靠； （3）正确使用工器具
操作前准备	穿戴合适的防护用品	防护用品穿戴不规范	（1）触电； （2）电弧灼伤； （3）机械伤害	3	1	45	45	2	（1）戴安全帽、穿绝缘鞋； （2）穿长袖工作服，扣好衣服和袖口； （3）戴绝缘手套
操作前准备	通信联系	通信不畅或通信错误	（1）扩大事故； （2）加重人员伤害	3	1	45	45	2	（1）携带对讲机，操作时保持联系； （2）保持通信设备电量充足

续表

作业步骤		危害因素	可能导致的后果	风险评价					控制措施
				L	E	C	D	风险程度	
操作前准备	工作班成员精神状态确认	（1）无法正常完成指定工作； （2）作业过程中无法清醒判断危险点	（1）触电； （2）设备事故	3	1	15	45	2	合理安排工作班成员，精神状态不佳者禁止工作
	环境	雷雨天气	（1）触电； （2）设备事故	3	1	15	45	2	雷雨天气禁止工作
操作过程	核对设备初始位置	（1）走错间隔； （2）误分、合开关或闸刀	（1）触电； （2）电弧灼伤； （3）设备事故	3	1	15	45	2	（1）戴绝缘手套、安全帽，穿绝缘鞋； （2）核实操作票内容和设备状态； （3）执行监护制度，唱票，确认设备位置、名称标牌，严格执行操作票制度； （4）与带电体保持安全距离
	合上集中式逆变器交流侧出线开关	（1）未确认操作内容； （2）误碰带电体； （3）操作顺序不当	（1）触电； （2）电弧灼伤； （3）设备事故	3	1	15	45	2	（1）核对设备名称和编号，检查设备状态； （2）戴绝缘手套、安全帽，穿绝缘鞋； （3）操作时与带电设备保持安全距离； （4）操作开关后要对机械、电气指示进行确认
	合上集中式逆变器直流侧进线开关	（1）未确认操作内容； （2）误碰带电体； （3）操作顺序不当	（1）触电； （2）电弧灼伤； （3）设备事故	3	1	15	45	2	（1）核对设备名称和编号，检查设备状态； （2）戴绝缘手套、安全帽，穿绝缘鞋； （3）操作时与带电设备保持安全距离； （4）操作开关后要对机械、电气指示进行确认
操作结束	检查作业现场	有工具遗留在作业现场	设备事故	3	1	15	45	2	操作完成后对现场进行检查，确保没有工具遗漏

九、光伏设备检修

1. 清洗光伏组件

风电场/光伏电站：				分析日期：					记录编号：
作业地点或分析范围：屋顶光伏组件				分析人：					
作业内容描述：清洗光伏组件									
主要作业风险：(1) 因使用不合适的工器具、穿戴不合适的劳动防护用品，导致巡检人员受伤害；(2) 触电；(3) 灼伤；(4) 跌倒；(5) 车辆伤害；(6) 高处坠落									
控制措施：(1) 正确穿戴劳动防护用品，正确使用工器具；(2) 不得擅自扩大工作范围；(3) 配备防暑药品									
工作执行人签名：			日期：	工作负责人开工前确认签名：					日期：
作业步骤		危害因素	可能导致的后果	风险评价					控制措施
				L	E	C	D	风险程度	
作业环境	雷、雨、雪天气	(1) 雷击； (2) 道路湿滑、泥泞	(1) 触电、火灾灼伤； (2) 跌倒	1	3	7	21	2	(1) 正确戴安全帽； (2) 正确穿绝缘鞋； (3) 雷雨天气禁止外出作业
	高温天气	中暑	人身伤害	1	3	7	21	2	(1) 合理安排外出工作，及时规避高温天气； (2) 配备防暑药品
检修前准备	安全措施确认	(1) 安全措施不全或不正确； (2) 走错间隔	(1) 触电； (2) 设备事故	1	1	7	7	1	(1) 工作负责人、工作许可人应认真检查工作票所列安全措施是否正确、完备，是否符合现场实际条件； (2) 工作前确认工作位置
	安全交底	(1) 扩大工作范围； (2) 走错间隔或误碰带电设备	(1) 触电； (2) 设备事故	1	1	7	7	1	(1) 工作前对工作班成员进行工作任务明示； (2) 对工作班成员进行安全技术交底
	工器具准备	(1) 使用的工器具无法达到作业要求； (2) 工具不全，或工具破损	(1) 触电； (2) 机械伤害	1	1	7	7	1	工作前确认使用合格的工器具
	个人防护用品准备	(1) 未正确使用安全帽、绝缘手套、绝缘靴； (2) 个人防护用品防护等级不符合要求或过期	(1) 触电； (2) 机械伤害	1	1	15	15	1	(1) 正确戴安全帽、绝缘手套，穿绝缘靴； (2) 使用合格的个人防护用品

续表

作业步骤		危害因素	可能导致的后果	风险评价					控制措施
				L	E	C	D	风险程度	
检修前准备	工作班成员精神状态确认	(1) 无法正常完成指定工作； (2) 作业过程中无法清醒判断设备是否带电	(1) 触电； (2) 机械伤害； (3) 设备故障	1	1	15	15	1	合理安排工作班成员，精神状态不佳者禁止工作
	攀爬直爬梯至屋面	(1) 踩踏采光带； (2) 在屋面奔跑； (3) 倚靠女儿墙	高处坠落	1	1	15	15	1	(1) 严禁踩踏采光带； (2) 不得在屋面跑跳； (3) 不得倚靠女儿墙
	环境	(1) 道路泥泞、湿滑； (2) 雷、雨、雪天气	(1) 车辆伤害； (2) 跌倒	10	3	3	90	3	(1) 提前注意天气变化，有效规避恶劣天气； (2) 遇特殊路况，减速慢行； (3) 正确使用安全保护用具（安全帽、劳保鞋等）
	车辆	(1) 车辆故障； (2) 超速行驶	人身伤害	6	3	3	54	2	(1) 行车前检查车辆状况； (2) 系好安全带，减速慢行
检修过程	朝光伏组件表面冲水	(1) 彩钢瓦有破损； (2) 采光带破损； (3) 采光带无明显标志； (4) 水冲至带电设备	(1) 触电； (2) 高处坠落	1	2	15	30	2	(1) 观察光伏组件外观是否存在严重损坏，组件是否有效接地； (2) 禁止踩踏采光带； (3) 禁止踩踏光伏组件； (4) 禁止倚靠女儿墙； (5) 禁止触碰带电设备
	擦拭光伏组件表面	(1) 光伏组件破损； (2) 踩踏采光带； (3) 触碰带电设备	(1) 触电； (2) 高处坠落	1	2	15	30	2	(1) 观察外观是否存在严重损坏，组件是否有效接地； (2) 禁止踩踏采光带； (3) 禁止踩踏光伏组件； (4) 禁止倚靠女儿墙； (5) 禁止触碰带电设备
完工阶段	完工恢复	(1) 连接件和紧固件螺栓紧固未达标； (2) 临时短接线、接地线未拆除； (3) 工作后设备接线不正确	(1) 设备事故； (2) 电灼伤	1	1	15	15	1	(1) 用力矩扳手检查连接件和紧固件螺栓； (2) 严格按照工作票执行恢复工作； (3) 恢复工作后，经工作负责人最终检查确认，方可办理工作终结手续
	结束工作	(1) 遗漏工器具； (2) 现场遗留工作杂物； (3) 不结束工作票	设备事故	1	1	15	15	1	(1) 收齐并检查工器具； (2) 清扫工作现场； (3) 结束工作票

2. 屋顶补漏

<table>
<tr><td colspan="3">风电场/光伏电站：</td><td colspan="5">分析日期：</td><td>记录编号：</td></tr>
<tr><td colspan="3">作业地点或分析范围：屋面</td><td colspan="6">分析人：</td></tr>
<tr><td colspan="9">作业内容描述：屋顶补漏</td></tr>
<tr><td colspan="9">主要作业风险：(1) 因使用不合适的工器具、穿戴不合适的劳动防护用品导致巡检人员受伤害；(2) 触电；(3) 灼伤；(4) 跌倒；(5) 车辆伤害；(6) 高处坠落</td></tr>
<tr><td colspan="9">控制措施：(1) 正确穿劳动防护用品，正确使用工器具；(2) 不得擅自扩大工作范围；(3) 配备防暑药品</td></tr>
<tr><td colspan="2">工作执行人签名：</td><td>日期：</td><td colspan="5">工作负责人开工前确认签名：</td><td>日期：</td></tr>
<tr><td rowspan="2">作业步骤</td><td rowspan="2">危害因素</td><td rowspan="2">可能导致的后果</td><td colspan="5">风险评价</td><td rowspan="2">控制措施</td></tr>
<tr><td>L</td><td>E</td><td>C</td><td>D</td><td>风险程度</td></tr>
<tr><td>作业环境：雷、雨、雪天气</td><td>(1) 雷击；
(2) 道路湿滑、泥泞</td><td>(1) 触电、火灾灼伤；
(2) 跌倒</td><td>1</td><td>3</td><td>7</td><td>21</td><td>2</td><td>(1) 正确戴安全帽；
(2) 正确穿绝缘鞋；
(3) 雷雨天气禁止外出作业</td></tr>
<tr><td>作业环境：高温天气</td><td>中暑</td><td>人身伤害</td><td>1</td><td>3</td><td>7</td><td>21</td><td>2</td><td>(1) 合理安排外出工作，及时规避高温天气；
(2) 配备防暑药品</td></tr>
<tr><td>检修前准备：安全措施确认</td><td>(1) 安全措施不全或不正确；
(2) 走错间隔</td><td>(1) 触电；
(2) 设备事故</td><td>1</td><td>1</td><td>7</td><td>7</td><td>1</td><td>(1) 工作负责人、工作许可人应认真检查工作票所列安全措施是否正确、完备，是否符合现场实际条件；
(2) 工作前确认工作位置</td></tr>
<tr><td>检修前准备：安全交底</td><td>(1) 扩大工作范围；
(2) 走错间隔或误碰带电设备</td><td>(1) 触电；
(2) 设备事故</td><td>1</td><td>1</td><td>7</td><td>7</td><td>1</td><td>(1) 工作前对工作班成员进行工作任务明示；
(2) 对工作班成员进行安全技术交底</td></tr>
<tr><td>检修前准备：工器具准备</td><td>(1) 使用的工器具无法达到作业要求；
(2) 工具不全，或工具破损</td><td>(1) 触电；
(2) 机械伤害</td><td>1</td><td>1</td><td>7</td><td>7</td><td>1</td><td>工作前确认使用合格的工器具</td></tr>
<tr><td>检修前准备：个人防护用品准备</td><td>(1) 未正确使用安全帽、绝缘手套、绝缘靴；
(2) 个人防护用品防护等级不符合要求或过期</td><td>(1) 触电；
(2) 机械伤害</td><td>1</td><td>1</td><td>15</td><td>15</td><td>1</td><td>(1) 正确戴安全帽、绝缘手套，穿绝缘靴；
(2) 使用合格的个人防护用品</td></tr>
<tr><td>检修前准备：工作班成员精神状态确认</td><td>(1) 无法正常完成指定工作；
(2) 作业过程中无法清醒判断设备是否带电</td><td>(1) 触电；
(2) 机械伤害；
(3) 设备故障</td><td>1</td><td>1</td><td>15</td><td>15</td><td>1</td><td>合理安排工作班成员，精神状态不佳者禁止工作</td></tr>
</table>

续表

作业步骤		危害因素	可能导致的后果	风险评价					控制措施
				L	*E*	*C*	*D*	风险程度	
检修前准备	攀爬直爬梯至屋面	（1）踩踏采光带； （2）在屋面奔跑； （3）倚靠女儿墙	高处坠落	1	1	15	15	1	（1）严禁踩踏采光带； （2）不得在屋面跑跳； （3）不得倚靠女儿墙
	环境	（1）道路泥泞、湿滑； （2）雷、雨、雪天气	（1）车辆伤害； （2）跌倒	10	3	3	90	3	（1）提前注意天气变化，有效规避恶劣天气； （2）遇特殊路况，减速慢行； （3）正确使用安全保护用具（安全帽、劳保鞋等）
	车辆	（1）车辆缺陷； （2）超速行驶	人身伤害	6	3	3	54	2	（1）行车前检查车辆状况； （2）系好安全带，减速慢行
检修过程	清理屋面	（1）彩钢瓦有破损； （2）采光带破损； （3）采光带无明显标志； （4）水冲至带电设备	（1）触电； （2）高处坠落	1	2	15	30	2	（1）观察光伏组件外观是否存在严重损坏，组件是否有效接地； （2）禁止踩踏采光带； （3）禁止踩踏光伏组件； （4）禁止倚靠女儿墙； （5）禁止触碰带电设备
	敷设防水材料	（1）踩踏采光带； （2）触碰带电设备	（1）触电； （2）高处坠落	1	2	15	30	2	（1）观察外观是否存在严重损坏，组件是否有效接地； （2）禁止踩踏采光带； （3）禁止踩踏光伏组件； （4）禁止倚靠女儿墙； （5）禁止触碰带电设备
完工阶段	结束工作	（1）遗漏工器具； （2）现场遗留工作杂物； （3）不结束工作票	设备事故	1	1	15	15	1	（1）收齐并检查工器具； （2）清扫工作现场； （3）结束工作票

3. 预制舱基坑抽水

风电场/光伏电站：			分析日期：		记录编号：
作业地点或分析范围：预制舱基坑			分析人：		
作业内容描述：预制仓基坑抽水					
主要作业风险：(1) 触电；(2) 机械伤害；(3) 作业环境危害；(4) 设备事故；(5) 爆炸；(6) 高处坠落					
控制措施：(1) 与带电设备保持安全距离，工作时应正确穿绝缘靴、工作服；(2) 正确使用合格的工器具及个人防护用品					
工作负责人签名：	日期：	工作票签发人签名：	日期：	工作许可人签名：	日期：

作业步骤		危害因素	可能导致的后果	风险评价					控制措施
				L	E	C	D	风险程度	
作业环境	高温天气	高温天气作业引起人员中暑等状况	人身伤害	0.5	1	7	3.5	1	尽量避免高温作业，或做好防暑降温工作
工作前准备	安全措施确认	(1) 围栏设置不清楚，或围栏设置错误； (2) 走错间隔； (3) 误碰其他带电部位或感应电伤人	(1) 触电、电弧灼伤； (2) 设备事故	1	1	40	40	2	(1) 检查安全标示是否正确、齐全； (2) 工作前确认工作范围； (3) 戴绝缘手套、穿绝缘鞋
	安全交底	(1) 扩大工作范围； (2) 走错间隔或误碰带电设备	(1) 触电、电弧灼伤； (2) 人身伤害	1	1	7	7	1	(1) 工作前对工作班成员进行工作任务明示； (2) 对工作班成员进行安全技术交底
	现场布置	(1) 物品摆放凌乱，未做到“三不落地”等注意事项； (2) 临时用电不符合安全生产要求	(1) 触电； (2) 高处坠落； (3) 设备损伤	3	1	40	120	3	(1) 作业现场铺好绝缘垫，器具摆放整齐有序； (2) 检查临时电源状况，检查电源盘是否存在安全隐患
	工器具准备	(1) 使用的工器具无法达到作业要求； (2) 工具不全，或工具破损； (3) 未做好备品备件、消耗材料的准备工作	(1) 机械伤害； (2) 触电	1	1	7	7	1	(1) 工作前确认工器具状态，使用合格的工器具及试验仪器； (2) 做好工作工具、备品备件、消耗材料的准备工作
	个人防护用品准备	未正确戴安全帽、穿绝缘鞋	触电	1	1	15	15	1	正确使用个人安全防护用品

续表

作业步骤		危害因素	可能导致的后果	风险评价					控制措施
				L	E	C	D	风险程度	
工作过程	安装水泵并接线	(1) 人员掉落水坑； (2) 临时用电不规范	(1) 溺水； (2) 触电	1	1	15	15	1	(1) 确认水泵安全、合格； (2) 确认临时电源可靠、无异常； (3) 正确使用个人安全防护用品
	抽水	(1) 水冲至带电设备； (2) 水泵空转	设备损伤						(1) 远离出水口； (2) 确认水带无破损； (3) 观察水位情况，避免水泵长期空转
完工阶段	结束工作	(1) 遗漏工器具； (2) 现场遗留工作杂物； (3) 不结束工作票	(1) 触电； (2) 人身伤害	1	1	15	15	1	(1) 收齐并检查工器具； (2) 清扫工作现场； (3) 结束工作票

4. 直爬梯等设备防腐

风电场/光伏电站：		分析日期：	记录编号：
作业地点或分析范围：直爬梯		分析人：	
作业内容描述：直爬梯等设备防腐			
主要作业风险：(1) 因使用不合适的工器具、穿戴不合适的劳动防护用品导致巡检人员受伤害；(2) 触电；(3) 灼伤；(4) 跌倒；(5) 车辆伤害；(6) 高处坠落			
控制措施：(1) 正确穿劳动防护用品，正确使用工器具；(2) 不得擅自扩大工作范围；(3) 配备防暑药品			
工作执行人签名：	日期：	工作负责人开工前确认签名：	日期：

作业步骤		危害因素	可能导致的后果	风险评价					控制措施
				L	E	C	D	风险程度	
作业环境	雷、雨、雪天气	(1) 雷击； (2) 道路湿滑、泥泞	(1) 触电、火灾灼伤； (2) 跌倒	1	3	7	21	2	(1) 正确戴安全帽； (2) 正确穿绝缘鞋； (3) 雷雨天气禁止外出作业
作业环境	高温天气	中暑	人身伤害	1	3	7	21	2	(1) 合理安排外出工作，及时规避高温天气； (2) 配备防暑药品
工作前准备	安全措施确认	(1) 安全措施不全或不正确； (2) 走错间隔	(1) 触电； (2) 设备事故	1	1	7	7	1	(1) 工作负责人、工作许可人应认真检查工作票所列安全措施是否正确、完备，是否符合现场实际条件； (2) 工作前确认工作位置
工作前准备	安全交底	(1) 扩大工作范围； (2) 走错间隔或误碰带电设备	(1) 触电； (2) 设备事故	1	1	7	7	1	(1) 工作前对工作班成员进行工作任务明示； (2) 对工作班成员进行安全技术交底
工作前准备	工器具准备	(1) 使用的工器具无法达到作业要求； (2) 工具不全，或工具破损	(1) 触电； (2) 机械伤害	1	1	7	7	1	工作前确认使用合格的工器具
工作前准备	个人防护用品准备	(1) 未正确使用安全帽、绝缘手套、绝缘靴； (2) 个人防护用品防护等级不符合要求或过期	(1) 触电； (2) 机械伤害	1	1	15	15	1	(1) 正确戴安全帽、绝缘手套，穿绝缘靴； (2) 使用合格的个人防护用品

续表

作业步骤		危害因素	可能导致的后果	风险评价					控制措施
				L	E	C	D	风险程度	
工作前准备	工作班成员精神状态确认	(1) 无法正常完成指定工作； (2) 作业过程中无法清醒判断设备是否带电	(1) 触电； (2) 机械伤害； (3) 设备故障	1	1	15	15	1	合理安排工作班成员，精神状态不佳者禁止工作
	攀爬直爬梯	(1) 踩踏采光带； (2) 在屋面奔跑； (3) 倚靠女儿墙	高处坠落	1	1	15	15	1	(1) 正确使用合格的安全带； (2) 不得在屋面跑跳； (3) 不得倚靠女儿墙
	环境	(1) 道路泥泞、湿滑； (2) 雷、雨、雪天气	(1) 车辆伤害； (2) 跌倒	10	3	3	90	3	(1) 提前注意天气变化，有效规避恶劣天气； (2) 遇特殊路况，减速慢行； (3) 正确使用安全保护用具（安全帽、劳保鞋等）
	车辆	(1) 车辆缺陷； (2) 超速行驶	人身伤害	6	3	3	54	2	(1) 行车前检查车辆状况； (2) 系好安全带，减速慢行
工作过程	防腐处理	(1) 设备缺陷； (2) 误碰带电设备	(1) 触电； (2) 高处坠落	1	2	15	30	2	(1) 观察光伏组件外观是否存在严重损坏，组件是否有效接地； (2) 禁止踩踏采光带； (3) 禁止踩踏光伏组件； (4) 禁止倚靠女儿墙； (5) 禁止触碰带电设备
完工阶段	结束工作	(1) 遗漏工器具； (2) 现场遗留工作杂物； (3) 不结束工作票	设备事故	1	1	15	15	1	(1) 收齐并检查工器具； (2) 清扫工作现场； (3) 结束工作票

5. 通信故障处理

风电场/光伏电站：　　分析日期：　　记录编号：

作业地点或分析范围：通讯柜　　分析人：

作业内容描述：通信故障处理

主要作业风险：（1）触电；（2）设备事故；（3）作业环境危害；（4）其他伤害

控制措施：（1）与带电设备保持安全距离，工作时应正确穿绝缘靴、工作服；（2）工作完成确认设备状况，清理现场；（3）遇高温天气，做好防暑工作

工作负责人签名：　　日期：　　工作票签发人签名：　　日期：　　工作许可人签名：　　日期：

作业步骤		危害因素	可能导致的后果	风险评价					控制措施
				L	E	C	D	风险程度	
作业环境	光线不足	（1）地面光滑； （2）照明不足	（1）人身伤害； （2）设备损坏	6	1	1	6	1	（1）工作前做好准备工作，铺好防滑垫； （2）准备好临时工作照明； （3）带好防护用品
工作前准备	安全措施确认	（1）走错间隔； （2）误碰其他带电部位； （3）未验电，误判为无电； （4）安全措施未执行到位	（1）触电、电弧灼伤； （2）设备事故	1	1	40	40	2	（1）工作前确认设备间隔位置，确认停电开关，确认安全措施执行情况； （2）工作前再次用万用表测量工作的部分，确认已无电； （3）工作前工作负责人确认工作所需要的开关位置正确
	安全交底	（1）扩大工作范围； （2）走错间隔或误碰带电设备	触电、电弧灼伤	1	1	7	7	1	（1）工作前对工作班成员进行工作任务明示； （2）对工作班成员进行安全技术交底； （3）确认设备名称及间隔； （4）穿戴好个人防护用品
	现场布置	（1）物品摆放凌乱，未做到“三不落地”等注意事项； （2）临时用电不符合安全生产要求； （3）场地条件不足（照明等）	（1）触电； （2）人身伤害	3	1	40	120	3	（1）作业现场铺好绝缘垫，器具摆放整齐有序； （2）检查临时电源状况，检查电源盘是否存在安全隐患； （3）确认场地条件满足要求（照明等）
	工器具准备	（1）使用的工器具无法达到工作作业要求； （2）工具不全，或工具破损； （3）使用的试验仪器超过检验期，仪器漏电或输出异常	（1）机械伤害； （2）触电	1	1	7	7	1	（1）工作前确认工器具及试验仪器状态，使用合格的工器具及试验仪器； （2）按工作要求准备工器具

续表

作业步骤		危害因素	可能导致的后果	风险评价					控制措施
				L	E	C	D	风险程度	
工作前准备	个人防护用品准备	(1) 未正确穿戴安全帽、工作服； (2) 个人防护用品准备不全	(1) 触电； (2) 机械伤害	1	1	15	15	1	(1) 正确穿戴安全帽、工作服； (2) 个人防护用品配备齐全
工作过程	重启通信设备	(1) 走错间隔； (2) 误碰其他设备	(1) 触电； (2) 设备事故	1	1	40	40	2	(1) 工作前认真核对设备名称和编号； (2) 确认工作范围
工作过程	维修、更换通信设备	(1) 走错间隔； (2) 误碰其他设备； (3) 螺栓未紧固	(1) 设备损坏； (2) 触电	1	1	40	40	2	(1) 工作前认真核对设备名称和编号； (2) 确认工作范围； (3) 检查螺栓紧固情况
完工阶段	结束工作	(1) 遗漏工器具； (2) 现场遗留工作杂物； (3) 不结束工作票	设备损坏	1	1	15	15	1	(1) 收齐并检查工器具； (2) 清扫工作现场； (3) 拆除临时用电； (4) 结束工作票

6. 通信柜不间断电源（UPS）故障处理

部门：			分析日期：		记录编号：
作业地点或分析范围：蓄电池柜			分析人：		
作业内容描述：通信柜不间断电源（UPS）故障处理					
主要作业风险：（1）触电；（2）化学灼伤；（3）化学性爆炸；（4）设备事故					
控制措施：（1）办理工作票、确认安全措施已执行；（2）带电操作必须戴绝缘手套，必要时穿绝缘靴；（3）停、送电前要确认安全措施，避免短路、接地等设备事故					
工作负责人签名：	日期：	工作票签发人签名：	日期：	工作许可人签名：	日期：

作业步骤		危害因素	可能导致的后果	风险评价					控制措施
				L	*E*	*C*	*D*	风险程度	
作业环境	作业环境危害（氢气）	蓄电池在充电过程中产生氢气	化学性爆炸	3	1	15	45	2	保持室内通风、干燥
	环境温度	温度过高	降低蓄电池寿命	6	1	3	18	1	（1）保持室内通风、干燥； （2）避免阳光直射
工作前准备	安全措施确认	（1）安全措施不全或不正确； （2）蓄电池未退出运行	（1）触电； （2）设备事故	3	1	15	45	2	（1）工作负责人、工作许可人应认真检查工作票所列安全措施是否正确、完备，是否符合现场实际条件； （2）带电作业必须戴绝缘手套、穿绝缘鞋； （3）工作前再次确认蓄电池开关已断开，避免拆除蓄电池电源线时产生电弧，灼伤作业人员
	安全交底	（1）扩大工作范围； （2）走错间隔或误碰带电设备	（1）触电； （2）设备事故	3	1	15	45	2	（1）工作前对工作班成员进行工作任务明示； （2）对工作班成员进行安全技术交底
	工器具准备	（1）工器具不合格； （2）使用的工器具超过检验期； （3）未携带通信工具	（1）触电； （2）设备事故； （3）扩大事故或加重人身伤害	3	1	15	45	2	（1）必须按工作要求准备工器具； （2）工作前确认工器具及试验仪器状态，保证使用合格的工器具及试验仪器； （3）携带通信工具，如对讲机
	个人防护用品准备	（1）未准备安全帽、绝缘手套、绝缘靴； （2）个人防护用品防护等级不符合要求或过期	（1）触电； （2）化学灼伤； （3）机械伤害	3	1	15	45	2	（1）正确戴安全帽、绝缘手套，穿绝缘靴，必要时穿防酸服； （2）使用合格的个人防护用品

续表

<table>
<tr><th colspan="2" rowspan="2">作业步骤</th><th rowspan="2">危害因素</th><th rowspan="2">可能导致的后果</th><th colspan="5">风险评价</th><th rowspan="2">控制措施</th></tr>
<tr><th>L</th><th>E</th><th>C</th><th>D</th><th>风险程度</th></tr>
<tr><td rowspan="2">工作前准备</td><td>工作班成员精神状态确认</td><td>(1) 无法正常完成指定工作；
(2) 作业过程中无法清醒判断危险点</td><td>(1) 触电；
(2) 设备事故</td><td>3</td><td>1</td><td>15</td><td>45</td><td>2</td><td>合理安排工作班成员，精神状态不佳者禁止工作</td></tr>
<tr><td>环境</td><td>雷雨天气</td><td>(1) 触电；
(2) 设备事故</td><td>3</td><td>1</td><td>15</td><td>45</td><td>2</td><td>雷雨天气禁止工作</td></tr>
<tr><td rowspan="5">检修过程</td><td>清洁蓄电池壳体</td><td>(1) 未正确使用个人防护用具；
(2) 清扫工具使用不当；
(3) 误碰带电部位</td><td>(1) 触电；
(2) 化学灼伤；
(3) 设备事故</td><td>3</td><td>1</td><td>15</td><td>45</td><td>2</td><td>(1) 作业人员必须正确穿戴绝缘手套等个人防护用品；
(2) 清洁蓄电池时，应使用湿布擦拭，严禁使用干燥的化纤织物或毛刷、鸡毛掸子等易起静电的工器具</td></tr>
<tr><td>更换蓄电池安全阀</td><td>(1) 未正确使用个人防护用具；
(2) 误碰带电部位；
(3) 电解液溢出</td><td>(1) 触电；
(2) 化学灼伤；
(3) 着火</td><td>3</td><td>1</td><td>15</td><td>45</td><td>2</td><td>(1) 作业人员必须正确穿戴绝缘手套等个人防护用品；
(2) 工作前熟悉危险点；
(3) 及时、正确地清理溢出的电解液；
(4) 更换过程中避免破坏蓄电池外壳</td></tr>
<tr><td>更换电池电压采样盒</td><td>(1) 未正确使用个人防护用具；
(2) 误碰带电部位</td><td>触电</td><td>3</td><td>1</td><td>15</td><td>45</td><td>2</td><td>(1) 作业人员必须正确穿戴绝缘手套等个人防护用品；
(2) 工作前熟悉危险点</td></tr>
<tr><td>更换连接条、螺栓</td><td>(1) 未正确使用个人防护用具；
(2) 误碰带电部位；
(3) 蓄电池短路</td><td>(1) 触电；
(2) 化学灼伤；
(3) 设备事故</td><td>3</td><td>1</td><td>15</td><td>45</td><td>2</td><td>(1) 作业人员必须正确穿戴绝缘手套等个人防护用品；
(2) 严禁误操作导致蓄电池短路；
(3) 工作前熟悉危险点</td></tr>
<tr><td>更换蓄电池</td><td>(1) 未正确使用个人防护用具；
(2) 误碰带电部位；
(3) 未并联二极管；
(4) 蓄电池损坏</td><td>(1) 触电；
(2) 化学灼伤；
(3) 设备事故</td><td>3</td><td>1</td><td>15</td><td>45</td><td>2</td><td>(1) 作业人员必须正确穿戴绝缘手套等个人防护用品；
(2) 工作前熟悉危险点；
(3) 为了不影响整组蓄电池正常运行，更换前必须并联二极管；
(4) 更换时避免破坏蓄电池外壳</td></tr>
</table>

续表

作业步骤		危害因素	可能导致的后果	风险评价					控制措施
				L	E	C	D	风险程度	
完工阶段	恢复措施	（1）连接件和紧固件螺栓紧固未达标； （2）蓄电池组接线不正确； （3）安全措施未恢复	（1）设备事故； （2）人身伤害	3	1	15	45	2	（1）检查连接件和紧固件螺栓是否牢固； （2）工作完毕后必须再次核对接线情况； （3）按工作票内容恢复安全措施
	结束工作	（1）遗漏工器具； （2）现场遗留工作杂物	蓄电池短路	3	1	15	45	2	（1）清点工器具； （2）清扫工作现场

7. 并网开关故障处理

<table>
<tr><td colspan="4">部门：</td><td colspan="6">分析日期：</td><td>记录编号：</td></tr>
<tr><td colspan="4">作业地点或分析范围：</td><td colspan="7">分析人：</td></tr>
<tr><td colspan="11">作业内容描述：并网开关故障处理</td></tr>
<tr><td colspan="11">主要作业风险：（1）触电；（2）物体打击；（3）其他伤害</td></tr>
<tr><td colspan="11">控制措施：（1）办理工作票，确认工作开关，验电，挂牌；（2）穿戴个人防护用品；（3）确认设备名称和间隔；（4）设备恢复备用状态前进行全面检查</td></tr>
<tr><td colspan="2">工作负责人签名：</td><td>日期：</td><td>工作票签发人签名：</td><td colspan="3">日期：</td><td colspan="3">工作许可人签名：</td><td>日期：</td></tr>
<tr><td colspan="2" rowspan="2">作业步骤</td><td rowspan="2">危害因素</td><td rowspan="2">可能导致的后果</td><td colspan="5">风险评价</td><td colspan="2" rowspan="2">控制措施</td></tr>
<tr><td>L</td><td>E</td><td>C</td><td>D</td><td>风险程度</td></tr>
<tr><td>作业环境</td><td>光线不足</td><td>（1）地面光滑；
（2）照明不足</td><td>（1）人身伤害；
（2）设备损坏</td><td>6</td><td>1</td><td>1</td><td>6</td><td>1</td><td colspan="2">（1）工作前做好准备工作，铺好防滑垫；
（2）准备好临时工作照明；
（3）带好防护用品</td></tr>
<tr><td rowspan="5">工作前准备</td><td>安全措施确认</td><td>（1）误判为无电；
（2）使用错误或破损的验电设备；
（3）误碰其他带电部位</td><td>（1）触电；
（2）设备事故</td><td>1</td><td>1</td><td>40</td><td>40</td><td>2</td><td colspan="2">（1）双人共同确认开关或设备位置正确；
（2）戴绝缘手套、穿绝缘鞋；
（3）按带电要求操作</td></tr>
<tr><td>安全交底</td><td>走错间隔</td><td>触电、电弧灼伤</td><td>1</td><td>1</td><td>7</td><td>7</td><td>1</td><td colspan="2">（1）确认设备名称和间隔；
（2）穿戴好个人防护用品；
（3）确认工作范围及工作内容</td></tr>
<tr><td>工器具准备</td><td>（1）使用不合适的工具；
（2）工具准备不全或遗漏等；
（3）使用过期的电动工具</td><td>（1）触电；
（2）设备事故</td><td>1</td><td>1</td><td>7</td><td>7</td><td>1</td><td colspan="2">（1）按工作要求准备工器具；
（2）使用电动工具时查看检验日期</td></tr>
<tr><td>个人防护用品准备</td><td>（1）使用不合格的绝缘鞋；
（2）防护用品使用不当</td><td>（1）触电；
（2）其他伤害</td><td>1</td><td>1</td><td>15</td><td>15</td><td>1</td><td colspan="2">（1）不使用过期防护用品；
（2）按要求取用防护用品</td></tr>
<tr><td>布置场地</td><td>（1）工具摆放凌乱；
（2）场地选择不当；
（3）场地条件不足（照明等）</td><td>（1）触电；
（2）设备事故；
（3）机械伤害</td><td>3</td><td>1</td><td>40</td><td>120</td><td>3</td><td colspan="2">（1）严格执行定制管理要求；
（2）进场前进行确认检查；
（3）正确使用工器具</td></tr>
<tr><td>工作过程</td><td>清扫开关</td><td>（1）局部回路带电，作业人员误碰；
（2）物体打击</td><td>（1）触电；
（2）机械伤害；
（3）设备损坏</td><td>1</td><td>3</td><td>3</td><td>9</td><td>1</td><td colspan="2">（1）按规程执行，工作前验电，带电部位用绝缘挡板隔离；
（2）加强个人防护，不得抛、丢工器具</td></tr>
</table>

续表

作业步骤		危害因素	可能导致的后果	风险评价					控制措施
				L	E	C	D	风险程度	
工作过程	紧固接线	局部回路带电，作业人员误碰	(1) 触电； (2) 机械伤害； (3) 设备损坏	1	2	3	6	1	按规程执行，工作前验电，带电部位用绝缘挡板隔离
	检查触头	(1) 作业人员未确认间隔就进行作业； (2) 操作不当	(1) 触电； (2) 机械伤害； (3) 设备损坏	1	1	15	15	1	(1) 工作前务必确认检修间隔，防止走错间隔； (2) 严格按照检查步骤作业
	检查基础、底架部件和引线	作业人员未确认间隔就进行作业	(1) 触电； (2) 机械伤害； (3) 设备损坏	1	1	15	15	1	工作前务必确认检修间隔，防止走错间隔
	检查合、分闸位置，紧固及润滑操动机构部件	(1) 操作不当； (2) 开关在操作过程中释能，打伤作业人员	(1) 触电； (2) 机械伤害； (3) 设备损坏	1	1	15	15	1	(1) 严格按照检查步骤作业； (2) 操作开关时，确认开关机构处无人作业
作业结束	结束工作	(1) 遗漏工器具； (2) 现场遗留工作杂物； (3) 不拆除临时用电； (4) 不结束工作票	(1) 触电； (2) 人身伤害	1	1	15	15	1	(1) 收齐并检查工器具； (2) 清扫工作现场； (3) 拆除临时用电； (4) 结束工作票

8. 并网柜状态综合指示仪故障处理

<table>
<tr><td colspan="4">风电场/光伏电站：</td><td colspan="5">分析日期：</td><td colspan="2">记录编号：</td></tr>
<tr><td colspan="4">作业地点或分析范围：并网柜</td><td colspan="7">分析人：</td></tr>
<tr><td colspan="11">作业内容描述：并网柜状态综合指示仪故障处理</td></tr>
<tr><td colspan="11">主要作业风险：（1）触电；（2）物体打击；（3）其他伤害</td></tr>
<tr><td colspan="11">控制措施：（1）办理工作票，确认工作开关，验电，挂牌；（2）穿戴个人防护用品；（3）确认设备名称和间隔；（4）设备恢复备用状态前进行全面检查</td></tr>
<tr><td colspan="2">工作负责人签名：</td><td>日期：</td><td>工作票签发人签名：</td><td colspan="3">日期：</td><td colspan="3">工作许可人签名：</td><td>日期：</td></tr>
<tr><td colspan="2" rowspan="2">作业步骤</td><td rowspan="2">危害因素</td><td rowspan="2">可能导致的后果</td><td colspan="5">风险评价</td><td colspan="2" rowspan="2">控制措施</td></tr>
<tr><td>L</td><td>E</td><td>C</td><td>D</td><td>风险程度</td></tr>
<tr><td>作业环境</td><td>光线不足</td><td>（1）地面光滑；
（2）照明不足</td><td>（1）人身伤害；
（2）设备损坏</td><td>6</td><td>1</td><td>1</td><td>6</td><td>1</td><td colspan="2">（1）工作前做好准备工作，铺好防滑垫；
（2）准备好临时工作照明；
（3）带好防护用品</td></tr>
<tr><td rowspan="6">工作前准备</td><td>安全措施确认</td><td>（1）误判为无电；
（2）使用错误或破损的验电设备；
（3）误碰其他带电部位</td><td>（1）触电；
（2）设备事故</td><td>1</td><td>1</td><td>40</td><td>40</td><td>2</td><td colspan="2">（1）双人共同确认开关或设备位置正确；
（2）戴绝缘手套、穿绝缘鞋；
（3）按带电要求操作</td></tr>
<tr><td>安全交底</td><td>走错间隔</td><td>触电、电弧灼伤</td><td>1</td><td>1</td><td>7</td><td>7</td><td>1</td><td colspan="2">（1）确认设备名称和间隔；
（2）穿戴好个人防护用品；
（3）确认工作范围及工作内容</td></tr>
<tr><td>工器具准备</td><td>（1）使用不合适的工具；
（2）工具准备不全或遗漏等；
（3）使用过期的电动工具</td><td>（1）触电；
（2）设备事故</td><td>1</td><td>1</td><td>7</td><td>7</td><td>1</td><td colspan="2">（1）按工作要求准备工器具；
（2）使用电动工具时查看检验日期</td></tr>
<tr><td>个人防护用品准备</td><td>（1）使用不合格的绝缘鞋；
（2）防护用品使用不当</td><td>（1）触电；
（2）其他伤害</td><td>1</td><td>1</td><td>15</td><td>15</td><td>1</td><td colspan="2">（1）不使用过期防护用品；
（2）按要求取用防护用品</td></tr>
<tr><td>布置场地</td><td>（1）工具摆放凌乱；
（2）场地选择不当；
（3）场地条件不足（照明等）</td><td>（1）触电；
（2）设备事故；
（3）机械伤害</td><td>3</td><td>1</td><td>40</td><td>120</td><td>3</td><td colspan="2">（1）严格执行定制管理要求；
（2）进场前进行确认检查；
（3）正确使用工器具</td></tr>
</table>

续表

作业步骤		危害因素	可能导致的后果	风险评价					控制措施
				L	E	C	D	风险程度	
检修过程	紧固接线	局部回路带电，作业人员误碰	（1）触电； （2）机械伤害； （3）设备损坏	1	2	3	6	1	按规程执行，工作前验电，带电部位用绝缘挡板隔离
	更换状态综合指示仪	（1）局部回路带电，作业人员误碰； （2）接线错误或不牢； （3）抛、丢工器具	（1）触电； （2）机械伤害； （3）设备损坏	1	2	3	6	1	（1）按规程执行，工作前验电，带电部位用绝缘挡板隔离； （2）正确使用个人防护用品； （3）不得抛、丢工器具； （4）仔细核对端口，紧固接线
恢复过程	结束工作	（1）遗漏工器具； （2）现场遗留工作杂物； （3）不结束工作票	（1）触电； （2）人身伤害	1	1	15	15	1	（1）收齐并检查工器具； （2）清扫工作现场； （3）结束工作票

9. 电压互感器柜电压互感器故障处理

风电场/光伏电站：		分析日期：		记录编号：	
作业地点或分析范围：电压互感器柜		分析人：			
作业内容描述：电压互感器柜电压互感器故障处理					
主要作业风险：(1) 触电；(2) 物体打击；(3) 其他伤害					
控制措施：(1) 办理工作票，确认工作开关，验电，挂牌；(2) 穿戴个人防护用品；(3) 确认设备名称和间隔；(4) 设备恢复备用状态前进行全面检查					
工作负责人签名：	日期：	工作票签发人签名：	日期：	工作许可人签名：	日期：

作业步骤		危害因素	可能导致的后果	风险评价					控制措施
				L	*E*	*C*	*D*	风险程度	
作业环境	光线不足	(1) 地面光滑； (2) 照明不足	(1) 人身伤害； (2) 设备损坏	6	1	1	6	1	(1) 工作前做好准备工作，铺好防滑垫； (2) 准备好临时工作照明； (3) 带好防护用品
工作前准备	安全措施确认	(1) 误判为无电； (2) 使用错误或破损的验电设备； (3) 误碰其他带电部位	(1) 触电； (2) 设备事故	1	1	40	40	2	(1) 双人共同确认开关或设备位置正确； (2) 戴绝缘手套、穿绝缘鞋； (3) 按带电要求操作
	安全交底	走错间隔	触电、电弧灼伤	1	1	7	7	1	(1) 确认设备名称和间隔； (2) 穿戴好个人防护用品； (3) 确认工作范围及工作内容
	工器具准备	(1) 使用不合适的工具； (2) 工具准备不全或遗漏等； (3) 使用过期的电动工具	(1) 触电； (2) 设备事故	1	1	7	7	1	(1) 按工作要求准备工器具； (2) 使用电动工具时查看检验日期
	个人防护用品准备	(1) 使用不合格的绝缘鞋； (2) 防护用品使用不当	(1) 触电； (2) 其他伤害	1	1	15	15	1	(1) 不使用过期防护用品； (2) 按要求取用防护用品
	布置场地	(1) 工具摆放凌乱； (2) 场地选择不当； (3) 场地条件不足（照明等）	(1) 触电； (2) 设备事故； (3) 机械伤害	3	1	40	120	3	(1) 严格执行定制管理要求； (2) 进场前进行确认检查； (3) 正确使用工器具

续表

作业步骤		危害因素	可能导致的后果	风险评价					控制措施
				L	E	C	D	风险程度	
检修过程	紧固接线	局部回路带电，作业人员误碰	（1）触电； （2）机械伤害； （3）设备损坏	1	2	3	6	1	按规程执行，工作前验电，带电部位用绝缘挡板隔离
检修过程	更换电压互感器	（1）局部回路带电，作业人员误碰； （2）接线错误或不牢； （3）抛、丢工器具	（1）触电； （2）机械伤害； （3）设备损坏	1	2	3	6	1	（1）按规程执行，工作前验电，带电部位用绝缘挡板隔离； （2）正确使用个人防护用品； （3）不得抛、丢工器具； （4）仔细核对端口，紧固接线
恢复过程	结束工作	（1）遗漏工器具； （2）现场遗留工作杂物； （3）不结束工作票	（1）触电； （2）人身伤害	1	1	15	15	1	（1）收齐并检查工器具； （2）清扫工作现场； （3）结束工作票

10. 电压互感器柜避雷器故障处理

<table>
<tr><td colspan="3">风电场/光伏电站：</td><td colspan="6">分析日期：</td><td>记录编号：</td></tr>
<tr><td colspan="3">作业地点或分析范围：电压互感器柜</td><td colspan="7">分析人：</td></tr>
<tr><td colspan="10">作业内容描述：电压互感器柜避雷器故障处理</td></tr>
<tr><td colspan="10">主要作业风险：（1）触电；（2）物体打击；（3）其他伤害</td></tr>
<tr><td colspan="10">控制措施：（1）办理工作票，确认工作开关，验电，挂牌；（2）穿戴个人防护用品；（3）确认设备名称和间隔；（4）设备恢复备用状态前进行全面检查</td></tr>
<tr><td colspan="2">工作负责人签名：</td><td>日期：</td><td colspan="3">工作票签发人签名：</td><td colspan="2">日期：</td><td>工作许可人签名：</td><td>日期：</td></tr>
<tr><td colspan="2" rowspan="2">作业步骤</td><td rowspan="2">危害因素</td><td rowspan="2">可能导致的后果</td><td colspan="5">风险评价</td><td rowspan="2">控制措施</td></tr>
<tr><td>L</td><td>E</td><td>C</td><td>D</td><td>风险程度</td></tr>
<tr><td>作业环境</td><td>光线不足</td><td>（1）地面光滑；
（2）照明不足</td><td>（1）人身伤害；
（2）设备损坏</td><td>6</td><td>1</td><td>1</td><td>6</td><td>1</td><td>（1）工作前做好准备工作，铺好防滑垫；
（2）准备好临时工作照明；
（3）带好防护用品</td></tr>
<tr><td rowspan="5">工作前准备</td><td>安全措施确认</td><td>（1）误判为无电；
（2）使用错误或破损的验电设备；
（3）误碰其他带电部位</td><td>（1）触电；
（2）设备事故</td><td>1</td><td>1</td><td>40</td><td>40</td><td>2</td><td>（1）双人共同确认开关或设备位置正确；
（2）戴绝缘手套、穿绝缘鞋；
（3）按带电要求操作</td></tr>
<tr><td>安全交底</td><td>走错间隔</td><td>触电、电弧灼伤</td><td>1</td><td>1</td><td>7</td><td>7</td><td>1</td><td>（1）确认设备名称和间隔；
（2）穿戴好个人防护用品；
（3）确认工作范围及工作内容</td></tr>
<tr><td>工器具准备</td><td>（1）使用不合适的工具；
（2）工具准备不全或遗漏等；
（3）使用过期的电动工具</td><td>（1）触电；
（2）设备事故</td><td>1</td><td>1</td><td>7</td><td>7</td><td>1</td><td>（1）按工作要求准备工器具；
（2）使用电动工具时查看检验日期</td></tr>
<tr><td>个人防护用品准备</td><td>（1）使用不合格的绝缘鞋；
（2）防护用品使用不当</td><td>（1）触电；
（2）其他伤害</td><td>1</td><td>1</td><td>15</td><td>15</td><td>1</td><td>（1）不使用过期防护用品；
（2）按要求取用防护用品</td></tr>
<tr><td>布置场地</td><td>（1）工具摆放凌乱；
（2）场地选择不当；
（3）场地条件不足（照明等）</td><td>（1）触电；
（2）设备事故；
（3）机械伤害</td><td>3</td><td>1</td><td>40</td><td>120</td><td>3</td><td>（1）严格执行定制管理要求；
（2）进场前进行确认检查；
（3）正确使用工器具</td></tr>
</table>

续表

作业步骤		危害因素	可能导致的后果	风险评价					控制措施
				L	E	C	D	风险程度	
检修过程	紧固接线	局部回路带电，作业人员误碰	（1）触电； （2）机械伤害； （3）设备损坏	1	2	3	6	1	按规程执行，工作前验电，带电部位用绝缘挡板隔离
	更换避雷器	（1）局部回路带电，作业人员误碰； （2）接线错误或不牢； （3）抛、丢工器具	（1）触电； （2）机械伤害； （3）设备损坏	1	2	3	6	1	（1）按规程执行，工作前验电，带电部位用绝缘挡板隔离； （2）正确使用个人防护用品； （3）不得抛、丢工器具； （4）仔细核对端口，紧固接线
恢复过程	结束工作	（1）遗漏工器具； （2）现场遗留工作杂物； （3）不结束工作票	（1）触电； （2）人身伤害	1	1	15	15	1	（1）收齐并检查工器具； （2）清扫工作现场； （3）结束工作票

11. 电压互感器柜计算机消谐装置故障处理

风电场/光伏电站：			分析日期：		记录编号：
作业地点或分析范围：电压互感器柜			分析人：		
作业内容描述：电压互感器柜计算机消谐装置故障处理					
主要作业风险：(1) 触电；(2) 物体打击；(3) 其他伤害					
控制措施：(1) 办理工作票，确认工作开关，验电，挂牌；(2) 穿戴个人防护用品；(3) 确认设备名称和间隔；(4) 设备恢复备用状态前进行全面检查					
工作负责人签名：	日期：	工作票签发人签名：	日期：	工作许可人签名：	日期：

作业步骤		危害因素	可能导致的后果	风险评价					控制措施
				L	*E*	*C*	*D*	风险程度	
作业环境	光线不足	(1) 地面光滑； (2) 照明不足	(1) 人身伤害； (2) 设备损坏	6	1	1	6	1	(1) 工作前做好准备工作，铺好防滑垫； (2) 准备好临时工作照明； (3) 带好防护用品
工作前准备	安全措施确认	(1) 误判为无电； (2) 使用错误或破损的验电设备； (3) 误碰其他带电部位	(1) 触电； (2) 设备事故	1	1	40	40	2	(1) 双人共同确认开关或设备位置正确； (2) 戴绝缘手套、穿绝缘鞋； (3) 按带电要求操作
	安全交底	走错间隔	触电、电弧灼伤	1	1	7	7	1	(1) 确认设备名称和间隔； (2) 穿戴好个人防护用品； (3) 确认工作范围及工作内容
	工器具准备	(1) 使用不合适的工具； (2) 工具准备不全或遗漏等； (3) 使用过期的电动工具	(1) 触电； (2) 设备事故	1	1	7	7	1	(1) 按工作要求准备工器具； (2) 使用电动工具时查看检验日期
	个人防护用品准备	(1) 使用不合格的绝缘鞋； (2) 防护用品使用不当	(1) 触电； (2) 其他伤害	1	1	15	15	1	(1) 不使用过期防护用品； (2) 按要求取用防护用品
	布置场地	(1) 工具摆放凌乱； (2) 场地选择不当； (3) 场地条件不足（照明等）	(1) 触电； (2) 设备事故； (3) 机械伤害	3	1	40	120	3	(1) 严格执行定制管理要求； (2) 进场前进行确认检查； (3) 正确使用工器具

续表

作业步骤		危害因素	可能导致的后果	风险评价					控制措施
				L	E	C	D	风险程度	
检修过程	紧固接线	局部回路带电，作业人员误碰	（1）触电； （2）机械伤害； （3）设备损坏	1	2	3	6	1	按规程执行，工作前验电，带电部位用绝缘挡板隔离
	更换计算机消谐装置	（1）局部回路带电，作业人员误碰； （2）接线错误或不牢； （3）抛、丢工器具	（1）触电； （2）机械伤害； （3）设备损坏	1	2	3	6	1	（1）按规程执行，工作前验电，带电部位用绝缘挡板隔离； （2）正确使用个人防护用品； （3）不得抛、丢工器具； （4）仔细核对端口，紧固接线
恢复过程	结束工作	（1）遗漏工器具； （2）现场遗留工作杂物； （3）不结束工作票	（1）触电； （2）人身伤害	1	1	15	15	1	（1）收齐并检查工器具； （2）清扫工作现场； （3）结束工作票

12. 站用变压器故障处理

<table>
<tr><td colspan="3">风电场/光伏电站：</td><td colspan="5">分析日期：</td><td colspan="2">记录编号：</td></tr>
<tr><td colspan="3">作业地点或分析范围：站用变压器柜</td><td colspan="7">分析人：</td></tr>
<tr><td colspan="10">作业内容描述：站用变压器故障处理</td></tr>
<tr><td colspan="10">主要作业风险：（1）触电；（2）物体打击；（3）其他伤害</td></tr>
<tr><td colspan="10">控制措施：（1）办理工作票，确认工作开关，验电，挂牌；（2）穿戴个人防护用品；（3）确认设备名称和间隔；（4）设备恢复备用状态前进行全面检查</td></tr>
<tr><td colspan="2">工作负责人签名：</td><td>日期：</td><td>工作票签发人签名：</td><td colspan="2">日期：</td><td colspan="3">工作许可人签名：</td><td>日期：</td></tr>
<tr><td colspan="2" rowspan="2">作业步骤</td><td rowspan="2">危害因素</td><td rowspan="2">可能导致的后果</td><td colspan="5">风险评价</td><td rowspan="2">控制措施</td></tr>
<tr><td>L</td><td>E</td><td>C</td><td>D</td><td>风险程度</td></tr>
<tr><td>作业环境</td><td>光线不足</td><td>（1）地面光滑；
（2）照明不足</td><td>（1）人身伤害；
（2）设备损坏</td><td>6</td><td>1</td><td>1</td><td>6</td><td>1</td><td>（1）工作前做好准备工作，铺好防滑垫；
（2）准备好临时工作照明；
（3）带好防护用品</td></tr>
<tr><td rowspan="5">工作前准备</td><td>安全措施确认</td><td>（1）误判为无电；
（2）使用错误或破损的验电设备；
（3）误碰其他带电部位</td><td>（1）触电；
（2）设备事故</td><td>1</td><td>1</td><td>40</td><td>40</td><td>2</td><td>（1）双人共同确认开关或设备位置正确；
（2）戴绝缘手套、穿绝缘鞋；
（3）按带电要求操作</td></tr>
<tr><td>安全交底</td><td>走错间隔</td><td>触电、电弧灼伤</td><td>1</td><td>1</td><td>7</td><td>7</td><td>1</td><td>（1）确认设备名称和间隔；
（2）穿戴好个人防护用品；
（3）确认工作范围及工作内容</td></tr>
<tr><td>工器具准备</td><td>（1）使用不合适的工具；
（2）工具准备不全或遗漏等；
（3）使用过期的电动工具</td><td>（1）触电；
（2）设备事故</td><td>1</td><td>1</td><td>7</td><td>7</td><td>1</td><td>（1）按工作要求准备工器具；
（2）使用电动工具时查看检验日期</td></tr>
<tr><td>个人防护用品准备</td><td>（1）使用不合格的绝缘鞋；
（2）防护用品使用不当</td><td>（1）触电；
（2）其他伤害</td><td>1</td><td>1</td><td>15</td><td>15</td><td>1</td><td>（1）不使用过期防护用品；
（2）按要求取用防护用品</td></tr>
<tr><td>布置场地</td><td>（1）工具摆放凌乱；
（2）场地选择不当；
（3）场地条件不足（照明等）</td><td>（1）触电；
（2）设备事故；
（3）机械伤害</td><td>3</td><td>1</td><td>40</td><td>120</td><td>3</td><td>（1）严格执行定制管理要求；
（2）进场前进行确认检查；
（3）正确使用工器具</td></tr>
</table>

续表

作业步骤		危害因素	可能导致的后果	风险评价					控制措施
				L	E	C	D	风险程度	
检修过程	清扫站用变压器	(1) 局部回路带电，作业人员误碰； (2) 物体打击	(1) 触电； (2) 机械伤害； (3) 设备损坏	1	3	3	9	1	(1) 按规程执行，工作前验电，带电部位用绝缘挡板隔离； (2) 加强个人防护，不得抛、丢工器具
	更换站用变压器	(1) 局部回路带电，作业人员误碰； (2) 接线错误或不牢； (3) 抛、丢工器具	(1) 触电； (2) 机械伤害； (3) 设备损坏	1	2	3	6	1	(1) 按规程执行，工作前验电，带电部位用绝缘挡板隔离； (2) 正确使用个人防护用品； (3) 不得抛、丢工器具； (4) 仔细核对端口，紧固接线
	检查站用变压器	(1) 作业人员未确认间隔就进行作业； (2) 操作不当	(1) 触电； (2) 机械伤害； (3) 设备损坏	1	1	15	15	1	(1) 工作前务必确认检修间隔，防止走错间隔； (2) 严格按照检查步骤作业
	检查基础、底架部件和引线	作业人员未确认间隔就进行作业	(1) 触电； (2) 机械伤害； (3) 设备损坏	1	1	15	15	1	工作前务必确认检修间隔，防止走错间隔
恢复过程	结束工作	(1) 遗漏工器具； (2) 现场遗留工作杂物； (3) 不结束工作票	(1) 触电； (2) 人身伤害	1	1	15	15	1	(1) 收齐并检查工器具； (2) 清扫工作现场； (3) 结束工作票

13. 站用变压器380V开关故障处理

风电场/光伏电站：			分析日期：		记录编号：
作业地点或分析范围：站用变压器柜			分析人：		
作业内容描述：站用变压器380V开关故障处理					
主要作业风险：（1）触电；（2）物体打击；（3）其他伤害					
控制措施：（1）办理工作票，确认工作开关，验电，挂牌；（2）穿戴个人防护用品；（3）确认设备名称和间隔；（4）设备恢复备用状态前进行全面检查					
工作负责人签名：	日期：	工作票签发人签名：	日期：	工作许可人签名：	日期：

作业步骤		危害因素	可能导致的后果	风险评价					控制措施
				L	*E*	*C*	*D*	风险程度	
作业环境	光线不足	（1）地面光滑； （2）照明不足	（1）人身伤害； （2）设备损坏	6	1	1	6	1	（1）工作前做好准备工作，铺好防滑垫； （2）准备好临时工作照明； （3）带好防护用品
工作前准备	安全措施确认	（1）误判为无电； （2）使用错误或破损的验电设备； （3）误碰其他带电部位	（1）触电； （2）设备事故	1	1	40	40	2	（1）双人共同确认开关或设备位置正确； （2）戴绝缘手套、穿绝缘鞋； （3）按带电要求操作
工作前准备	安全交底	走错间隔	触电、电弧灼伤	1	1	7	7	1	（1）确认设备名称和间隔； （2）穿戴好个人防护用品； （3）确认工作范围及工作内容
工作前准备	工器具准备	（1）使用不合适的工具； （2）工具准备不全或遗漏等； （3）使用过期的电动工具	（1）触电； （2）设备事故	1	1	7	7	1	（1）按工作要求准备工器具； （2）使用电动工具时查看检验日期
工作前准备	个人防护用品准备	（1）使用不合格的绝缘鞋； （2）防护用品使用不当	（1）触电； （2）其他伤害	1	1	15	15	1	（1）不使用过期防护用品； （2）按要求取用防护用品
工作前准备	布置场地	（1）工具摆放凌乱； （2）场地选择不当； （3）场地条件不足（照明等）	（1）触电； （2）设备事故； （3）机械伤害	3	1	40	120	3	（1）严格执行定制管理要求； （2）进场前进行确认检查； （3）正确使用工器具

续表

作业步骤		危害因素	可能导致的后果	风险评价					控制措施
				L	E	C	D	风险程度	
检修过程	清扫开关	（1）局部回路带电，作业人员误碰； （2）物体打击	（1）触电； （2）机械伤害； （3）设备损坏	1	3	3	9	1	（1）按规程执行，工作前验电，带电部位用绝缘挡板隔离； （2）加强个人防护，不得抛、丢工器具
	紧固接线	局部回路带电，作业人员误碰	（1）触电； （2）机械伤害； （3）设备损坏	1	2	3	6	1	按规程执行，工作前验电，带电部位用绝缘挡板隔离
	更换开关	（1）局部回路带电，作业人员误碰； （2）接线错误或不牢； （3）抛、丢工器具	（1）触电； （2）机械伤害； （3）设备损坏	1	2	3	6	1	（1）按规程执行，工作前验电，带电部位用绝缘挡板隔离； （2）正确使用个人防护用品； （3）不得抛、丢工器具； （4）仔细核对端口，紧固接线
恢复过程	结束工作	（1）遗漏工器具； （2）现场遗留工作杂物； （3）不拆除临时用电； （4）不结束工作票	（1）触电； （2）人身伤害	1	1	15	15	1	（1）收齐并检查工器具； （2）清扫工作现场； （3）拆除临时用电； （4）结束工作票

14. 站用变压器开关小车故障处理

<table>
<tr><td colspan="3">风电场/光伏电站：</td><td colspan="5">分析日期：</td><td>记录编号：</td></tr>
<tr><td colspan="3">作业地点或分析范围：站用变压器柜</td><td colspan="6">分析人：</td></tr>
<tr><td colspan="9">作业内容描述：站用变压器开关小车故障处理</td></tr>
<tr><td colspan="9">主要作业风险：(1) 物体打击；(2) 其他伤害；(3) 设备损坏</td></tr>
<tr><td colspan="9">控制措施：(1) 办理工作票，确认工作范围及工作内容；(2) 穿戴个人防护用品；(3) 确认设备名称和间隔；(4) 设备恢复备用状态前进行全面检查</td></tr>
<tr><td colspan="2">工作负责人签名：　　日期：</td><td colspan="2">工作票签发人签名：</td><td colspan="3">日期：</td><td colspan="2">工作许可人签名：　　日期：</td></tr>
<tr><td colspan="2" rowspan="2">作业步骤</td><td rowspan="2">危害因素</td><td rowspan="2">可能导致的后果</td><td colspan="5">风险评价</td><td rowspan="2">控制措施</td></tr>
<tr><td>L</td><td>E</td><td>C</td><td>D</td><td>风险程度</td></tr>
<tr><td>作业环境</td><td>光线不足</td><td>(1) 地面光滑；
(2) 照明不足</td><td>(1) 人身伤害；
(2) 设备损坏</td><td>6</td><td>1</td><td>1</td><td>6</td><td>1</td><td>(1) 工作前做好准备工作，铺好防滑垫；
(2) 准备好临时工作照明；
(3) 带好防护用品</td></tr>
<tr><td rowspan="5">工作前准备</td><td>安全措施确认</td><td>(1) 误判为无电；
(2) 使用错误或破损的验电设备；
(3) 误碰其他带电部位</td><td>(1) 触电；
(2) 设备事故</td><td>1</td><td>1</td><td>40</td><td>40</td><td>2</td><td>(1) 双人共同确认开关或设备位置正确；
(2) 戴绝缘手套、穿绝缘鞋；
(3) 按带电要求操作</td></tr>
<tr><td>安全交底</td><td>走错间隔</td><td>触电、电弧灼伤</td><td>1</td><td>1</td><td>7</td><td>7</td><td>1</td><td>(1) 确认设备名称和间隔；
(2) 穿戴好个人防护用品；
(3) 确认工作范围及工作内容</td></tr>
<tr><td>工器具准备</td><td>(1) 使用不合适的工具；
(2) 工具准备不全或遗漏等；
(3) 使用过期的电动工具</td><td>(1) 触电；
(2) 设备事故</td><td>1</td><td>1</td><td>7</td><td>7</td><td>1</td><td>(1) 按工作要求准备工器具；
(2) 使用电动工具时查看检验日期</td></tr>
<tr><td>个人防护用品准备</td><td>(1) 使用不合格的绝缘鞋；
(2) 防护用品使用不当</td><td>(1) 触电；
(2) 其他伤害</td><td>1</td><td>1</td><td>15</td><td>15</td><td>1</td><td>(1) 不使用过期防护用品；
(2) 按要求取用防护用品</td></tr>
<tr><td>布置场地</td><td>(1) 工具摆放凌乱；
(2) 场地选择不当；
(3) 场地条件不足（照明等）</td><td>(1) 触电；
(2) 设备事故；
(3) 机械伤害</td><td>3</td><td>1</td><td>40</td><td>120</td><td>3</td><td>(1) 严格执行定制管理要求；
(2) 进场前进行确认检查；
(3) 正确使用工器具</td></tr>
</table>

续表

作业步骤		危害因素	可能导致的后果	风险评价					控制措施
				L	E	C	D	风险程度	
检修过程	清扫开关	（1）局部回路带电，作业人员误碰； （2）物体打击	（1）触电； （2）机械伤害； （3）设备损坏	1	3	3	9	1	（1）按规程执行，工作前验电，带电部位用绝缘挡板隔离； （2）加强个人防护，不得抛、丢工器具
	更换故障部件	（1）接线错误或不牢； （2）抛、丢工器具	（1）机械伤害； （2）设备损坏； （3）机械伤害	1	2	3	6	1	（1）正确使用个人防护用品； （2）不得抛、丢工器具； （3）仔细核对端口，紧固接线
恢复过程	结束工作	（1）遗漏工器具； （2）现场遗留工作杂物； （3）不拆除临时用电； （4）不结束工作票	（1）触电； （2）人身伤害	1	1	15	15	1	（1）收齐并检查工器具； （2）清扫工作现场； （3）拆除临时用电； （4）结束工作票

15. 10kV集电开关故障处理

风电场/光伏电站：									分析日期：	记录编号：
作业地点或分析范围：10kV集电开关柜									分析人：	
作业内容描述：10kV集电开关故障处理										
主要作业风险：（1）触电；（2）物体打击；（3）其他伤害										
控制措施：（1）办理工作票，确认工作开关，验电，挂牌；（2）穿戴个人防护用品；（3）确认设备名称和间隔；（4）设备恢复备用状态前进行全面检查										
工作负责人签名：		日期：	工作票签发人签名：		日期：		工作许可人签名：			日期：
作业步骤		危害因素	可能导致的后果	风险评价					控制措施	
				L	*E*	*C*	*D*	风险程度		
作业环境	光线不足	（1）地面光滑； （2）照明不足	（1）人身伤害； （2）设备损坏	6	1	1	6	1	（1）工作前做好准备工作，铺好防滑垫； （2）准备好临时工作照明； （3）带好防护用品	
工作前准备	安全措施确认	（1）误判为无电； （2）使用错误或破损的验电设备； （3）误碰其他带电部位	（1）触电； （2）设备事故	1	1	40	40	2	（1）双人共同确认开关或设备位置正确； （2）戴绝缘手套、穿绝缘鞋； （3）按带电要求操作	
工作前准备	安全交底	走错间隔	触电、电弧灼伤	1	1	7	7	1	（1）确认设备名称和间隔； （2）穿戴好个人防护用品； （3）确认工作范围及工作内容	
工作前准备	工器具准备	（1）使用不合适的工具； （2）工具准备不全或遗漏等； （3）使用过期的电动工具	（1）触电； （2）设备事故	1	1	7	7	1	（1）按工作要求准备工器具； （2）使用电动工具时查看检验日期	
工作前准备	个人防护用品准备	（1）使用不合格的绝缘鞋； （2）防护用品使用不当	（1）触电； （2）其他伤害	1	1	15	15	1	（1）不使用过期防护用品； （2）按要求取用防护用品	
工作前准备	布置场地	（1）工具摆放凌乱； （2）场地选择不当； （3）场地条件不足（照明等）	（1）触电； （2）设备事故； （3）机械伤害	3	1	40	120	3	（1）严格执行定制管理要求； （2）进场前进行确认检查； （3）正确使用工器具	

续表

作业步骤		危害因素	可能导致的后果	风险评价					控制措施
				L	E	C	D	风险程度	
检修过程	清扫开关	（1）局部回路带电，作业人员误碰； （2）物体打击	（1）触电； （2）机械伤害； （3）设备损坏	1	3	3	9	1	（1）按规程执行，工作前验电，带电部位用绝缘挡板隔离； （2）加强个人防护，不得抛丢工器具
	紧固接线	局部回路带电，作业人员误碰	（1）触电； （2）机械伤害； （3）设备损坏	1	2	3	6	1	按规程执行，工作前验电，带电部位用绝缘挡板隔离
	检查触头	（1）作业人员未确认间隔就进行作业； （2）操作不当	（1）触电； （2）机械伤害； （3）设备损坏	1	1	15	15	1	（1）工作前务必确认检修间隔，防止走错间隔； （2）严格按照检查步骤作业
	检查基础、底架部件和引线	作业人员未确认间隔就进行作业	（1）触电； （2）机械伤害； （3）设备损坏	1	1	15	15	1	工作前务必确认检修间隔，防止走错间隔
	检查合、分闸位置，紧固及润滑操动机构部件	（1）操作不当； （2）开关在操作过程中释能，打伤作业人员	（1）触电； （2）机械伤害； （3）设备损坏	1	1	15	15	1	（1）严格按照检查步骤作业； （2）操作开关时，确认开关机构处无人作业
恢复过程	结束工作	（1）遗漏工器具； （2）现场遗留工作杂物； （3）不拆除临时用电； （4）不结束工作票	（1）触电； （2）人身伤害	1	1	15	15	1	（1）收齐并检查工器具； （2）清扫工作现场； （3）拆除临时用电； （4）结束工作票

16. 10kV 集电线路接地开关故障处理

<table>
<tr><td colspan="4">风电场/光伏电站：</td><td colspan="5">分析日期：</td><td colspan="2">记录编号：</td></tr>
<tr><td colspan="4">作业地点或分析范围：集电柜</td><td colspan="7">分析人：</td></tr>
<tr><td colspan="11">作业内容描述：10kV 集电线路接地开关故障处理</td></tr>
<tr><td colspan="11">主要作业风险：（1）触电；（2）物体打击；（3）其他伤害</td></tr>
<tr><td colspan="11">控制措施：（1）办理工作票，确认工作开关，验电，挂牌；（2）穿戴个人防护用品；（3）确认设备名称和间隔；（4）设备恢复备用状态前进行全面检查</td></tr>
<tr><td colspan="2">工作负责人签名：</td><td>日期：</td><td>工作票签发人签名：</td><td colspan="3">日期：</td><td colspan="3">工作许可人签名：</td><td>日期：</td></tr>
<tr><td colspan="2" rowspan="2">作业步骤</td><td rowspan="2">危害因素</td><td rowspan="2">可能导致的后果</td><td colspan="5">风险评价</td><td colspan="2" rowspan="2">控制措施</td></tr>
<tr><td>L</td><td>E</td><td>C</td><td>D</td><td>风险程度</td></tr>
<tr><td>作业环境</td><td>光线不足</td><td>（1）地面光滑；
（2）照明不足</td><td>（1）人身伤害；
（2）设备损坏</td><td>6</td><td>1</td><td>1</td><td>6</td><td>1</td><td colspan="2">（1）工作前做好准备工作，铺好防滑垫；
（2）准备好临时工作照明；
（3）带好防护用品</td></tr>
<tr><td rowspan="5">工作前准备</td><td>安全措施确认</td><td>（1）误判为无电；
（2）使用错误或破损的验电设备；
（3）误碰其他带电部位</td><td>（1）触电；
（2）设备事故</td><td>1</td><td>1</td><td>40</td><td>40</td><td>2</td><td colspan="2">（1）双人共同确认开关或设备位置正确；
（2）戴绝缘手套、穿绝缘鞋；
（3）按带电要求操作</td></tr>
<tr><td>安全交底</td><td>走错间隔</td><td>触电、电弧灼伤</td><td>1</td><td>1</td><td>7</td><td>7</td><td>1</td><td colspan="2">（1）确认设备名称和间隔；
（2）穿戴好个人防护用品；
（3）确认工作范围及工作内容</td></tr>
<tr><td>工器具准备</td><td>（1）使用不合适的工具；
（2）工具准备不全或遗漏等；
（3）使用过期的电动工具</td><td>（1）触电；
（2）设备事故</td><td>1</td><td>1</td><td>7</td><td>7</td><td>1</td><td colspan="2">（1）按工作要求准备工器具；
（2）使用电动工具时查看检验日期</td></tr>
<tr><td>个人防护用品准备</td><td>（1）使用不合格的绝缘鞋；
（2）防护用品使用不当</td><td>（1）触电；
（2）其他伤害</td><td>1</td><td>1</td><td>15</td><td>15</td><td>1</td><td colspan="2">（1）不使用过期防护用品；
（2）按要求取用防护用品</td></tr>
<tr><td>布置场地</td><td>（1）工具摆放凌乱；
（2）场地选择不当；
（3）场地条件不足（照明等）</td><td>（1）触电；
（2）设备事故；
（3）机械伤害</td><td>3</td><td>1</td><td>40</td><td>120</td><td>3</td><td colspan="2">（1）严格执行定制管理要求；
（2）进场前进行确认检查；
（3）正确使用工器具</td></tr>
</table>

续表

作业步骤		危害因素	可能导致的后果	风险评价					控制措施
				L	E	C	D	风险程度	
检修过程	紧固及润滑操动机构部件	(1) 操作不当； (2) 开关在操作过程中释能，打伤作业人员	(1) 触电； (2) 机械伤害； (3) 设备损坏	1	1	15	15	1	(1) 严格按照检查步骤作业； (2) 操作开关时，确认开关机构处无人作业
	紧固接线	局部回路带电，作业人员误碰	(1) 触电； (2) 机械伤害； (3) 设备损坏	1	2	3	6	1	按规程执行，工作前验电，带电部位用绝缘挡板隔离
	更换机械装置	(1) 局部回路带电，作业人员误碰； (2) 接线错误或不牢； (3) 抛、丢工器具	(1) 触电； (2) 机械伤害； (3) 设备损坏	1	2	3	6	1	(1) 按规程执行，工作前验电，带电部位用绝缘挡板隔离； (2) 正确使用个人防护用品； (3) 不得抛、丢工器具； (4) 仔细核对端口，紧固接线
恢复过程	结束工作	(1) 遗漏工器具； (2) 现场遗留工作杂物； (3) 不拆除临时用电； (4) 不结束工作票	(1) 触电； (2) 人身伤害	1	1	15	15	1	(1) 收齐并检查工器具； (2) 清扫工作现场； (3) 拆除临时用电； (4) 结束工作票

17. 调度数据网调度数据传送故障处理

<table>
<tr><td colspan="3">风电场/光伏电站：</td><td colspan="6">分析日期：</td><td>记录编号：</td></tr>
<tr><td colspan="3">作业地点或分析范围：调度数据网屏柜</td><td colspan="7">分析人：</td></tr>
<tr><td colspan="10">作业内容描述：调度数据网调度数据传送故障处理</td></tr>
<tr><td colspan="10">主要作业风险：（1）触电；（2）物体打击；（3）其他伤害</td></tr>
<tr><td colspan="10">控制措施：（1）办理工作票，确认工作开关，验电，挂牌；（2）穿戴个人防护用品；（3）确认设备名称和间隔；（4）设备恢复备用状态前进行全面检查</td></tr>
<tr><td colspan="2">工作负责人签名：</td><td>日期：</td><td colspan="2">工作票签发人签名：</td><td colspan="2">日期：</td><td colspan="2">工作许可人签名：</td><td>日期：</td></tr>
<tr><td colspan="2" rowspan="2">作业步骤</td><td rowspan="2">危害因素</td><td rowspan="2">可能导致的后果</td><td colspan="5">风险评价</td><td rowspan="2">控制措施</td></tr>
<tr><td>L</td><td>E</td><td>C</td><td>D</td><td>风险程度</td></tr>
<tr><td>作业环境</td><td>光线不足</td><td>（1）地面光滑；
（2）照明不足</td><td>（1）人身伤害；
（2）设备损坏</td><td>6</td><td>1</td><td>1</td><td>6</td><td>1</td><td>（1）工作前做好准备工作，铺好防滑垫；
（2）准备好临时工作照明；
（3）带好防护用品</td></tr>
<tr><td rowspan="5">工作前准备</td><td>安全措施确认</td><td>（1）误判为无电；
（2）使用错误或破损的验电设备；
（3）误碰其他带电部位</td><td>（1）触电；
（2）设备事故</td><td>1</td><td>1</td><td>40</td><td>40</td><td>2</td><td>（1）双人共同确认开关或设备位置正确；
（2）戴绝缘手套、穿绝缘鞋；
（3）按带电要求操作</td></tr>
<tr><td>安全交底</td><td>走错间隔</td><td>触电、电弧灼伤</td><td>1</td><td>1</td><td>7</td><td>7</td><td>1</td><td>（1）确认设备名称和间隔；
（2）穿戴好个人防护用品；
（3）确认工作范围及工作内容</td></tr>
<tr><td>工器具准备</td><td>（1）使用不合适的工具；
（2）工具准备不全或遗漏等；
（3）使用过期的电动工具</td><td>（1）触电；
（2）设备事故</td><td>1</td><td>1</td><td>7</td><td>7</td><td>1</td><td>（1）按工作要求准备工器具；
（2）使用电动工具时查看检验日期</td></tr>
<tr><td>个人防护用品准备</td><td>（1）使用不合格的绝缘鞋；
（2）防护用品使用不当</td><td>（1）触电；
（2）其他伤害</td><td>1</td><td>1</td><td>15</td><td>15</td><td>1</td><td>（1）不使用过期防护用品；
（2）按要求取用防护用品</td></tr>
<tr><td>布置场地</td><td>（1）工具摆放凌乱；
（2）场地选择不当；
（3）场地条件不足（照明等）</td><td>（1）触电；
（2）设备事故；
（3）机械伤害</td><td>3</td><td>1</td><td>40</td><td>120</td><td>3</td><td>（1）严格执行定制管理要求；
（2）进场前进行确认检查；
（3）正确使用工器具</td></tr>
</table>

续表

<table>
<tr><td colspan="2" rowspan="2">作业步骤</td><td rowspan="2">危害因素</td><td rowspan="2">可能导致的后果</td><td colspan="5">风险评价</td><td rowspan="2">控制措施</td></tr>
<tr><td>L</td><td>E</td><td>C</td><td>D</td><td>风险程度</td></tr>
<tr><td rowspan="2">检修过程</td><td>重启光纤收发器</td><td>(1) 走错间隔;
(2) 误碰其他设备</td><td>(1) 触电;
(2) 设备事故</td><td>1</td><td>1</td><td>40</td><td>40</td><td>2</td><td>(1) 工作前认真核对设备名称和编号;
(2) 确认工作范围及设备</td></tr>
<tr><td>更换光纤收发器</td><td>(1) 走错间隔;
(2) 误碰其他设备</td><td>(1) 损坏;
(2) 人身触电</td><td>1</td><td>1</td><td>40</td><td>40</td><td>2</td><td>(1) 工作前认真核对设备名称和编号;
(2) 确认工作范围及设备</td></tr>
<tr><td>恢复过程</td><td>结束工作</td><td>(1) 遗漏工器具;
(2) 现场遗留工作杂物;
(3) 不结束工作票</td><td>(1) 触电;
(2) 人身伤害</td><td>1</td><td>1</td><td>15</td><td>15</td><td>1</td><td>(1) 收齐并检查工器具;
(2) 清扫工作现场;
(3) 结束工作票</td></tr>
</table>

18. 视频监控故障处理

<table>
<tr><td colspan="3">风电场/光伏电站：</td><td colspan="4">分析日期：</td><td colspan="3">记录编号：</td></tr>
<tr><td colspan="3">作业地点或分析范围：通讯柜、视频监控器</td><td colspan="7">分析人：</td></tr>
<tr><td colspan="10">作业内容描述：视频监控故障处理</td></tr>
<tr><td colspan="10">主要作业风险：（1）触电；（2）物体打击；（3）其他伤害</td></tr>
<tr><td colspan="10">控制措施：（1）办理工作票，确认工作开关，验电，挂牌；（2）穿戴个人防护用品；（3）确认设备名称和间隔；（4）设备恢复备用状态前进行全面检查</td></tr>
<tr><td colspan="2">工作负责人签名：</td><td>日期：</td><td colspan="2">工作票签发人签名：</td><td colspan="2">日期：</td><td colspan="2">工作许可人签名：</td><td>日期：</td></tr>
<tr><td colspan="2" rowspan="2">作业步骤</td><td rowspan="2">危害因素</td><td rowspan="2">可能导致的后果</td><td colspan="5">风险评价</td><td rowspan="2">控制措施</td></tr>
<tr><td>L</td><td>E</td><td>C</td><td>D</td><td>风险程度</td></tr>
<tr><td>作业环境</td><td>光线不足</td><td>（1）地面光滑；
（2）照明不足</td><td>（1）人身伤害；
（2）设备损坏</td><td>6</td><td>1</td><td>1</td><td>6</td><td>1</td><td>（1）工作前做好准备工作，铺好防滑垫；
（2）准备好临时工作照明；
（3）带好防护用品</td></tr>
<tr><td rowspan="5">工作前准备</td><td>安全措施确认</td><td>（1）误判为无电；
（2）使用错误或破损的验电设备；
（3）误碰其他带电部位</td><td>（1）触电；
（2）设备事故</td><td>1</td><td>1</td><td>40</td><td>40</td><td>2</td><td>（1）双人共同确认开关或设备位置正确；
（2）戴绝缘手套、穿绝缘鞋；
（3）按带电要求操作</td></tr>
<tr><td>安全交底</td><td>走错间隔</td><td>触电、电弧灼伤</td><td>1</td><td>1</td><td>7</td><td>7</td><td>1</td><td>（1）确认设备名称和间隔；
（2）穿戴好个人防护用品；
（3）确认工作范围及工作内容</td></tr>
<tr><td>工器具准备</td><td>（1）使用不合适的工具；
（2）工具准备不全或遗漏等；
（3）使用过期的电动工具</td><td>（1）触电；
（2）设备事故</td><td>1</td><td>1</td><td>7</td><td>7</td><td>1</td><td>（1）按工作要求准备工器具；
（2）使用电动工具时查看检验日期</td></tr>
<tr><td>个人防护用品准备</td><td>（1）使用不合格的绝缘鞋；
（2）防护用品使用不当</td><td>（1）触电；
（2）其他伤害</td><td>1</td><td>1</td><td>15</td><td>15</td><td>1</td><td>（1）不使用过期防护用品；
（2）按要求取用防护用品</td></tr>
<tr><td>布置场地</td><td>（1）工具摆放凌乱；
（2）场地选择不当；
（3）场地条件不足（照明等）</td><td>（1）触电；
（2）设备事故；
（3）机械伤害</td><td>3</td><td>1</td><td>40</td><td>120</td><td>3</td><td>（1）严格执行定制管理要求；
（2）进场前进行确认检查；
（3）正确使用工器具</td></tr>
</table>

续表

作业步骤		危害因素	可能导致的后果	风险评价					控制措施
				L	*E*	*C*	*D*	风险程度	
工作过程	重启视频监控通信设备	(1) 走错间隔; (2) 误碰其他设备	(1) 触电; (2) 设备事故	1	1	40	40	2	(1) 工作前认真核对设备名称和编号; (2) 确认工作范围及设备
	更换视频监控通信设备	(1) 局部回路带电，作业人员误碰; (2) 接线错误或不牢; (3) 抛、丢工器具	(1) 触电; (2) 机械伤害; (3) 设备损坏	1	2	3	6	1	(1) 按规程执行，工作前将设备断电; (2) 正确使用个人防护用品; (3) 不得抛、丢工器具; (4) 仔细核对端口，紧固接线
	更换视频监控器	(1) 局部回路带电，作业人员误碰; (2) 接线错误或不牢; (3) 抛、丢工器具	(1) 触电; (2) 机械伤害; (3) 设备损坏	1	2	3	6	1	(1) 按规程执行，工作前将设备断电; (2) 正确使用个人防护用品; (3) 不得抛、丢工器具; (4) 仔细核对端口，紧固接线
恢复过程	结束工作	(1) 遗漏工器具; (2) 现场遗留工作杂物; (3) 不结束工作票	(1) 触电; (2) 人身伤害	1	1	15	15	1	(1) 收齐并检查工器具; (2) 清扫工作现场; (3) 结束工作票

19. 蓄电池故障处理

<table>
<tr><td colspan="3">风电场/光伏电站：</td><td colspan="4">分析日期：</td><td colspan="2">记录编号：</td></tr>
<tr><td colspan="3">作业地点或分析范围：蓄电池箱</td><td colspan="6">分析人：</td></tr>
<tr><td colspan="9">作业内容描述：蓄电池故障处理</td></tr>
<tr><td colspan="9">主要作业风险：(1) 触电；(2) 化学灼伤；(3) 化学性爆炸；(4) 设备事故</td></tr>
<tr><td colspan="9">控制措施：(1) 办理工作票，确认安全措施已执行；(2) 带电操作必须戴绝缘手套，必要时穿绝缘靴；(3) 停、送电前要确认安全措施，避免短路、接地等设备事故</td></tr>
<tr><td colspan="2">工作负责人签名：</td><td>日期：</td><td colspan="2">工作票签发人签名：</td><td colspan="2">日期：</td><td>工作许可人签名：</td><td>日期：</td></tr>
<tr><td colspan="2" rowspan="2">作业步骤</td><td rowspan="2">危害因素</td><td rowspan="2">可能导致的后果</td><td colspan="5">风险评价</td><td rowspan="2">控制措施</td></tr>
<tr><td>L</td><td>E</td><td>C</td><td>D</td><td>风险程度</td></tr>
<tr><td rowspan="2">作业环境</td><td>作业环境危害（氢气）</td><td>蓄电池在充电过程中产生氢气</td><td>化学性爆炸</td><td>3</td><td>1</td><td>15</td><td>45</td><td>2</td><td>保持室内通风、干燥</td></tr>
<tr><td>环境温度</td><td>温度过高</td><td>降低蓄电池寿命</td><td>6</td><td>1</td><td>3</td><td>18</td><td>1</td><td>(1) 保持室内通风、干燥；
(2) 避免阳光直射</td></tr>
<tr><td rowspan="4">工作前准备</td><td>安全措施确认</td><td>(1) 安全措施不全或不正确；
(2) 蓄电池未退出运行</td><td>(1) 触电；
(2) 设备事故</td><td>3</td><td>1</td><td>15</td><td>45</td><td>2</td><td>(1) 工作负责人、工作许可人应认真检查工作票所列安全措施是否正确、完备，是否符合现场实际条件；
(2) 带电作业必须戴绝缘手套、穿绝缘鞋；
(3) 工作前再次确认蓄电池开关已断开，避免拆除蓄电池电源线时产生电弧灼伤作业人员</td></tr>
<tr><td>安全交底</td><td>(1) 扩大工作范围；
(2) 走错间隔或误碰带电设备</td><td>(1) 触电；
(2) 设备事故</td><td>3</td><td>1</td><td>15</td><td>45</td><td>2</td><td>(1) 工作前对工作班成员进行工作任务明示；
(2) 对工作班成员进行安全技术交底</td></tr>
<tr><td>工器具准备</td><td>(1) 工器具不合格；
(2) 使用的工器具超过检验期；
(3) 未携带通信工具</td><td>(1) 触电；
(2) 设备事故；
(3) 扩大事故或加重人身伤害</td><td>3</td><td>1</td><td>15</td><td>45</td><td>2</td><td>(1) 必须按工作要求准备工器具；
(2) 工作前确认工器具及试验仪器状态，保证使用合格的工器具及试验仪器；
(3) 携带通信工具，如对讲机</td></tr>
<tr><td>个人防护用品准备</td><td>(1) 未准备安全帽、绝缘手套，绝缘靴；
(2) 个人防护用品防护等级不符合要求或过期</td><td>(1) 触电；
(2) 化学灼伤；
(3) 机械伤害</td><td>3</td><td>1</td><td>15</td><td>45</td><td>2</td><td>(1) 正确戴安全帽、绝缘手套，穿绝缘靴，必要时穿防酸服；
(2) 使用合格的个人防护用品</td></tr>
</table>

续表

作业步骤		危害因素	可能导致的后果	风险评价					控制措施
				L	*E*	*C*	*D*	风险程度	
工作前准备	工作班成员精神状态确认	(1) 无法正常完成指定工作； (2) 作业过程中无法清醒判断危险点	(1) 触电； (2) 设备事故	3	1	15	45	2	合理安排工作班成员，精神状态不佳者禁止工作
	环境	雷雨天气	(1) 触电； (2) 设备事故	3	1	15	45	2	雷雨天气禁止工作
工作过程	充、放电试验	(1) 蓄电池充电时产生氢气； (2) 蓄电池过度放电	(1) 化学性爆炸； (2) 设备事故	3	1	15	45	2	(1) 蓄电池充电期间，不准在蓄电池室内进行动火作业； (2) 设定放电低限值，一达到放电低限，立即停止放电，开始对蓄电池进行充电
	清洁蓄电池壳体	(1) 未正确使用个人防护用具； (2) 清扫工具使用不当； (3) 误碰带电部位	(1) 触电； (2) 化学灼伤； (3) 设备事故	3	1	15	45	2	(1) 作业人员必须正确穿戴绝缘手套等个人防护用品； (2) 清洁蓄电池时，应使用湿布擦拭，严禁使用干燥的化纤织物或毛刷、鸡毛掸子等易起静电的工器具
	更换蓄电池安全阀	(1) 未正确使用个人防护用具； (2) 误碰带电部位； (3) 电解液溢出	(1) 触电； (2) 化学灼伤； (3) 着火	3	1	15	45	2	(1) 作业人员必须正确穿戴绝缘手套等个人防护用品； (2) 工作前熟悉危险点； (3) 及时、正确地清理溢出的电解液； (4) 更换过程中避免破坏蓄电池外壳
	更换电池电压采样盒	(1) 未正确使用个人防护用具； (2) 误碰带电部位	触电	3	1	15	45	2	(1) 作业人员必须正确穿戴绝缘手套等个人防护用品； (2) 工作前熟悉危险点
	更换连接条、螺栓	(1) 未正确使用个人防护用具； (2) 误碰带电部位； (3) 蓄电池短路	(1) 触电； (2) 化学灼伤； (3) 设备事故	3	1	15	45	2	(1) 作业人员必须正确穿戴绝缘手套等个人防护用品； (2) 严禁误操作导致蓄电池短路； (3) 工作前熟悉危险点

续表

作业步骤		危害因素	可能导致的后果	风险评价					控制措施
				L	E	C	D	风险程度	
工作过程	更换蓄电池	（1）未正确使用个人防护用具； （2）误碰带电部位； （3）未并联二极管； （4）蓄电池损坏	（1）触电； （2）化学灼伤； （3）设备事故	3	1	15	45	2	（1）作业人员必须正确穿戴绝缘手套等个人防护用品； （2）工作前熟悉危险点； （3）为了不影响整组蓄电池正常运行，更换前必须并联二极管； （4）更换时避免破坏蓄电池外壳
完工阶段	恢复措施	（1）连接件和紧固件螺栓紧固未达标； （2）蓄电池组接线不正确； （3）安全措施未恢复	（1）设备事故； （2）人身伤害	3	1	15	45	2	（1）检查连接件和紧固件螺栓是否牢固； （2）工作完毕后必须再次核对接线情况； （3）按工作票内容恢复安全措施
	结束工作	（1）遗漏工器具； （2）现场遗留工作杂物	蓄电池短路	3	1	15	45	2	（1）清点工器具； （2）清扫工作现场

20. 直流屏充电模块故障处理

风电场/光伏电站：				分析日期：					记录编号：
作业地点或分析范围：直流屏柜				分析人：					
作业内容描述：直流屏充电模块故障处理									
主要作业风险：（1）触电；（2）物体打击；（3）其他伤害									
控制措施：（1）办理工作票，确认工作开关，验电，挂牌；（2）穿戴个人防护用品；（3）确认设备名称和间隔；（4）设备恢复备用状态前进行全面检查									
工作负责人签名：		日期：	工作票签发人签名：		日期：		工作许可人签名：		日期：
作业步骤		危害因素	可能导致的后果	风险评价					控制措施
				L	*E*	*C*	*D*	风险程度	
作业环境	光线不足	（1）地面光滑； （2）照明不足	（1）人身伤害； （2）设备损坏	6	1	1	6	1	（1）工作前做好准备工作，铺好防滑垫； （2）准备好临时工作照明； （3）带好防护用品
工作前准备	安全措施确认	（1）误判为无电； （2）使用错误或破损的验电设备； （3）误碰其他带电部位	（1）触电； （2）设备事故	1	1	40	40	2	（1）双人共同确认开关或设备位置正确； （2）戴绝缘手套、穿绝缘鞋； （3）按带电要求操作
	安全交底	走错间隔	触电、电弧灼伤	1	1	7	7	1	（1）确认设备名称和间隔； （2）穿戴好个人防护用品； （3）确认工作范围及工作内容
	工器具准备	（1）使用不合适的工具； （2）工具准备不全或遗漏等； （3）使用过期的电动工具	（1）触电； （2）设备事故	1	1	7	7	1	（1）按工作要求准备工器具； （2）使用电动工具时查看检验日期
	个人防护用品准备	（1）使用不合格的绝缘鞋； （2）防护用品使用不当	（1）触电； （2）其他伤害	1	1	15	15	1	（1）不使用过期防护用品； （2）按要求取用防护用品
	布置场地	（1）工具摆放凌乱； （2）场地选择不当； （3）场地条件不足（照明等）	（1）触电； （2）设备事故； （3）机械伤害	3	1	40	120	3	（1）严格执行定制管理要求； （2）进场前进行确认检查； （3）正确使用工器具

续表

作业步骤		危害因素	可能导致的后果	风险评价					控制措施
				L	E	C	D	风险程度	
检修过程	紧固接线	局部回路带电，作业人员误碰	（1）触电； （2）机械伤害； （3）设备损坏	1	2	3	6	1	按规程执行，工作前验电，带电部位用绝缘挡板隔离
	更换充电模块	（1）局部回路带电，作业人员误碰； （2）接线错误或不牢； （3）抛、丢工器具	（1）触电； （2）机械伤害； （3）设备损坏	1	2	3	6	1	（1）按规程执行，工作前验电，带电部位用绝缘挡板隔离； （2）正确使用个人防护用品； （3）不得抛、丢工器具； （4）仔细核对端口，紧固接线
恢复过程	结束工作	（1）遗漏工器具； （2）现场遗留工作杂物； （3）不结束工作票	（1）触电； （2）人身伤害	1	1	15	15	1	（1）收齐并检查工器具； （2）清扫工作现场； （3）结束工作票

21. 数据采集器故障处理

风电场/光伏电站：			分析日期：		记录编号：
作业地点或分析范围：通信柜			分析人：		
作业内容描述：数据采集器故障处理					
主要作业风险：(1) 触电；(2) 物体打击；(3) 其他伤害					
控制措施：(1) 办理工作票，确认工作开关，验电，挂牌；(2) 穿戴个人防护用品；(3) 确认设备名称和间隔；(4) 设备恢复备用状态前进行全面检查					
工作负责人签名：	日期：	工作票签发人签名：	日期：	工作许可人签名：	日期：

作业步骤		危害因素	可能导致的后果	风险评价					控制措施
				L	*E*	*C*	*D*	风险程度	
作业环境	光线不足	(1) 地面光滑； (2) 照明不足	(1) 人身伤害； (2) 设备损坏	6	1	1	6	1	(1) 工作前做好准备工作，铺好防滑垫； (2) 准备好临时工作照明； (3) 带好防护用品
工作前准备	安全措施确认	(1) 误判为无电； (2) 使用错误或破损的验电设备； (3) 误碰其他带电部位	(1) 触电； (2) 设备事故	1	1	40	40	2	(1) 双人共同确认开关或设备位置正确； (2) 戴绝缘手套、穿绝缘鞋； (3) 按带电要求操作
	安全交底	走错间隔	触电、电弧灼伤	1	1	7	7	1	(1) 确认设备名称和间隔； (2) 穿戴好个人防护用品； (3) 确认工作范围及工作内容
	工器具准备	(1) 使用不合适的工具； (2) 工具准备不全或遗漏等； (3) 使用过期的电动工具	(1) 触电； (2) 设备事故	1	1	7	7	1	(1) 按工作要求准备工器具； (2) 使用电动工具时查看检验日期
	个人防护用品准备	(1) 使用不合格的绝缘鞋； (2) 防护用品使用不当	(1) 触电； (2) 其他伤害	1	1	15	15	1	(1) 不使用过期防护用品； (2) 按要求取用防护用品
	布置场地	(1) 工具摆放凌乱； (2) 场地选择不当； (3) 场地条件不足（照明等）	(1) 触电； (2) 设备事故； (3) 机械伤害	3	1	40	120	3	(1) 严格执行定制管理要求； (2) 进场前进行确认检查； (3) 正确使用工器具

续表

作业步骤		危害因素	可能导致的后果	风险评价					控制措施
				L	E	C	D	风险程度	
检修过程	紧固接线	局部回路带电，作业人员误碰	（1）触电； （2）机械伤害； （3）设备损坏	1	2	3	6	1	按规程执行，工作前验电，带电部位用绝缘挡板隔离
	更换数据采集器	（1）局部回路带电，作业人员误碰； （2）接线错误或不牢； （3）抛、丢工器具	（1）触电； （2）机械伤害； （3）设备损坏	1	2	3	6	1	（1）按规程执行，工作前验电，带电部位用绝缘挡板隔离； （2）正确使用个人防护用品； （3）不得抛、丢工器具； （4）仔细核对端口，紧固接线
恢复过程	结束工作	（1）遗漏工器具； （2）现场遗留工作杂物； （3）不结束工作票	（1）触电； （2）人身伤害	1	1	15	15	1	（1）收齐并检查工器具； （2）清扫工作现场； （3）结束工作票

22. 开关站母排故障处理

风电场/光伏电站：				分析日期：					记录编号：
作业地点或分析范围：开关站母排				分析人：					
作业内容描述：开关站母排故障处理									
主要作业风险：（1）触电；（2）物体打击；（3）其他伤害									
控制措施：（1）办理工作票，确认工作开关，验电，挂牌；（2）穿戴个人防护用品；（3）确认设备名称和间隔；（4）设备恢复备用状态前进行全面检查									
工作负责人签名：	日期：	工作票签发人签名：		日期：		工作许可人签名：			日期：

作业步骤		危害因素	可能导致的后果	风险评价					控制措施
				L	*E*	*C*	*D*	风险程度	
作业环境	光线不足	（1）地面光滑； （2）照明不足	（1）人身伤害； （2）设备损坏	6	1	1	6	1	（1）工作前做好准备工作，铺好防滑垫； （2）准备好临时工作照明； （3）带好防护用品
工作前准备	安全措施确认	（1）误判为无电； （2）使用错误或破损的验电设备； （3）误碰其他带电部位	（1）触电； （2）设备事故	1	1	40	40	2	（1）双人共同确认开关或设备位置正确； （2）戴绝缘手套、穿绝缘鞋； （3）按带电要求操作
工作前准备	安全交底	走错间隔	触电、电弧灼伤	1	1	7	7	1	（1）确认设备名称和间隔； （2）穿戴好个人防护用品； （3）确认工作范围及工作内容
工作前准备	工器具准备	（1）使用不合适的工具； （2）工具准备不全或遗漏等； （3）使用过期的电动工具	（1）触电； （2）设备事故	1	1	7	7	1	（1）按工作要求准备工器具； （2）使用电动工具时查看检验日期
工作前准备	个人防护用品准备	（1）使用不合格的绝缘鞋； （2）防护用品使用不当	（1）触电； （2）其他伤害	1	1	15	15	1	（1）不使用过期防护用品； （2）按要求取用防护用品
工作前准备	布置场地	（1）工具摆放凌乱； （2）场地选择不当； （3）场地条件不足（照明等）	（1）触电； （2）设备事故； （3）机械伤害	3	1	40	120	3	（1）严格执行定制管理要求； （2）进场前进行确认检查； （3）正确使用工器具

续表

作业步骤		危害因素	可能导致的后果	风险评价					控制措施
				L	E	C	D	风险程度	
检修过程	清扫母排	(1) 局部回路带电，作业人员误碰； (2) 物体打击	(1) 触电； (2) 机械伤害； (3) 设备损坏	1	3	3	9	1	(1) 按规程执行，工作前验电，带电部位用绝缘挡板隔离； (2) 加强个人防护，不得抛、丢工器具
	紧固接线	局部回路带电，作业人员误碰	(1) 触电； (2) 机械伤害	1	2	3	6	1	(1) 按规程执行，工作前验电； (2) 正确使用个人防护用品
	检查接头	(1) 作业人员未确认间隔就进行作业； (2) 操作不当	(1) 触电； (2) 机械伤害	1	1	15	15	1	(1) 工作前务必确认检修间隔，防止走错间隔； (2) 严格按照检查步骤作业
	更换接头	(1) 设备未断电； (2) 接线不牢； (3) 抛、丢工器具	(1) 触电； (2) 机械伤害； (3) 设备损坏	1	2	3	6	1	(1) 按规程执行，工作前验电； (2) 正确使用个人防护用品； (3) 不得抛、丢工器具； (4) 接线紧固、牢靠
	更换支持绝缘子	(1) 设备未断电； (2) 接线不牢； (3) 抛、丢工器具	(1) 触电； (2) 机械伤害； (3) 设备损坏	1	2	3	6	1	(1) 按规程执行，工作前验电； (2) 正确使用个人防护用品； (3) 不得抛、丢工器具； (4) 接线紧固、牢靠
	更换母排	(1) 设备未断电； (2) 接线不牢； (3) 抛、丢工器具	(1) 触电； (2) 机械伤害； (3) 设备损坏	1	2	3	6	1	(1) 按规程执行，工作前验电； (2) 正确使用个人防护用品； (3) 不得抛、丢工器具； (4) 接线紧固、牢靠
恢复过程	结束工作	(1) 遗漏工器具； (2) 现场遗留工作杂物； (3) 不拆除临时用电； (4) 不结束工作票	(1) 触电； (2) 人身伤害	1	1	15	15	1	(1) 收齐并检查工器具； (2) 清扫工作现场； (3) 拆除临时用电； (4) 结束工作票

23. 光伏组件移位

<table>
<tr><td colspan="3">风电场/光伏电站：</td><td colspan="5">分析日期：</td><td>记录编号：</td></tr>
<tr><td colspan="3">作业地点或分析范围：屋顶光伏组件</td><td colspan="6">分析人：</td></tr>
<tr><td colspan="9">作业内容描述：光伏组件移位</td></tr>
<tr><td colspan="9">主要作业风险：（1）因使用不合适的工器具、穿戴不合适的劳动防护用品导致巡检人员受伤害；（2）触电；（3）灼伤；（4）跌倒；（5）车辆伤害；（6）高处坠落</td></tr>
<tr><td colspan="9">控制措施：（1）正确穿戴劳动防护用品，正确使用工器具；（2）不得擅自扩大工作范围；（3）配备防暑药品</td></tr>
<tr><td colspan="2">工作执行人签名：</td><td>日期：</td><td colspan="5">工作负责人开工前确认签名：</td><td>日期：</td></tr>
<tr><td rowspan="2" colspan="2">作业步骤</td><td rowspan="2">危害因素</td><td rowspan="2">可能导致的后果</td><td colspan="5">风险评价</td><td rowspan="2">控制措施</td></tr>
<tr><td>L</td><td>E</td><td>C</td><td>D</td><td>风险程度</td></tr>
<tr><td rowspan="2">作业环境</td><td>雷、雨、雪天气</td><td>（1）雷击；
（2）道路湿滑、泥泞</td><td>（1）触电、火灾灼伤；
（2）跌倒</td><td>1</td><td>3</td><td>7</td><td>21</td><td>2</td><td>（1）正确戴安全帽；
（2）正确穿绝缘鞋；
（3）雷雨天气禁止外出作业</td></tr>
<tr><td>高温天气</td><td>中暑</td><td>人身伤害</td><td>1</td><td>3</td><td>7</td><td>21</td><td>2</td><td>（1）合理安排外出工作，及时规避高温天气；
（2）配备防暑药品</td></tr>
<tr><td rowspan="5">工作前准备</td><td>安全措施确认</td><td>（1）安全措施不全或不正确；
（2）走错间隔</td><td>（1）触电；
（2）设备事故</td><td>1</td><td>1</td><td>7</td><td>7</td><td>1</td><td>（1）工作负责人、工作许可人应认真检查工作票所列安全措施是否正确、完备，是否符合现场实际条件；
（2）工作前确认工作位置</td></tr>
<tr><td>安全交底</td><td>（1）扩大工作范围；
（2）走错间隔或误碰带电设备</td><td>（1）触电；
（2）设备事故</td><td>1</td><td>1</td><td>7</td><td>7</td><td>1</td><td>（1）工作前对工作班成员进行工作任务明示；
（2）对工作班成员进行安全技术交底</td></tr>
<tr><td>工器具准备</td><td>（1）使用的工器具无法达到作业要求；
（2）工具不全，或工具破损</td><td>（1）触电；
（2）机械伤害</td><td>1</td><td>1</td><td>7</td><td>7</td><td>1</td><td>工作前确认工器具合格</td></tr>
<tr><td>个人防护用品准备</td><td>（1）未正确使用安全帽、绝缘手套、绝缘靴；
（2）个人防护用品防护等级不符合要求或过期</td><td>（1）触电；
（2）机械伤害</td><td>1</td><td>1</td><td>15</td><td>15</td><td>1</td><td>（1）正确戴安全帽、绝缘手套，穿绝缘靴；
（2）使用合格的个人防护用品</td></tr>
<tr><td>工作班成员精神状态确认</td><td>（1）无法正常完成指定工作；
（2）作业过程中无法清醒判断设备是否带电</td><td>（1）触电；
（2）机械伤害；
（3）设备故障</td><td>1</td><td>1</td><td>15</td><td>15</td><td>1</td><td>合理安排工作班成员，精神状态不佳者禁止工作</td></tr>
</table>

续表

作业步骤		危害因素	可能导致的后果	风险评价					控制措施
				L	E	C	D	风险程度	
工作前准备	攀爬直爬梯至屋面	(1) 踩踏采光带； (2) 在屋面奔跑； (3) 倚靠女儿墙	高处坠落	1	1	15	15	1	(1) 严禁踩踏采光带； (2) 不得在屋面跑跳； (3) 不得倚靠女儿墙
	环境	(1) 道路泥泞、湿滑； (2) 雷、雨、雪天气	(1) 车辆伤害； (2) 跌倒	10	3	3	90	3	(1) 提前注意天气变化，有效规避恶劣天气； (2) 遇特殊路况，减速慢行； (3) 正确使用安全保护用具（安全帽、劳保鞋等）
	车辆	(1) 车辆缺陷； (2) 超速行驶	人身伤害	6	3	3	54	2	(1) 行车前检查车辆状况； (2) 系好安全带，减速慢行
工作过程	拆除光伏组件	(1) 设备带电； (2) 抛、丢工器具； (3) 在工作现场跑跳； (4) 踩踏采光带或倚靠女儿墙	(1) 触电； (2) 机械伤害； (3) 跌倒； (4) 高处坠落； (5) 设备损坏	1	2	15	30	2	(1) 工作前确认设备已断电； (2) 禁止踩踏采光带； (3) 禁止踩踏光伏组件； (4) 禁止倚靠女儿墙； (5) 禁止触碰带电设备； (6) 禁止抛、丢工器具
	搬移光伏组件	(1) 在工作现场跑跳； (2) 踩踏采光带或倚靠女儿墙	(1) 跌倒； (2) 高处坠落	1	2	15	30	2	(1) 禁止踩踏采光带； (2) 禁止踩踏光伏组件； (3) 禁止倚靠女儿墙； (4) 禁止触碰带电设备； (5) 禁止抛、丢工器具
	安装光伏组件	(1) 抛、丢工器具； (2) 在工作现场跑跳； (3) 踩踏采光带或倚靠女儿墙； (4) 接线错误	(1) 触电； (2) 机械伤害； (3) 跌倒； (4) 高处坠落； (5) 设备损坏	1	2	15	30	2	(1) 工作前确认设备已断电，核对电缆正、负极后再接线； (2) 禁止踩踏采光带； (3) 禁止踩踏光伏组件； (4) 禁止倚靠女儿墙； (5) 禁止触碰带电设备； (6) 禁止抛、丢工器具

续表

作业步骤		危害因素	可能导致的后果	风险评价					控制措施
				L	E	C	D	风险程度	
完工阶段	完工恢复	(1)连接件和紧固件螺栓紧固未达标； (2)临时短接线、接地线未拆除； (3)工作后设备接线不正确	(1)设备事故； (2)电灼伤	1	1	15	15	1	(1)用力矩扳手检查连接件和紧固件螺栓； (2)严格按照工作票执行恢复工作； (3)恢复工作后，经工作负责人最终检查确认，方可办理工作终结手续
	结束工作	(1)遗漏工器具； (2)现场遗留工作杂物； (3)不结束工作票	设备事故	1	1	15	15	1	(1)收齐并检查工器具； (2)清扫工作现场； (3)结束工作票

24. 修复屋面电缆桥架

风电场/光伏电站：								分析日期：	记录编号：
作业地点或分析范围：屋面电缆桥架								分析人：	
作业内容描述：屋面电缆桥架修复									
主要作业风险：（1）因使用不合适的工器具、穿戴不合适的劳动防护用品导致巡检人员受伤害；（2）触电；（3）灼伤；（4）跌倒；（5）车辆伤害；（6）高处坠落									
控制措施：（1）正确穿戴劳动防护用品，正确使用工器具；（2）不得擅自扩大工作范围；（3）配备防暑药品									
工作执行人签名：			日期：	工作负责人开工前确认签名：					日期：
作业步骤		危害因素	可能导致的后果	风险评价					控制措施
				L	*E*	*C*	*D*	风险程度	
作业环境	雷、雨、雪天气	（1）雷击； （2）道路湿滑、泥泞	（1）触电、火灾灼伤； （2）跌倒	1	3	7	21	2	（1）正确戴安全帽； （2）正确穿绝缘鞋； （3）雷雨天气禁止外出作业
工作前准备	安全措施确认	（1）安全措施不全或不正确； （2）走错间隔	（1）触电； （2）设备事故	1	1	7	7	1	（1）工作负责人、工作许可人应认真检查工作票所列安全措施是否正确、完备，是否符合现场实际条件； （2）工作前确认工作位置
	安全交底	（1）扩大工作范围； （2）走错间隔或误碰带电设备	（1）触电； （2）设备事故	1	1	7	7	1	（1）工作前对工作班成员进行工作任务明示； （2）对工作班成员进行安全技术交底
	工器具准备	（1）使用的工器具无法达到作业要求； （2）工具不全，或工具破损	（1）触电； （2）机械伤害	1	1	7	7	1	工作前确认工器具合格
	个人防护用品准备	（1）未正确使用安全帽、绝缘手套、绝缘靴； （2）个人防护用品防护等级不符合要求或过期	（1）触电； （2）机械伤害	1	1	15	15	1	（1）正确戴安全帽、绝缘手套，穿绝缘靴； （2）使用合格的个人防护用品
	工作班成员精神状态确认	（1）无法正常完成指定工作； （2）作业过程中无法清醒判断设备是否带电	（1）触电； （2）机械伤害； （3）设备故障	1	1	15	15	1	合理安排工作班成员，精神状态不佳者禁止工作

续表

作业步骤		危害因素	可能导致的后果	风险评价					控制措施
				L	E	C	D	风险程度	
工作前准备	攀爬直爬梯至屋面	(1) 踩踏采光带; (2) 在屋面奔跑; (3) 倚靠女儿墙	高处坠落	1	1	15	15	1	(1) 严禁踩踏采光带; (2) 不得在屋面跑跳; (3) 不得倚靠女儿墙
	环境	(1) 道路泥泞、湿滑; (2) 雷、雨、雪天气	(1) 车辆伤害; (2) 跌倒	10	3	3	90	3	(1) 提前注意天气变化，有效规避恶劣天气; (2) 遇特殊路况，减速慢行; (3) 正确使用安全保护用具（安全帽、劳保鞋等）
	车辆	(1) 车辆缺陷; (2) 超速行驶	人身伤害	6	3	3	54	2	(1) 行车前检查车辆状况; (2) 系好安全带，减速慢行
检修过程	固定桥架盖板	(1) 触碰带电设备; (2) 抛、丢工器具; (3) 在工作现场跑跳; (4) 踩踏采光带或倚靠女儿墙	(1) 触电; (2) 机械伤害; (3) 人员跌倒; (4) 高处坠落; (5) 设备损坏	1	2	15	30	2	(1) 工作前确认设备已断电; (2) 禁止踩踏采光带; (3) 禁止踩踏光伏组件; (4) 禁止倚靠女儿墙; (5) 禁止触碰带电设备; (6) 禁止抛、丢工器具
	更换桥架	(1) 触碰带电设备; (2) 抛、丢工器具; (3) 在工作现场跑跳; (4) 踩踏采光带或倚靠女儿墙	(1) 触电; (2) 机械伤害; (3) 人员跌倒; (4) 高处坠落; (5) 设备损坏	1	2	15	30	2	(1) 工作前确认设备已断电; (2) 禁止踩踏采光带; (3) 禁止踩踏光伏组件; (4) 禁止倚靠女儿墙; (5) 禁止触碰带电设备; (6) 禁止抛、丢工器具
完工阶段	完工恢复	(1) 连接件和紧固件螺栓紧固未达标; (2) 临时短接线、接地线未拆除; (3) 工作后设备接线不正确	(1) 设备事故; (2) 电灼伤	1	1	15	15	1	(1) 用力矩扳手检查连接件和紧固件螺栓; (2) 严格按照工作票执行恢复工作; (3) 恢复工作后，经工作负责人最终检查确认，方可办理工作终结手续
	结束工作	(1) 遗漏工器具; (2) 现场遗留工作杂物; (3) 不结束工作票	设备事故	1	1	15	15	1	(1) 收齐并检查工器具; (2) 清扫工作现场; (3) 结束工作票

十、光伏设备校验和试验

1. 测试光伏组件额定功率

部门：　　分析日期：　　记录编号：

作业地点或分析范围：光伏组件　　分析人：

作业内容描述：测试光伏组件额定功率

主要作业风险：（1）因使用不合适的工器具、穿戴不合适的劳动防护用品导致巡检人员受伤害；（2）触电；（3）灼伤；（4）跌倒；（5）车辆伤害；（6）高处坠落

控制措施：（1）正确穿戴劳动防护用品，正确使用工器具；（2）进入巡检现场检查周围环境；（3）配备防暑药品

工作执行人签名：　　日期：　　工作负责人开工前确认签名：　　日期：

作业步骤		危害因素	可能导致的后果	风险评价					控制措施
				L	*E*	*C*	*D*	风险程度	
作业环境	雷、雨、雪天气	（1）雷击； （2）道路湿滑、泥泞	（1）触电、火灾灼伤； （2）跌倒	1	3	7	21	2	（1）正确戴安全帽； （2）正确穿绝缘鞋； （3）雷雨天气禁止外出作业
作业环境	高温天气	中暑	人身伤害	1	3	7	21	2	（1）合理安排外出工作，及时规避高温天气； （2）配备防暑药品
工作前准备	工器具准备	（1）使用的工器具无法达到检修作业要求； （2）工具不全，或工具破损； （3）使用的试验仪器超过检验期	触电	1	1	7	7	1	检修前确认工器具及试验仪器状态，使用合格的工器具及试验仪器；
工作前准备	个人防护用品准备	（1）未正确使用安全帽、绝缘手套、绝缘靴； （2）个人防护用品防护等级不符合要求或过期	（1）触电； （2）机械伤害	1	1	15	15	1	（1）正确戴安全帽、绝缘手套，穿绝缘靴； （2）使用合格的个人防护用品
工作前准备	工作班成员精神状态确认	（1）无法正常完成指定工作； （2）作业过程中无法清醒判断设备是否带电	（1）触电； （2）机械伤害； （3）设备故障	1	1	15	15	1	合理安排工作班成员，精神状态不佳者禁止工作
工作前准备	执行安全措施	（1）拉错开关、走错间隔； （2）漏执行安全措施	（1）触电； （2）设备事故	1	1	15	15	1	（1）严格按照工作票执行安全措施； （2）执行安全措施时必须有监护人在场

续表

作业步骤		危害因素	可能导致的后果	风险评价					控制措施
				L	E	C	D	风险程度	
工作前准备	环境	（1）道路泥泞、湿滑； （2）雷、雨、雪天气	（1）车辆伤害； （2）跌倒	10	3	3	90	3	（1）提前注意天气变化，有效规避恶劣天气； （2）遇特殊路况，减速慢行； （3）正确使用安全保护用具（安全帽、劳保鞋等）
	车辆	（1）车辆缺陷； （2）超速行驶	人身伤害	6	3	3	54	2	（1）行车前检查车辆状况； （2）系好安全带，减速慢行
工作过程	停运对应汇流箱式逆变器	（1）走错位置； （2）设备缺陷	（1）触电； （2）高处坠落	1	2	15	30	2	（1）戴绝缘手套、安全帽； （2）使用钳形表电流验电
	测试光伏组件额定功率	（1）设备缺陷； （2）误碰其他带有电部位	（1）触电； （2）设备事故	1	1	1	1	1	（1）安全地给测试设备提供电源； （2）检查设备接线无问题后，再进行测试； （3）避免光源直射人员眼睛； （4）测试前，需要检查测试设备校验情况
	拆除光伏组件	（1）设备缺陷； （2）高处作业	（1）触电； （2）高处坠落	1	2	15	30	2	（1）观察光伏组件外观是否存在严重损坏，组件是否有效接地； （2）断电后，用万用表测量组件边框确无电压； （3）高处作业前穿戴安全帽、安全带、限位绳
	紧固光伏组件	（1）设备缺陷； （2）高处作业	（1）触电； （2）高处坠落	1	2	15	30	2	（1）观察光伏组件外观是否存在严重损坏，组件是否有效接地； （2）断电后，用万用表测量组件边框确无电压； （3）高处作业前穿戴安全帽、安全带、限位绳
	安装 MC4 插头	（1）走错位置； （2）设备缺陷	（1）触电； （2）高处坠落	1	2	15	30	2	（1）戴绝缘手套、安全帽； （2）使用钳形表电流验电
完工阶段	完工恢复	（1）连接件和紧固件螺栓紧固未达标； （2）临时短接线、接地线未拆除； （3）检修后设备接线不正确	（1）设备事故； （2）电灼伤	1	1	15	15	1	（1）检查连接件和紧固件螺栓； （2）严格按照工作票执行恢复工作； （3）恢复工作后，经工作负责人最终检查确认，方可办理工作终结手续
	结束工作	（1）遗漏工器具； （2）现场遗留检修杂物； （3）不结束工作票	设备事故	1	1	15	15	1	（1）收齐并检查工器具； （2）清扫检修现场； （3）结束工作票

2. 测试光伏组件温度

部门： 分析日期： 记录编号：

作业地点或分析范围：光伏组件 分析人：

作业内容描述：测试光伏组件温度

主要作业风险：(1) 因使用不合适的工器具、穿戴不合适的劳动防护用品导致巡检人员受伤害；(2) 触电；(3) 灼伤；(4) 跌倒；(5) 车辆伤害；(6) 高处坠落

控制措施：(1) 正确穿戴劳动防护用品，正确使用工器具；(2) 进入巡检现场检查周围环境；(3) 配备防暑药品

工作执行人签名： 日期： 工作负责人开工前确认签名： 日期：

作业步骤		危害因素	可能导致的后果	风险评价					控制措施
				L	*E*	*C*	*D*	风险程度	
作业环境	雷、雨、雪天气	(1) 雷击； (2) 道路湿滑、泥泞	(1) 触电、火灾灼伤； (2) 跌倒	1	3	7	21	2	(1) 正确戴安全帽； (2) 正确穿绝缘鞋； (3) 雷雨天气禁止外出作业
	高温天气	中暑	人身伤害	1	3	7	21	2	(1) 合理安排外出工作，及时规避高温天气； (2) 配备防暑药品
工作前准备	安全交底	(1) 扩大工作范围； (2) 走错间隔或误碰带电设备	(1) 触电； (2) 设备事故	1	1	7	7	1	(1) 工作前对工作班成员进行工作任务明示； (2) 对工作班成员进行安全技术交底
	工器具准备	(1) 使用的工器具无法达到检修作业要求； (2) 工具不全，或工具破损； (3) 使用的试验仪器超过检验期	触电	1	1	7	7	1	检修前确认工器具及试验仪器状态，使用合格的工器具及试验仪器
	个人防护用品准备	(1) 未正确使用安全帽、绝缘手套、绝缘靴； (2) 个人防护用品防护等级不符合要求或过期	(1) 触电； (2) 机械伤害	1	1	15	15	1	(1) 正确戴安全帽、绝缘手套，穿绝缘靴； (2) 使用合格的个人防护用品
	工作班成员精神状态确认	(1) 无法正常完成指定工作； (2) 作业过程中无法清醒判断设备是否带电	(1) 触电； (2) 机械伤害； (3) 设备故障	1	1	15	15	1	合理安排工作班成员，精神状态不佳者禁止工作
	执行安全措施	(1) 拉错开关、走错间隔； (2) 漏执行安全措施	(1) 触电； (2) 设备事故	1	1	15	15	1	(1) 严格按照工作票执行安全措施； (2) 执行安全措施时必须有监护人在场

续表

作业步骤		危害因素	可能导致的后果	风险评价					控制措施
				L	E	C	D	风险程度	
工作前准备	环境	（1）道路泥泞、湿滑； （2）雷、雨、雪天气	（1）车辆伤害； （2）跌倒	10	3	3	90	3	（1）提前注意天气变化，有效规避恶劣天气； （2）遇特殊路况，减速慢行； （3）正确使用安全保护用具（安全帽、劳保鞋等）
	车辆	（1）车辆缺陷； （2）超速行驶	人身伤害	6	3	3	54	2	（1）行车前检查车辆状况； （2）系好安全带，减速慢行
检修过程	测试光伏组件温度	（1）设备缺陷； （2）误碰其他带有电部位	（1）触电； （2）设备事故	1	1	1	1	1	（1）安全地给测试设备提供电源； （2）检查设备接线无问题后，再进行测试； （3）测试前，需要检查测试设备校验情况
完工阶段	结束工作	（1）遗漏工器具； （2）现场遗留检修杂物； （3）不结束工作票	设备事故	1	1	15	15	1	（1）收齐并检查工器具； （2）清扫检修现场； （3）结束工作票

3. 逆变器性能试验

<table>
<tr><td colspan="3">部门：</td><td colspan="5">分析日期：</td><td>记录编号：</td></tr>
<tr><td colspan="3">作业地点或分析范围：光伏组件</td><td colspan="6">分析人：</td></tr>
<tr><td colspan="9">作业内容描述：逆变器性能试验</td></tr>
<tr><td colspan="9">主要作业风险：(1) 因使用不合适的工器具、穿戴不合适的劳动防护用品导致巡检人员受伤害；(2) 触电；(3) 灼伤；(4) 跌倒；(5) 车辆伤害；(6) 高处坠落</td></tr>
<tr><td colspan="9">控制措施：(1) 正确穿戴劳动防护用品，正确使用工器具；(2) 进入巡检现场检查周围环境；(3) 配备防暑药品</td></tr>
<tr><td colspan="3">工作执行人签名：</td><td>日期：</td><td colspan="4">工作负责人开工前确认签名：</td><td>日期：</td></tr>
<tr><td colspan="2" rowspan="2">作业步骤</td><td rowspan="2">危害因素</td><td rowspan="2">可能导致的后果</td><td colspan="5">风险评价</td><td rowspan="2">控制措施</td></tr>
<tr><td>L</td><td>E</td><td>C</td><td>D</td><td>风险程度</td></tr>
<tr><td rowspan="2">作业环境</td><td>雷、雨、雪天气</td><td>(1) 雷击；
(2) 道路湿滑、泥泞</td><td>(1) 触电、火灾灼伤；
(2) 跌倒</td><td>1</td><td>3</td><td>7</td><td>21</td><td>2</td><td>(1) 正确戴安全帽；
(2) 正确穿绝缘鞋；
(3) 雷雨天气禁止外出作业</td></tr>
<tr><td>高温天气</td><td>中暑</td><td>人身伤害</td><td>1</td><td>3</td><td>7</td><td>21</td><td>2</td><td>(1) 合理安排外出工作，及时规避高温天气；
(2) 配备防暑药品</td></tr>
<tr><td rowspan="5">工作前准备</td><td>安全交底</td><td>(1) 扩大工作范围；
(2) 走错间隔或误碰带电设备</td><td>(1) 触电；
(2) 设备事故</td><td>1</td><td>1</td><td>7</td><td>7</td><td>1</td><td>(1) 工作前对工作班成员进行工作任务明示；
(2) 对工作班成员进行安全技术交底</td></tr>
<tr><td>工器具准备</td><td>(1) 使用的工器具无法达到检修作业要求；
(2) 工具不全，或工具破损；
(3) 使用的试验仪器超过检验期</td><td>触电</td><td>1</td><td>1</td><td>7</td><td>7</td><td>1</td><td>检修前确认工器具及试验仪器状态，使用合格的工器具及试验仪器</td></tr>
<tr><td>个人防护用品准备</td><td>(1) 未正确使用安全帽、绝缘手套、绝缘靴；
(2) 个人防护用品防护等级不符合要求或过期</td><td>(1) 触电；
(2) 机械伤害</td><td>1</td><td>1</td><td>15</td><td>15</td><td>1</td><td>(1) 正确戴安全帽、绝缘手套，穿绝缘靴；
(2) 使用合格的个人防护用品</td></tr>
<tr><td>工作班成员精神状态确认</td><td>(1) 无法正常完成指定工作；
(2) 作业过程中无法清醒判断设备是否带电</td><td>(1) 触电；
(2) 机械伤害；
(3) 设备故障</td><td>1</td><td>1</td><td>15</td><td>15</td><td>1</td><td>合理安排工作班成员，精神状态不佳者禁止工作</td></tr>
<tr><td>执行安全措施</td><td>(1) 拉错开关、走错间隔；
(2) 漏执行安全措施</td><td>(1) 触电；
(2) 设备事故</td><td>1</td><td>1</td><td>15</td><td>15</td><td>1</td><td>(1) 严格按照工作票执行安全措施；
(2) 执行安全措施时必须有监护人在场</td></tr>
</table>

续表

作业步骤		危害因素	可能导致的后果	风险评价					控制措施
				L	E	C	D	风险程度	
工作前准备	环境	（1）道路泥泞、湿滑； （2）雷、雨、雪天气	（1）车辆伤害； （2）跌倒	10	3	3	90	3	（1）提前注意天气变化，有效规避恶劣天气； （2）遇特殊路况，减速慢行； （3）正确使用安全保护用具（安全帽、劳保鞋等）
	车辆	（1）车辆缺陷； （2）超速行驶	人身伤害	6	3	3	54	2	（1）行车前检查车辆状况； （2）系好安全带，减速慢行
检修过程	停运对应逆变器并在试验区核对位置	（1）走错位置； （2）设备缺陷	（1）触电； （2）高处坠落	1	2	15	30	2	（1）戴绝缘手套、安全帽； （2）使用万用表验电
	逆变器性能试验	（1）设备缺陷； （2）误碰其他带电部位	（1）触电； （2）设备事故	1	1	1	1	1	（1）安全地给测试设备提供电源； （2）检查设备接线无问题后，再进行测试； （3）测试前，需要检查测试设备校验情况
完工阶段	完工恢复	（1）连接件和紧固件螺栓紧固未达标； （2）临时短接线、接地线未拆除； （3）检修后设备接线不正确	（1）设备事故； （2）电灼伤	1	1	15	15	1	（1）检查连接件和紧固件螺栓； （2）严格按照工作票执行恢复工作； （3）恢复工作后，经工作负责人最终检查确认，方可办理工作终结手续
	结束工作	（1）遗漏工器具； （2）现场遗留检修杂物； （3）不结束工作票	设备事故	1	1	15	15	1	（1）收齐并检查工器具； （2）清扫检修现场； （3）结束工作票

4. 箱式变压器预防性试验

部门：	分析日期：	记录编号：
作业地点或分析范围：箱式变压器	分析人：	
作业内容描述：箱式变压器预防性试验		
主要作业风险：（1）触电；（2）机械伤害；（3）作业环境危害；（4）设备事故；（5）爆炸；（6）高处坠落		
控制措施：（1）与带电设备保持安全距离，工作时应正确穿绝缘靴、工作服；（2）注意防止各类转动机械的外露传动部分和往复运动部分造成伤害，防止弹簧机构造成伤害，防止使用工器具时产生机械伤害；（3）检修过程中注意周围物体打击伤害，在搬运或更换设备时注意防止重物碾压；（4）避免大风、雷雨、冰冻天气作业；（5）正确检查恢复工作，拆除临时接地线，避免送电引起短路等设备事故；（6）在变压器顶上、套管上作业及高处作业时应系好安全带、安全绳		

工作负责人签名：	日期：	工作票签发人签名：	日期：	工作许可人签名：	日期：

作业步骤		危害因素	可能导致的后果	风险评价					控制措施
				L	*E*	*C*	*D*	风险程度	
作业环境	雨天作业	雨天作业场地湿滑、空气潮湿，影响试验数据的准确性和可靠性	（1）人身伤害； （2）设备故障	1	1	7	7	1	（1）雨天作业应做好防潮、防滑措施； （2）高压试验、油样检验应避开雨天作业
	高温天气	高温天气作业引起人员中暑等状况	人身伤害	1	1	7	21	1	尽量避免高温作业，或做好防暑降温工作
	大风天气	大风天气作业，特别是高处作业时，人员易滑倒	人身伤害	1	1	7	21	1	大风天气时，做好个人防护措施
检修前准备	现场布置	（1）物品摆放凌乱，未做到“三不落地”等注意事项； （2）临时用电不符合安全生产要求	（1）触电； （2）高处坠落； （3）设备故障	3	1	40	120	3	（1）作业现场铺好绝缘垫，器具摆放整齐有序； （2）检查临时电源状况，检查电源盘是否存在安全隐患
	工器具准备	（1）使用的工器具无法达到检修作业要求； （2）工具不全，或工具破损； （3）未做好备品备件、消耗材料的准备工作； （4）使用的试验仪器超过检验期，仪器漏电或输出异常	（1）机械伤害； （2）触电	1	1	7	7	1	（1）检修前确认工器具及试验仪器状态，使用合格的工器具及试验仪器； （2）做好检修工具、备品备件、消耗材料的准备工作
	个人防护用品准备	（1）未正确穿戴安全帽及工作服； （2）使用不合格的安全带	（1）触电； （2）高处坠落	1	1	15	15	1	（1）正确穿戴安全帽及工作服； （2）使用在安全使用期内的安全带，并正确挂好安全带

续表

作业步骤		危害因素	可能导致的后果	风险评价					控制措施
				L	E	C	D	风险程度	
试验过程	核对设备位置	（1）走错间隔； （2）误分、合开关或闸刀	（1）触电； （2）电弧灼伤； （3）设备事故	3	1	15	45	2	（1）戴绝缘手套、安全帽，穿绝缘鞋； （2）核实操作票内容和设备状态； （3）执行监护制度，唱票，确认设备位置、名称标牌，严格执行操作票制度； （4）与带电体保持安全距离
	预防性试验	（1）试验前未做好隔离措施，加压过程中，人员误入高压区域； （2）未考虑最高试验电压下的安全距离，导致感应电伤人； （3）试验中未实行监护制度； （4）设备接线完成后，未进行检查确认直接进行加压试验； （5）更改接线前，控制电源开关未降至零位，电源开关没有明显的断开点； （6）试验完成后，未进行接地放电或接地放电时间不够，接线人员接触导电部位引起触电； （7）试验结束后，临时接地线或临时短接线未拆除	（1）触电、电弧灼伤； （2）设备损坏； （3）设备事故	1	1	40	40	2	（1）高压试验作业前，设置安全围栏，并设专人监护； （2）加压过程中，执行呼唱制度； （3）接线时，一人接线另一人检查确认； （4）试验中途，将控制电源开关降至零位，断开仪器电源开关后再进行更改接线操作； （5）有的试验项目需中途更改接线时，必须挂好接地线； （6）被试设备引线引接至试验仪器前应进行接地放电； （7）试验结束后应对被试设备充分放电，并检查试验中临时短接线、临时接地线是否拆除
完工阶段	完工恢复	（1）拆装过的螺栓未用力矩扳手紧固； （2）检修完成后未进行设备状态检查，特别是未检查临时短接线、接地线的拆除工作； （3）一次引线恢复时未压接牢固； （4）一次引线恢复作业前未进行接地放电； （5）附属元件设备回装后，压接不牢，导致气体泄漏	（1）设备损坏； （2）送电后导致设备烧坏甚至爆炸事故； （3）人身伤害； （4）高处坠落	1	1	40	40	2	（1）执行工作负责人负责制，恢复工作后经工作负责人最终检查确认，方可办理工作终结手续； （2）一次引线恢复接线前先进行接地放电； （3）高处作业时系好安全带，并做好防滑措施； （4）附属元件、设备回装后，应检查接头密封情况
	结束工作	（1）遗漏工器具； （2）现场遗留检修杂物； （3）不结束工作票	（1）触电； （2）人身伤害	1	1	15	15	1	（1）收齐并检查工器具； （2）清扫检修现场； （3）结束工作票

5. 10kV 高压配电系统预防性试验

部门：　　分析日期：　　记录编号：

作业地点或分析范围：箱式变压器　　分析人：

作业内容描述：10kV 高压配电系统（断路器、避雷器、电流互感器、电压互感器）预防性试验

主要作业风险：（1）触电；（2）机械伤害；（3）作业环境危害；（4）设备事故；（5）爆炸；（6）高处坠落

控制措施：（1）与带电设备保持安全距离，工作时应正确穿绝缘靴、工作服；（2）注意防止各类转动机械的外露传动部分和往复运动部分造成伤害，防止弹簧机构造成伤害，防止使用工器具时产生机械伤害；（3）检修过程中注意周围物体打击伤害，在搬运或更换设备时注意防止重物碾压；（4）避免大风、雷雨、冰冻天气作业；（5）正确检查恢复工作，拆除临时接地线，避免送电引起短路等设备事故；（6）在变压器顶上、套管上作业及高处作业时应系好安全带、安全绳

工作负责人签名：　　日期：　　工作票签发人签名：　　日期：　　工作许可人签名：　　日期：

作业步骤		危害因素	可能导致的后果	风险评价					控制措施
				L	*E*	*C*	*D*	风险程度	
作业环境	雨天作业	雨天作业场地湿滑、空气潮湿，影响试验数据的准确性和可靠性	（1）人身伤害； （2）设备故障	1	1	7	7	1	（1）雨天作业应做好防潮、防滑措施； （2）高压试验、油样检验应避开雨天作业
	高温天气	高温天气作业引起人员中暑等状况	人身伤害	1	1	7	21	1	尽量避免高温作业，或做好防暑降温工作
	大风天气	大风天气作业，特别是高处作业时，人员易滑倒	人身伤害	1	1	7	21	1	大风天气时，做好个人防护措施
检修前准备	工器具准备	（1）使用的工器具无法达到检修作业要求； （2）工具不全，或工具破损； （3）未做好备品备件、消耗材料的准备工作； （4）使用的试验仪器超过检验期，仪器漏电或输出异常	（1）机械伤害； （2）触电	1	1	7	7	1	（1）检修前确认工器具及试验仪器状态，使用合格的工器具及试验仪器； （2）做好检修工具、备品备件、消耗材料的准备工作
	个人防护用品准备	（1）未正确佩戴安全帽及工作服； （2）使用不合格的安全带	（1）触电； （2）高处坠落	1	1	15	15	1	（1）正确穿戴安全帽及工作服； （2）使用在安全使用期内的安全带，并正确挂好安全带

续表

作业步骤		危害因素	可能导致的后果	风险评价					控制措施
				L	E	C	D	风险程度	
试验过程	核对设备的位置	（1）走错间隔； （2）误分、合开关或闸刀	（1）触电； （2）电弧灼伤； （3）设备事故	3	1	15	45	2	（1）戴绝缘手套、安全帽，穿绝缘鞋； （2）核实操作票内容和设备状态； （3）执行监护制度，唱票，确认设备位置、名称标牌，严格执行操作票制度； （4）与带电体保持安全距离
	10kV高压配电系统（断路器、避雷器、电流互感器、电压互感器）预防性试验	（1）试验前未做好隔离措施，加压过程中，人员误入高压区域； （2）未考虑最高试验电压下的安全距离，导致感应电伤人； （3）试验中未实行监护制度； （4）设备接线完成后，未进行检查确认直接进行加压试验； （5）更改接线前，控制电源开关未降至零位，电源开关没有明显的断开点； （6）试验完成后，未进行接地放电或接地放电时间不够，接线人员接触导电部位引起触电； （7）试验结束后，临时接地线或临时短接线未拆除	（1）触电、电弧灼伤； （2）设备损坏； （3）设备事故	1	1	40	40	2	（1）高压试验作业前，设置安全围栏，并设专人监护； （2）加压过程中，实行呼唱制度； （3）接线时，一人接线另一人检查确认； （4）试验中途，将控制电源开关降至零位，断开仪器电源开关后再进行更改接线操作； （5）有的试验项目需中途更改接线时，必须挂好接地线； （6）被试设备引线引接至试验仪器前应进行接地放电； （7）试验结束后应对被试设备进行充分放电，并检查试验中临时短接线、临时接地线是否拆除
完工阶段	完工恢复	（1）拆装过的螺栓未用力矩扳手紧固； （2）检修完成后未进行设备状态检查，特别是未检查临时短接线、接地线的拆除工作； （3）一次引线恢复时未压接牢固； （4）一次引线恢复作业前未进行接地放电； （5）附属元件设备回装后，压接不牢，导致气体泄漏	（1）设备损坏； （2）送电后导致设备烧坏甚至爆炸事故； （3）人身伤害； （4）高处坠落	1	1	40	40	2	（1）执行工作负责人负责制，恢复工作后经工作负责人最终检查确认，方可办理工作终结手续； （2）一次引线恢复接线前先进行接地放电； （3）高处作业时系好安全带，并做好防滑措施； （4）附属元件、设备回装后，应检查接头密封情况
	结束工作	（1）遗漏工器具； （2）现场遗留检修杂物； （3）不结束工作票	（1）触电； （2）人身伤害； （3）不结束工作票	1	1	15	15	1	（1）收齐并检查工器具； （2）清扫检修现场； （3）结束工作票

6. 集电线路电缆交流耐压试验

部门：				分析日期：					记录编号：	
作业地点或分析范围：箱式变压器				分析人：						
作业内容描述：集电线路电缆交流耐压试验										
主要作业风险：（1）触电；（2）机械伤害；（3）作业环境危害；（4）设备事故；（5）爆炸；（6）高处坠落										
控制措施：（1）与带电设备保持安全距离，工作时应正确穿绝缘靴、工作服；（2）注意防止各类转动机械的外露传动部分和往复运动部分造成伤害，防止弹簧机构造成伤害，防止使用工器具时产生机械伤害；（3）检修过程中注意周围物体打击伤害，在搬运或更换设备时注意防止重物碾压；（4）避免大风、雷雨、冰冻天气作业；（5）正确检查恢复工作，拆除临时接地线，避免送电引起短路等设备事故；（6）在变压器顶上、套管上作业及高处作业时应系好安全带、安全绳										
工作负责人签名：		日期：	工作票签发人签名：		日期：		工作许可人签名：			日期：

作业步骤		危害因素	可能导致的后果	风险评价					控制措施
				L	*E*	*C*	*D*	风险程度	
作业环境	雨天作业	雨天作业场地湿滑，空气潮湿影响试验数据的准确性和可靠性	（1）人身伤害； （2）设备故障	1	1	7	7	1	（1）雨天作业应做好防潮、防滑措施； （2）高压试验、油样检验应避开雨天作业
	高温天气	高温天气作业引起人员中暑等状况	人身伤害	1	1	7	21	1	尽量避免高温作业，或做好防暑降温工作
	大风天气	大风天气作业，特别是高处作业，人员易滑倒	人身伤害	1	1	7	21	1	大风天气时，做好个人防护措施
检修前准备	现场布置	（1）物品摆放凌乱，未做到“三不落地”等注意事项； （2）临时用电不符合安全生产要求	（1）触电； （2）高处坠落； （3）设备故障	3	1	40	120	3	（1）作业现场铺好绝缘垫，器具摆放整齐有序； （2）检查临时电源状况，检查电源盘是否存在安全隐患
	工器具准备	（1）使用的工器具无法达到检修作业要求； （2）工具不全，或工具破损； （3）未做好备品备件、消耗材料的准备工作； （4）使用的试验仪器超过检验期，仪器漏电或输出异常	（1）机械伤害； （2）触电	1	1	7	7	1	（1）检修前确认工器具及试验仪器状态，使用合格的工器具及试验仪器； （2）做好检修工具、备品备件、消耗材料的准备工作
	个人防护用品准备	（1）未正确穿戴安全帽及工作服； （2）使用不合格的安全带	（1）人身触电； （2）高处坠落	1	1	15	15	1	（1）正确穿戴安全帽及工作服； （2）使用在安全使用期内的安全带，并正确挂好安全带

续表

<table>
<tr><th colspan="2" rowspan="2">作业步骤</th><th rowspan="2">危害因素</th><th rowspan="2">可能导致的后果</th><th colspan="5">风险评价</th><th rowspan="2">控制措施</th></tr>
<tr><th>L</th><th>E</th><th>C</th><th>D</th><th>风险程度</th></tr>
<tr><td rowspan="2">试验过程</td><td>核对设备位置</td><td>（1）走错间隔；
（2）误分合开关或闸刀</td><td>（1）触电；
（2）电弧灼伤；
（3）设备事故</td><td>3</td><td>1</td><td>15</td><td>45</td><td>2</td><td>（1）戴绝缘手套、安全帽，穿绝缘鞋；
（2）核实操作票内容和设备状态；
（3）执行监护制度，唱票，确认设备位置、名称标牌，严格执行操作票制度；
（4）与带电体保持安全距离</td></tr>
<tr><td>集电线路电缆交流耐压试验</td><td>（1）试验前未做好隔离措施，加压过程中，人员误入高压区域；
（2）未考虑最高试验电压下的安全距离，导致感应电伤人；
（3）试验中未实行监护制度；
（4）设备接线完成后，未进行检查确认直接进行加压试验；
（5）更改接线前，控制电源开关未降至零位，电源开关没有明显的断开点；
（6）试验完成后，未进行接地放电或接地放电时间不够，接线人员接触导电部位引起触电；
（7）试验结束后，临时接地线或临时短接线未拆除</td><td>（1）触电、电弧灼伤；
（2）设备损坏；
（3）设备事故</td><td>1</td><td>1</td><td>40</td><td>40</td><td>2</td><td>（1）高压试验作业前，设置安全围栏，并设专人监护；
（2）加压过程中，执行呼唱制度；
（3）接线时，一人接线另一人检查确认；
（4）试验中途，将控制电源开关降至零位，断开仪器电源开关后再进行更改接线操作；
（5）有的试验项目需中途更改接线时，必须挂好接地线；
（6）被试设备引线引接至试验仪器前应进行接地放电；
（7）试验结束后应对被试设备充分放电，并检查试验中临时短接线、临时接地线是否拆除</td></tr>
<tr><td rowspan="2">完工阶段</td><td>完工恢复</td><td>（1）拆装过的螺栓未用力矩扳手紧固；
（2）检修完成后未进行设备状态检查，特别是未检查临时短接线、接地线的拆除工作；
（3）一次引线恢复时未压接牢固；
（4）一次引线恢复作业前未进行接地放电；
（5）附属元件设备回装后，压接不牢，导致气体泄漏</td><td>（1）设备损坏；
（2）送电后导致设备烧坏甚至爆炸事故；
（3）人身伤害；
（4）高处坠落</td><td>1</td><td>1</td><td>40</td><td>40</td><td>2</td><td>（1）执行工作负责人负责制，恢复工作后经工作负责人最终检查确认，方可办理工作终结手续；
（2）一次引线恢复接线前先进行接地放电；
（3）高处作业时系好安全带，并做好防滑措施；
（4）附属元件、设备回装后，应检查接头密封情况</td></tr>
<tr><td>结束工作</td><td>（1）遗漏工器具；
（2）现场遗留检修杂物；
（3）不结束工作票</td><td>（1）触电；
（2）人身伤害</td><td>1</td><td>1</td><td>15</td><td>15</td><td>1</td><td>（1）收齐并检查工器具；
（2）清扫检修现场；
（3）结束工作票</td></tr>
</table>

7. 防雷检测

部门：	分析日期：	记录编号：
作业地点或分析范围：箱式变压器	分析人：	

作业内容描述：防雷检测

主要作业风险：（1）触电；（2）机械伤害；（3）作业环境危害；（4）设备事故；（5）爆炸；（6）高处坠落

控制措施：（1）与带电设备保持安全距离，工作时应正确穿绝缘靴、工作服；（2）注意防止各类转动机械的外露传动部分和往复运动部分造成伤害，防止弹簧机构造成伤害，防止使用工器具时产生机械伤害；（3）检修过程中注意周围物体打击伤害，在搬运或更换设备时注意防止重物碾压；（4）避免大风、雷雨、冰冻天气作业；（5）正确检查恢复工作，拆除临时接地线，避免送电引起短路等设备事故；（6）在变压器顶上、套管上作业及高处作业时应系好安全带、安全绳

工作负责人签名：	日期：	工作票签发人签名：	日期：	工作许可人签名：	日期：

作业步骤		危害因素	可能导致的后果	风险评价					控制措施
				L	E	C	D	风险程度	
作业环境	雨天作业	雨天作业场地湿滑，空气潮湿影响试验数据的准确性和可靠性	（1）人身伤害； （2）设备故障	1	1	7	7	1	（1）雨天作业应做好防潮、防滑措施； （2）高压试验、油样检验应避开雨天作业
	高温天气	高温天气作业引起人员中暑等状况	人身伤害	1	1	7	21	1	尽量避免高温作业，或做好防暑降温工作
	大风天气	大风天气作业，特别是高处作业时，人员易滑倒	人身伤害	1	1	7	21	1	大风天气时，做好个人防护措施
检修前准备	工器具准备	（1）使用的工器具无法达到检修作业要求； （2）工具不全，或工具破损； （3）未做好备品备件、消耗材料的准备工作； （4）使用的试验仪器超过检验期，仪器漏电或输出异常	（1）机械伤害； （2）触电	1	1	7	7	1	（1）检修前确认工器具及试验仪器状态，使用合格的工器具及试验仪器； （2）做好检修工具、备品备件、消耗材料的准备工作
	个人防护用品准备	（1）未正确穿戴安全帽及工作服； （2）使用不合格的安全带	（1）触电； （2）高处坠落	1	1	15	15	1	（1）正确穿戴安全帽及工作服； （2）使用在安全使用期内的安全带，并正确挂好安全带

续表

作业步骤		危害因素	可能导致的后果	风险评价					控制措施
				L	E	C	D	风险程度	
试验过程	防雷检测	（1）在屋面行走过程中踩踏采光带； （2）检测过程中误碰带电设备； （3）上、下屋面过程中，仪器滑落损坏	（1）触电； （2）设备损坏； （3）设备事故； （4）高处坠落	1	1	40	40	2	（1）在屋面行走时切勿踩踏采光带，尽量远离屋面女儿墙，如需要进行接线工作，注意做好防坠落措施； （2）严格执行工作票制度； （3）测量前核对设备位置及编号； （4）上、下屋面时注意将仪器绑扎牢固
完工阶段	结束工作	（1）遗漏工器具； （2）现场遗留检修杂物； （3）不结束工作票	（1）触电； （2）人身伤害	1	1	15	15	1	（1）收齐并检查工器具； （2）清扫检修现场； （3）结束工作票

8. 屋顶承载检测

部门：	分析日期：	记录编号：
作业地点或分析范围：箱式变压器	分析人：	
作业内容描述：屋顶承载检测		
主要作业风险：（1）触电；（2）机械伤害；（3）作业环境危害；（4）设备事故；（5）爆炸；（6）高处坠落		

控制措施：（1）与带电设备保持安全距离，工作时应正确穿绝缘靴、工作服；（2）注意防止各类转动机械的外露传动部分和往复运动部分造成伤害，防止弹簧机构造成伤害，防止使用工器具时产生机械伤害；（3）检修过程中注意周围物体打击伤害，在搬运或更换设备时注意防止重物碾压；（4）避免大风、雷雨、冰冻天气作业；（5）高处作业时应系好安全带、安全绳

工作负责人签名：	日期：	工作票签发人签名：	日期：	工作许可人签名：	日期：

作业步骤		危害因素	可能导致的后果	风险评价					控制措施
				L	*E*	*C*	*D*	风险程度	
作业环境	雨天作业	雨天作业场地湿滑、空气潮湿，影响试验数据的准确性和可靠性	（1）人身伤害； （2）设备故障	1	1	7	7	1	（1）雨天作业应做好防潮、防滑措施； （2）高压试验、油样检验应避开雨天作业
	高温天气	高温天气作业引起人员中暑等状况	人身伤害	1	1	7	21	1	尽量避免高温作业，或做好防暑降温工作
	大风天气	大风天气作业，特别是高处作业时，人员易滑倒	人身伤害	1	1	7	21	1	大风天气时，做好个人防护措施
检修前准备	工器具准备	（1）使用的工器具无法达到检修作业要求； （2）工具不全，或工具破损； （3）未做好备品备件、消耗材料的准备工作； （4）使用的试验仪器超过检验期，仪器漏电或输出异常	（1）机械伤害； （2）触电	1	1	7	7	1	（1）检修前确认工器具及试验仪器状态，使用合格的工器具及试验仪器； （2）做好检修工具、备品备件、消耗材料的准备工作
	个人防护用品准备	（1）未正确穿戴安全帽及工作服； （2）使用不合格的安全带	（1）触电； （2）高处坠落	1	1	15	15	1	（1）正确穿戴安全帽及工作服； （2）使用在安全使用期内的安全带，并正确挂好安全带

续表

作业步骤		危害因素	可能导致的后果	风险评价					控制措施
				L	E	C	D	风险程度	
试验过程	屋顶承载检测	（1）在屋面行走过程中踩踏采光带； （2）检测过程中误碰带电设备； （3）上、下屋面过程中，仪器滑落损坏	（1）触电； （2）设备损坏； （3）设备事故； （4）高处坠落	1	1	40	40	2	（1）在屋面行走时切勿踩踏采光带，尽量远离屋面女儿墙，如需要进行接线工作，注意做好防坠落措施； （2）严格执行工作票制度； （3）上、下屋面时注意将仪器绑扎牢固
完工阶段	结束工作	（1）遗漏工器具； （2）现场遗留检修杂物； （3）不结束工作票	（1）触电； （2）人身伤害	1	1	15	15	1	（1）收齐并检查工器具； （2）清扫检修现场； （3）结束工作票